圖解資料庫系統理論
使用 SQL Server 實作
（第五版）

李春雄　著

全華圖書股份有限公司　印行

◆ 前言

　　由於資訊化時代的到來，使得各行各業對資訊人才的需求急速增加，因此，目前全國大專院校已有超過一百多所學校都有設立「資訊系所」，其中包括：資訊管理與資訊工程及相關系所。而如此多所學校，每年產出上萬個資訊人員，如何在這競爭的環境中取得競爭優勢，那就必須要將在學校時所學的「理論」加以「實務化」，如此，才能與外界的企業環境整合。因此，本書將帶領各位同學從「理論派」轉換爲「理論派＋實務派」，如此，才能在畢業之後，在工作職場上百戰百勝。

　　但是，一般的初學者在設計資料庫時，以爲用一個資料表就可以用來儲存全部的資料，或憑著自己的直覺而沒有經過完整的正規化來分割成許多更小的資料表，這種設計方法，不但浪費儲存空間，更嚴重影響到資料庫內容不一致，以致於 DBA(資料庫管理師) 維護困難。

　　目前，一般程式設計師在設計系統時，常忽略掉資料庫中資料表與資料表的關聯性及整體欄位的規劃，一邊撰寫程式，一邊設計資料庫，當系統愈寫愈龐大，才發現與原先規劃不符，常採取的作法通常有兩種：

1. 第一種作法：程式設計師必須要回頭來修改原先資料庫的關聯性及欄位 (很少人會採用此種作法，畢竟修正資料庫的關聯性及欄位是一項浩大工程，且表格 (Table) 和表格間有密切關係，牽一髮而動全身，使得關聯程式需重新撰寫)。

2. 第二種作法：遷就現有資料庫欄位型態，但此種作法將造成日後系統維護的困難。

　　爲了避免以上的問題產生，唯一的方法，就是要設計關聯式資料庫之前，一定要完成資料的正規化 (Normalization)。

各章學習目標

Chapter 1 資料庫導論

1. 讓讀者瞭解資料庫、資料庫管理系統及資料庫系統三者之間的差異，以及資料庫內部的儲存資料結構。

2. 讓讀者瞭解資料庫設計的五個階段及各階段所使用的方法，以及分析工具等。

Chapter 2 SQL Server 2019 資料庫的管理環境

1. 讓讀者瞭解何謂 SQL Server 2019 資料庫及其管理工具 SQL Server Management Studio。

2. 讓讀者瞭解如何利用 SQL Server Management Studio 來建置 SQL Server 資料庫、資料表及各種操作。

Chapter 3 關聯式資料庫

1. 讓讀者瞭解何謂關聯式資料庫 (Relational Database) 及其定義。

2. 讓讀者瞭解關聯式資料完整性中的三種整合性法則。

Chapter 4 ER Model 實體關係圖

1. 讓讀者瞭解何謂實體關係模式 (Entity-Relation Model)。

2. 讓讀者瞭解如何將設計者與使用者訪談的過程記錄 (情境) 轉換成 E-R 圖。

3. 讓讀者瞭解如何將 ER 圖轉換成資料庫，以利資料庫程式設計所需要的資料來源。

Chapter 5 資料庫正規化

1. 讓讀者瞭解資料庫正規化的概念及目的。

2. 讓讀者瞭解資料庫正規化 (Normalization) 程序及規則。

Chapter 6 關聯式模式的資料運算

1. 讓讀者瞭解 SQL 語言與關聯式代數的關係。

2. 讓讀者瞭解關聯式代數的各種運算子及範例。

Chapter 7 結構化查詢語言 SQL(異動處理)

1. 讓讀者瞭解結構化查詢語言 SQL 所提供的三種語言 (DDL、 DML、 DCL)。

2. 讓讀者瞭解 SQL 語言的基本查詢。

Chapter 8 SQL 的查詢語言

1. 讓讀者瞭解 SQL 語言的各種使用方法。

2. 讓讀者瞭解 SQL 語言的進階合詢技巧。

Chapter 9　合併理論與實作

1. 讓讀者瞭解關聯式代數運算子的種類及各種實作應用。

2. 讓讀者瞭解巢狀結構查詢的撰寫方式及應用時機。

Chapter 10　VIEW 檢視表

1. 讓讀者瞭解 VIEW 的意義及如何建立、修改及刪除。

2. 讓讀者瞭解 VIEW 的種類及各種運用時機。

Chapter 11　預存程序

1. 讓讀者瞭解預存程序的意義、使用時機、優缺點及種類。

2. 讓讀者瞭解建立與維護預存程序。

Chapter 12　觸發程序

1. 讓讀者瞭解預存程序的意義、使用時機、優缺點及種類。

2. 讓讀者瞭解建立與維護預存程序。

Chapter 13　Python 結合 SQL Server 資料庫的應用

1. 讓讀者瞭解 Python 如何連接 SQL Server 資料庫來學習 SQL 指令。

2. 讓讀者瞭解如何利用 Python 整合 SQL Server 資料庫來開發員工銷售系統。

◆ 為什麼要學習資料庫呢？

一、目的

1. 升學——資訊科系必選課程

　　(1) 高普考 (資訊技師)

　　(2) 插大 (或轉學考)

　　(3) 研究所

2. 就業——資訊系統的幕後工程

　　開發資訊系統所需學會的三大巨頭：

　　(1) 程式設計 (一年級的基礎課程)

◇ Python、C 語言、C++、C# 、Java……

◇ ASP、ASP.NET、JSP、PHP……

(2) 資料庫系統——本學期的主題

◇ SQL Server(企業使用)

◇ Access(個人使用)

◇ MySQL(免費)……

(3) 系統分析與設計——二年級下學期

◇ 結構化系統分析

◇ 物件導向系統分析

二、資訊部門 (MIS) 任務

身為一位資管系畢業的學生，到企業的資訊部門 (MIS) 時，其最主要的任務就是利用資訊科技 (IT) 來開發資訊系統 (IS)，提供使用者 (User) 有用的資訊 (Information) 來達成目標 (Target)。如下圖所示：

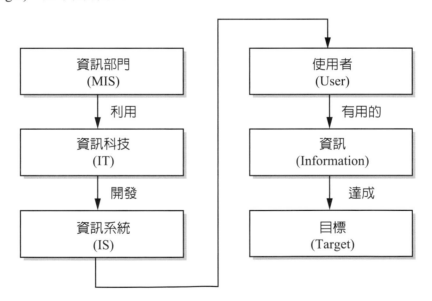

三、IT 資訊科技

1. 程式語言

(1)Python、C 語言、C++、C# 、Java……

(2)ASP、ASP.NET、JSP、PHP……

2. 資料庫系統——本學期的主題

    (1)SQL Server(企業使用)

    (2)Access(個人使用)

    (3)MySQL(免費)……

3. 電腦網路

4. 相關的軟、硬體……

四、IS 資訊系統

校務行政系統	服務業
選課管理系統	美髮院資訊系統
排課管理系統	電子商務系統
圖書館管理系統	超市購物系統
線上測驗系統	影帶出租系統
電腦輔助教學系統 (數位學習系統；網路教學系統；遠距教學系統)	旅遊諮詢系統
電子公文系統	語音購票系統
知識管理系統	房屋仲介系統
人力資源管理系統	生產管理系統
學生網頁系統	旅館管理系統
人事薪資管理	線上網拍系統
會計系統	租車管理系統
電腦報修系統	決策支援系統
線上諮詢預約系統	選擇投票系統
多媒體題庫系統	餐廳管理系統
財產保管系統	自動轉帳出納系統
庫存管理系統	醫院管理系統
智慧型概念診斷系統	e-mail 帳號管理及自動發送系統

「資管部門 (MIS)」利用「ASP.NET+ 資料庫」來實際開發一套「數位學習系統」，來讓學習者 (User) 進行線上學習，系統會自動將學習者的學習歷程 (Information) 提供給老師參考。

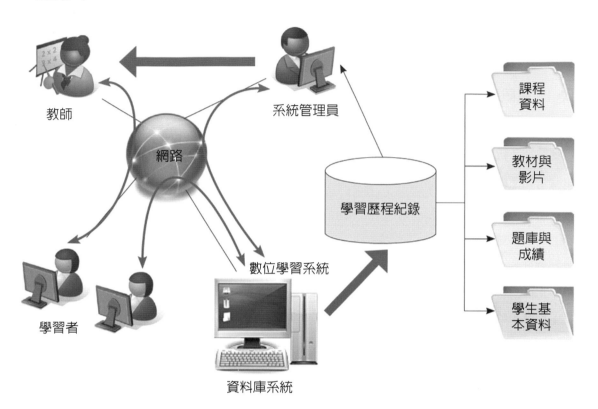

在此特別感謝各位讀者對本著作的支持與愛戴，筆者才疏學淺，有誤之處，尚請各位資訊先進不吝指教。

李春雄 謹誌

Leech@gcloud.csu.edu.tw

於　正修科技大學　資管系

目錄

CH 01　資料庫導論

1-1　認識資料、資料庫及資訊的關係 1-2

1-2　資料庫的意義 1-4

1-3　資料庫與資料庫管理系統 1-9

1-4　資料庫系統與檔案系統比較 1-16

1-5　資料庫的階層 1-19

1-6　資料庫的設計 1-22

1-7　資料庫系統的架構 1-26

CH 02　SQL Server 2019 資料庫的管理環境

2-1　何謂 SQL Server 資料庫？ 2-2

2-2　SQL Server 資料庫管理工具 SQL Server Management Studio..2-2

2-3　建置 SQL Server 資料庫及資料表 2-16

2-4　SQL Server 資料庫的操作 2-31

CH 03　關聯式資料庫

3-1　關聯式資料庫 (Relation Database) 3-2

3-2　鍵值屬性 3-6

3-3　關聯式資料庫的種類 3-19

3-4　關聯式資料完整性規則 3-25

CH 04　ER Model 實體關係圖

4-1　實體關係模式的概念 4-2

4-2　實體 (Entity) 4-3

4-3　屬性 (Attribute) 4-4

4-4　關係 (Relationship) 4-8

4-5　情境轉換成 E-R Model 4-22

4-6　將 ER 圖轉換成對應表格的法則 4-24

CH 05　資料庫正規化

5-1　正規化的概念 5-2

5-2　正規化的目的 5-2

5-3　功能相依 (Functional Dependence, FD) 5-7

5-4　資料庫正規化 (Normalization) 5-10

5-5　反正規化 (De-normalization) 5-27

CH 06　關聯式模式的資料運算

6-1　關聯式模式的資料運算 6-2

6-2　關聯式代數 6-4

6-3　限制 (Restrict) 6-5

6-4　投影 (Project) 6-8

6-5　聯集 (Union) 6-10

6-6　卡氏積 (Cartesian Product) 6-11

6-7　差集 (Difference) 6-13

6-8　合併 (Join) 6-15

6-9　交集 (Intersection) 6-21

6-10　除法 (Division) 6-23

6-11　非基本運算子的替代 (由基本運算子導出) 6-29

6-12　外部合併 (Outer Join) 6-31

CH 07 結構化查詢語言 SQI (異動處理)

7-1	SQL 語言簡介	7-2
7-2	SQL 提供三種語言	7-2
7-3	SQL 的 DDL 指令介紹	7-3
7-4	SQL 的 DML 指令介紹	7-12
7-5	SQL 的 DCL 指令介紹	7-20

CH 08 SQL 的查詢語言

8-1	單一資料表的查詢	8-2
8-2	使用 Select 子句	8-6
8-3	使用「比較運算子條件」	8-8
8-4	使用「邏輯比較運算子條件」	8-10
8-5	使用「模糊條件與範圍」	8-13
8-6	使用「算術運算子」	8-17
8-7	使用「聚合函數」	8-17
8-8	使用「排序及排名次」	8-21
8-9	使用「群組化」	8-24
8-10	使用「刪除重複」	8-28

CH 09 合併理論與實作

9-1	關聯式代數運算子	9-2
9-2	限制 (Restrict)	9-2
9-3	投影 (Project)	9-4
9-4	卡氏積 (Cartesian Product)	9-5
9-5	合併 (Join)	9-8
9-6	除法 (Division)	9-22
9-7	巢狀結構查詢	9-26

CH 10 VIEW 檢視表

10-1 VIEW 檢視表 10-2

10-2 VIEW 的用途與優缺點 10-3

10-3 建立檢視表 (CREATE VIEW)....................................10-5

10-4 刪除檢視表 (DROP VIEW).......................................10-11

10-5 常見的檢視表 (VIEW Table)....................................10-12

10-6 檢視表與程式語言結合 10-16

CH 11 預存程序

11-1 何謂預存程序 (Stored Procedure) 11-2

11-2 預存程序的優點與缺點 11-3

11-3 預存程序的種類 11-4

11-4 建立與維護預存程序 11-9

11-5 建立具有傳入參數的預存程序....................................11-15

11-6 建立傳入參數具有「預設值」的預存程序.......................11-16

11-7 傳回值的預存程序 11-18

11-8 執行預存程序命令...11-22

CH 12 觸發程序

12-1 何謂觸發程序 (TRIGGER) 12-2

12-2 觸發程序的類型 12-3

12-3 觸發程序建立與維護 12-5

CH 13 Python 結合 SQL Server 資料庫的應用

13-1 Python 如何連接 SQL Server 資料庫...........................13-2

13-2 查詢資料表記錄 13-6

13-3 專題製作 (員工銷售系統)..13-14

CH A Python 程式的開發環境

A-1　何謂 Python 程式 A-2

A-2　Python 程式的開發環境 A-4

A-3　撰寫第一支 Python 程式 A-12

A-4　基本 input ／ print 函數介紹 A-17

A-5　format 函數介紹 A-22

A-6　整數、浮點數及字串輸出 A-25

A-7　載入模組 A-31

A-8　如何建立副程式 A-33

A-9　副程式如何呼叫 A-37

01

資料庫導論

◆ 本章學習目標

1. 讓讀者瞭解資料庫、資料庫管理系統及資料庫系統三者之間的差異以及資料庫內部的儲存資料結構。

2. 讓讀者瞭解資料庫設計的五個階段及各階段所使用的方法及分析工具等。

◆ 本章內容

1-1 認識資料、資料庫及資訊的關係

1-2 資料庫的意義

1-3 資料庫與資料庫管理系統

1-4 資料庫系統與檔案系統比較

1-5 資料庫的階層

1-6 資料庫的設計

1-7 資料庫系統的架構

1-1 │ 認識資料、資料庫及資訊的關係

　　在學習「資料庫」之前，我們必須先了解以下重要的名詞：資料、資料處理與資訊之間的關係 (圖 1-1)。

1. **資料 (Data)**：是指未經過資料處理的原始紀錄。例如：客戶購物的交易紀錄。

2. **資料處理 (Data Processing)**：則是將「資料」轉換成「資訊」的一連串處理過程，而這一連串的處理過程就是先輸入原始資料到「資料庫」中，再透過「程式」來處理。例如：客戶購物處理系統。

3. **資訊 (Information)**：就是有經過「資料處理」的結果。例如：VIP 客戶排名、週報表、月報表及季報表。

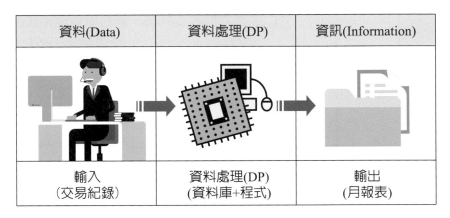

圖 1-1　資料、資料處理與資訊的關係

　　從上述中，我們就可以清楚得知，「資料庫」在資料處理過程中的關係與重要性。

　　接下來，我們更詳細介紹資料與資訊的意義：

1. 資料 (Data)

   (1) 是客觀存在的、具體的、事實的記錄。

   (2) 簡單來說，日常生活中所記錄的事實資料 (姓名、生日、電話及地址) 或員工的考績分數，這些都是未經過資料處理的資料，如表 1-1「員工的每季考績分數」所示。

表 1-1　員工的每季考績分數

員工＼每季	第一季	第二季	第三季	第四季
一心	75	55	100	90
二聖	66	81	73	60
三多	90	55	65	80

2. 資訊 (Information)

(1) 經過「資料處理」之後的結果即為資訊。而「資料」與「資訊」的特性比較，如表
1-2「資料與資訊的特性對照表」所示。

表 1-2　資料與資訊的特性對照表

資料	資訊
潛在的資訊	有用的資料
靜態的	動態的
過去的歷史	未來的預測
由行動產生	輔助決策
儲存只是成本	運用才有效益

(2) 「資料處理」會將原始資料加以整理、計算及分析之後，變成有用的資訊 (含總考
績、平均及排名次)，如表 1-3「員工完整考績表」所示。

表 1-3　員工完整考績表

員工＼每季	第一季	第二季	第三季	第四季	總和	平均	排名
一心	75	55	100	90	320	80	1
二聖	66	81	73	60	280	70	3
三多	90	55	65	100	310	77.5	2

(3) 有用的資訊是決策者在思考某一個問題時所需用到的資料，它是主觀認定的。例如：
公司主管 (決策者) 在員工年終考績結算之後，想依員工考績分數來獎勵。

1-2 | 資料庫的意義

　　隨著資訊科技的進步，資料庫系統帶給我們極大的便利，例如：我們想要購買某一本電腦書，此時，我們只要透過網路就可以立即查詢某一網路書局，有關電腦書的相關訊息。而這種便利性最主要的幕後功臣就是網路書局中有一部功能強大的**資料庫**。

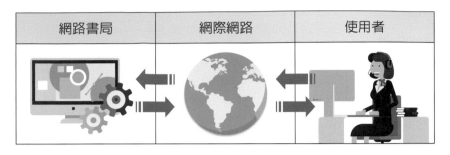

圖 1-2 　網路書局的資料庫

1-2-1 　何謂資料庫 (Database)？

　　簡單來說，資料庫就是儲存資料的地方，這是比較不正式的定義方式。比較正式的定義：資料庫是由一群相關資料的集合體。就像是一本電子書，資料以不重複的方式來儲存許多有用的資訊，讓使用者可以方便及有效率的管理所需要的資訊。

範例　個人通訊錄上的運用

1. 尚未建立資料庫的情況

    如果我們平時沒有將親朋好友的通訊錄數位化，並儲存到資料庫中，需要查詢某一同學的電話時，可能會翻箱倒篋，無法即時找到。

2. 建立資料庫的情況

    如果我們平時就有數位化的習慣，並且儲存到資料庫中，需要查詢某一同學的電話時，只要透過應用程式就可以輕鬆查詢。

1-2-2 　資料庫有什麼好處

　　資料庫除了可以讓我們依照群組來儲存資料，方便爾後的查詢之外，其最主要的好處非常多，我們可以歸納以下七項：

1. 降低資料的重複性 (Redundancy)

2. 達成資料的一致性 (Consistency)

3. 達成資料的共享性 (Data Sharing)

4. 達成資料的獨立性 (Data Independence)

5. 達成資料的完整性 (Integrity)

6. 避免紙張與空間浪費 (Reduce Paper)

7. 達成資料的安全性 (Security)

一、降低資料的重複性 (Redundancy)

　　資料庫最主要的精神就是，在「相同的資料」情況下，只需儲存一次。其作法為透過資料集中化 (Data Centralized) 來減少資料的重複性。

(一) 資料尚未集中化

　　以公司的「銷售部」與「人事部」為例，如果都是各自獨立的員工資料，將會導致大量資料的重複性。例如：銷售部的「編號與姓名」與人事部的「編號與姓名」重複儲存，如圖 1-3 所示：

「銷售部」資料表

編號	姓名	銷售量
S0001	一心	45
S0002	二聖	35
S0003	三多	30

「人事部」資料表

編號	姓名	薪資
S0001	一心	45000
S0002	二聖	35000
S0003	三多	30000

圖 1-3　銷售部的「編號與姓名」與人事部的「編號與姓名」重複儲存

(二) 資料集中化

　　將「銷售部」與「人事部」資料表內相同的資料項，抽出來組成一個新的資料表 (員工資料表)，如圖 1-4 所示：

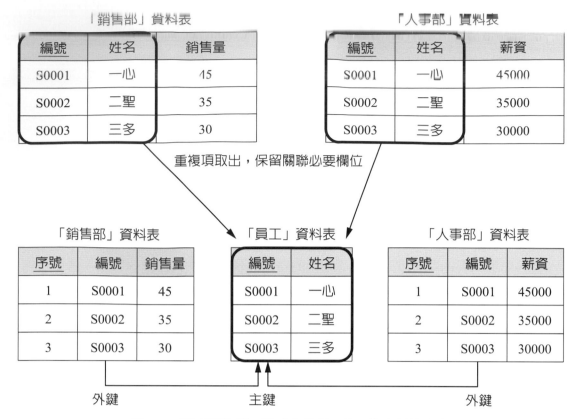

圖 1-4　將「銷售部」與「人事部」相同的資料集中化

正規化　將兩個表格切成三個資料表

說明　在正規化之後，「員工資料表」的主鍵與「銷售部資料表」的外鍵及「人事部資料表」的外鍵進行關聯，以產生關聯式資料庫。

註：關於「正規化」單元在第五章會有詳細介紹。

二、達成資料的一致性 (Consistency)

定義　是指某一個資料值改變時，則相關的欄位值也會隨之改變。

作法　1. 利用資料分享機制：將共用項取出，再利用「主鍵」連接「外鍵」來建立關聯，即可達到資料的一致性。

　　　　2. 存取界面標準化：指利用「圖形化使用者介面；GUI」來限制使用者的輸入格式。

　　由於相同的資料 (如「員工」資料) 在資料庫中是大家共用的 (提供給銷售部與人事部)，如果有某一項資料更新 (如姓名)，則其他相關單位的資料也必須要同時都是最新的資料，如此，才不會發生不一致的現象。

範例　員工的姓名由「一心」改為「四維」時，則「銷售部」與「人事部」兩處的相關
姓名全部都會被修改。

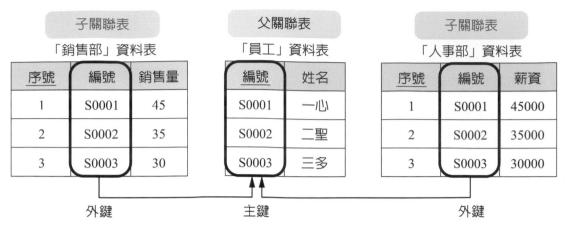

圖 1-5　利用資料分享機制，達成資料的一致性

　　資料分享機制就是利用關聯式資料庫中「子關聯表」的外鍵 (F.K.) 參考到「父關
聯表」的主鍵 (P.K.)，因此，當「父關聯表」中的某一項資料更新 (如姓名)，則
「子關聯表」也會同步更新，以達到資料一致性。

知識補給

外鍵

外鍵是指「父關聯表嵌入的鍵」，並且外鍵在父關聯表中扮演「主鍵」的角色。

外鍵的特性：

1. 必須對應「父關聯表」主鍵的值。

2. 用來建立與「父關聯表」的連結關係。

三、達成資料的共享性 (Data Sharing)

定義　指同一份資料在同一時間可以提供給多位使用者同時來存取。

範例　「員工資料表」中的「姓名」資料，可以同時提供給「銷售部」來查詢員工的銷售量及提供給「人事部」來查詢員工的薪資。

四、達成資料的獨立性 (Data Independence)

定義　是指資料與應用程式之間無關或獨立。也就是說，當使用者對使用界面有不同需求時，去修改外部層的應用程式，並不影響內部層的儲存結構，亦即應用程式不需牽就資料結構而做大幅度的修改。

五、達成資料的完整性 (Integrity)

定義　是指用以確保資料的一致性與完整性，以避免資料在經過新增、修改及刪除等運算之後，而產生的異常現象。

範例　員工的考績為 101 分時，這顯然是一種錯誤性的資料。我們可以利用資料完整性的「值域完整性規則」，來檢查使用者將錯誤及不合法的資料值存入資料庫中。

六、避免紙張與空間浪費 (Reduce Paper)

醫院病歷資料表，規模大一點的話，沒有特別蓋個檔案室來存放還真不行。若是利用「資料庫」來儲存，需要時只要利用「電腦」來觀看，如此，每年節省的「紙張」與「存放的空間」是非常驚人的。

七、達成資料的安全性 (Security)

由於資料庫內的資料是屬於企業組織中最重要的資產，因此，除了要防止非法入侵者的破壞或機器故障而導致資料庫毀掉之外，還有一項重要的工作就是要隨時做好「備份 (Back-up)」，以保障資料的安全性。

策略　1. 每天下班之前備份「人工備份」

2. 每天晚上 12:00 備份「系統自動備份」

3. 每週備份一次

4. 每月備份一次

1-3 | 資料庫與資料庫管理系統

我們都知道，資料庫是儲存資料的地方，但是如果資料只是儲存到電腦的檔案中，其效用並不大。因此，我們還需要有一套能夠讓我們很方便地管理這些資料庫檔案的軟體，這軟體就是所謂的「資料庫管理系統」。

什麼是「資料庫管理系統」呢？其實就是一套管理「資料庫」的軟體，並且它可以同時管理數個資料庫。因此，資料庫加上資料庫管理系統，就是一個完整的「資料庫系統」了。所以，一個資料庫系統 (Database System) 可分為資料庫 (Database) 與資料庫管理系統 (Database Management System, DBMS) 兩個部份。如圖 1-6「資料庫、資料庫管理系統及資料庫系統關係圖」所示。

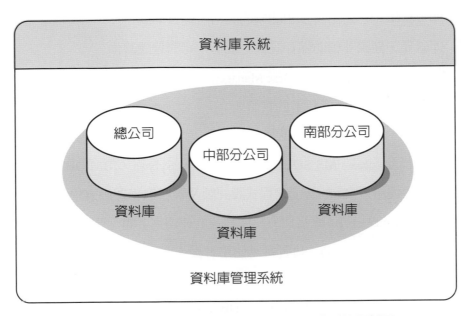

圖 1-6 資料庫、資料庫管理系統及資料庫系統關係圖

知識補給

資料庫與資料庫系統

1. 資料庫 (DB)：是由一群相關資料的集合體。

2. 資料庫管理系統 (DBMS)：管理這些資料庫檔案的軟體 (如：Access)。

3. 資料庫系統 (DBS)= 資料庫 (DB)+ 資料庫管理系統 (DBMS)。

1-3-1　資料庫系統的組成

嚴格來說，一個資料庫系統主要組成包括：資料、硬體、軟體及使用者。

一、資料：即資料庫；它是由許多相關聯的表格所組合而成。

二、硬體：即磁碟、硬碟等輔助儲存設備；或稱一切的週邊設備。

三、軟體：即資料庫管理系統 (Data Base Management System, DBMS)。

1. 是指用來管理「使用者資料」的軟體。

2. 作為「使用者」與「資料庫」之間的界面。

3. 目前常見有：Access、MS SQL Server、Oracle、Sybase、IBM DB2。

四、使用者：一般使用者 (End User)、程式設計師及資料庫管理師 (DBA)。

1. 一般使用者 (End User)：直接與資料庫溝通的使用者 (如：使用 SQL 語言)。

2. 程式設計師 (Programmer)：負責撰寫使用者操作介面的應用程式，讓使用者能以較方便簡單的介面來使用資料庫。

3. 資料庫管理師 (Database Administrator, DBA) 的主要職責如下：

(1) 定義資料庫的屬於結構及限制條件。

(2) 協助使用者使用資料庫，並授權不同使用者存取資料。

(3) 維護資料安全及資料完整性。

(4) 資料庫備份 (Backup)、回復 (Recovery) 及並行控制 (Concurrency control) 作業處理。

(5) 提高資料庫執行效率，並滿足使用者資訊需求。

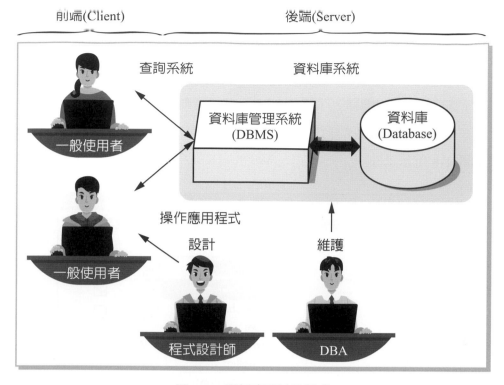

圖 1-7　資料庫系統的組成

　　綜合上述，我們可以從上圖中來說明「資料庫系統」，一般使用者在前端 (Client) 的介面中，操作應用程式及查詢系統，必須要透過 DBMS 才能存取「資料庫」中的資料。而要如何才能管理後端 (Server) 之資料庫管理系統 (DBMS) 與資料庫 (DB) 的資料存取及安全性，則必須要有資料庫管理師 (DBA) 來維護之。

1-3-2　資料庫管理系統的功能

　　在上面的章節中，我們已經瞭解資料庫管理系統 (DBMS) 是用來管理「資料庫」的軟體，以作為「使用者」與「資料庫」之間溝通的界面。因此，在本單元中，將介紹 DBMS 是透過哪些功能來管理「資料庫」呢？其主要的功能如下：

1. 資料的定義 (Data Define)

2. 資料的操作 (Data Manipulation)

3. 重複性的控制 (Redundancy Control)

4. 表示資料之間的複雜關係 (Multi-Relationship)

5. 實施完整性限制 (Integrity Constraint)

6. 提供「備份」與「回復」的能力 (Backup and Restore)

一、資料的定義 (Data Defino)

定義　它是建立資料庫的第一個步驟。

是指提供 DBA 建立資料格式及儲存格式的能力。亦即設定資料「欄位名稱」、「資料類型」及相關的「限制條件」。其「資料類型」的種類非常多。

範例　文字、數字或日期等，此功能類似在「程式設計」中宣告「變數」的「資料型態」。

如圖 1-8 所示：

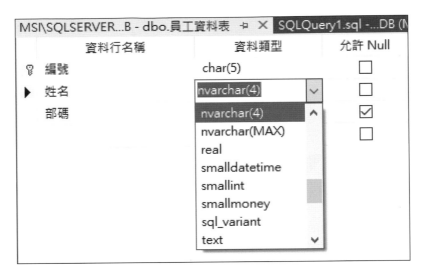

圖 1-8　定義資料型態

二、資料的操作 (Data Manipulation)

在定義完成資料庫的格式 (亦即建立資料表) 之後，接下來，就可以讓我們儲存資料，並且必須能夠讓使用者方便的存取資料。

定義　是針對「資料庫執行」四項功能：

1. 新增 (INSERT)
2. 修改 (UPDATE)
3. 刪除 (DELETE)
4. 查詢 (SELECT)

範例　新增「編號」為 S0004，將「姓名」為四維員工的記錄到「員工資料表」中。

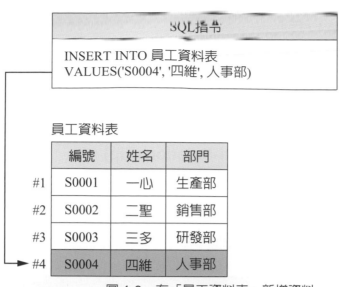

圖 1-9　在「員工資料表」新增資料

三、重複性的控制 (Redundancy Control)

功能　主要是為了達成「資料的一致性」及「節省儲存空間」。

作法　設定「主鍵」來控制。如圖 1-10 所示：

圖 1-10　設定「主鍵」

說明　當「編號」設定為主鍵時，如果再輸入相同的編號，就會產生錯誤。

範例　目前已經有一筆 ('S0004', ' 四維 ', ' 人事部 2') 記錄，如果再重複新增一次時，就會顯示如下的錯誤訊息畫面：

> 訊息 2627，層級 14 狀態 1，行 1
>
> 違反 PRIMARY KEY 條件約束 'PK_員工資料表'。無法在物件 'dbo.員工資料表' 中插入重複的索引鍵。重複的索引鍵值是 (S0004)。
>
> 陳述式已經結束。

四、表示資料之間的複雜關係 (Multi-Relationship)

定義　是指 DBMS 必須要有能力來表示資料之間的複雜關係，基本上，有三種不同的關係，分別為： 1. 一對一　2. 一對多　3. 多對多

範例　員工與部門資料表間的資料庫關聯圖

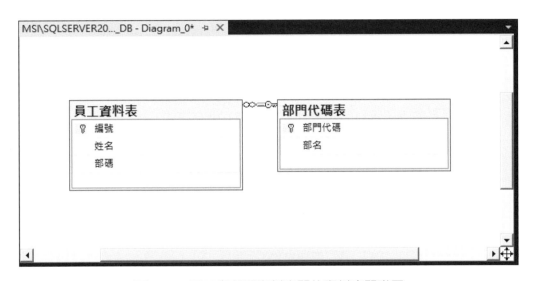

圖 1-11　員工與部門資料表間的資料庫關聯圖

五、實施完整性限制 (Integrity Constraint)

定義　是指用來規範關聯表中的資料在經過新增、修改及刪除之後，將錯誤或不合法的資料值存入「資料庫」中。如圖 1-12 所示：

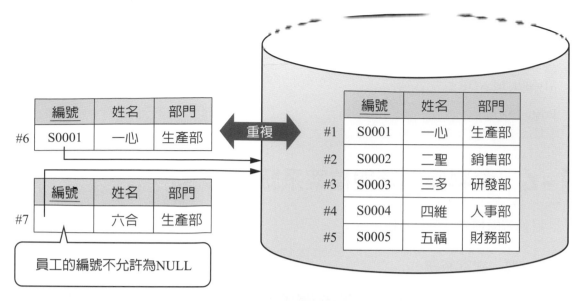

圖 1-12　檢查資料的完整性

六、提供「備份」與「回復」的能力 (Backup and Restore)

定義　是指讓使用者能方便的「備份」或轉移資料庫內的資料，以防在系統毀損時，還能將資料「還原」回去，減少損失。

1-3-3　常見的資料庫管理系統

目前市面上常見的資料庫管理系統，大部份都是以關聯式資料庫管理系統為主。

一、常見的商業資料庫系統：

1. SQL Server(企業使用)：微軟公司 (Microsoft) 所開發。
   使用對象：企業的資訊部門。

2. Access(個人使用)：微軟公司 (Microsoft) 所開發。
   使用對象：學校的教學上及個人使用，它屬於微軟 Office 系列中的一員。

3. DB2：是由 IBM 公司所開發。

4. Oracle：是由甲骨文公司 (Oracle Corporation) 所開發。

5. Sybase：是由賽貝斯公司所開發。

6. Informix：是由 Informix 公司所開發。

一、常見的免費資料庫系統：

1. MySQL。
2. MySQL MaxDB。
3. PostgreSQL。

1-4 資料庫系統與檔案系統比較

目前有兩種常見資料處理系統：

▣ 第一種：檔案系統

以「檔案為導向」的方法，一次只能處理一個檔案，無法同時處理多個檔案。

適用時機　在「不複雜」的場合使用。

缺點　每一個應用系統都有自己的所屬檔案，那麼資料便有重複存放、不一致的問題發生。

▣ 第二種：資料庫系統 ➜ 解決「檔案系統」的缺點

1-4-1 　檔案系統

在以往，電腦皆採用「檔案處理系統 (File processing system)」的方法來處理資料。其處理方式是依據每一個企業組織各部門的需求來設計程式，再根據所寫的程式去設計所需要的檔案結構，而不考慮企業組織整體的需求。

所以，在此種發展模式下，每一套程式和檔案皆自成一個系統，因此，同一個子系統中，「檔案」與「程式」之間的相依性高，而子系統與子系統之間是相依性低 (亦即相互獨立)。

範例　「銷售部」有自己的「檔案系統」與「程式」(並且「檔案」與「程式」之間的相依性高)，而「人事部」也有自己的「檔案系統」與「程式」，並且「銷售部」與「人事部」的「檔案系統」是相互獨立，無法共用 (亦即子系統之間的「檔案」都是相互獨立)。

所以，往往會造成資料重複與資料不一致的問題，因此，「檔案系統」逐漸為「資料庫系統」所取代。在傳統公司行政系統中，各部門都有自己部門的「程式」與「檔案」。

同時，由於各「檔案處理系統」彼此間互不相關，所以各系統所使用的「程式語言」與「檔案結構」可能會不同，也增加了系統維護的困難度。如圖 1-13 所示。

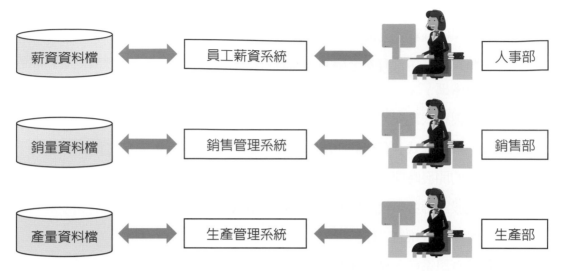

圖 1-13 傳統公司行政系統示意圖

作法 檔案系統必須很小心地計算哪一個字元要存在哪一個位置。

範例 欲建立員工基本資料 (假設有三個欄位)

1. 編號 (No)：1-5 個字元

2. 姓名 (Name)：7-9 個字元

3. 電話 (Tel)：11-20 個字元

```
編號      姓名        電話
S0001，  張三，    0912345678
S0002，  李四，    0987654321
S0003，  王五，    0912348756
……
…
……
```

優點 1. 程式的設計方式相當單純。(因為不需考慮各部門整合上的問題)

　　　 2. 檔案系統較容易滿足各部門或應用系統之要求。(因為只需考慮單一部門需求)

缺點 1. 資料之重複性高：各部門檔案各自獨立。

　　　　　例如：「銷售部」與「人事部」會重複儲存員工的基本資料。

　　　 2. 導致資料不一致性

　　　　　當某一位員工的姓名更改時，必須要同時到「銷售部」與「人事部」更改資料。

3. 資料無法整合及共享

當員工要「查詢考績」時必須要查詢兩個部門，一次要到「銷售部」查詢銷售量，另一次則要到「人事部」查詢薪資。

4. 資料保密性和安全性非常低

在檔案系統中沒有安全機制，而資料庫系統則有。(因為可以設定資料庫的帳號與密碼)

5. 資料與程式之間的相依性高

每一個「程式」有它們使用的每個檔案維護 metadata(資料的資料)。

6. 漫長的開發時間

程式設計師必須設計他們自己的檔案格式。

7. 大量的程式維護工作

佔據資訊系統預算的 80%。

1-4-2 資料庫系統

由於傳統的檔案系統缺點實在太多 (上一個章節中的七個缺點) 而不容易解決，於是資料庫及資料庫管理系統乃應運而生。因此，現在我們則是採用「資料庫系統」來處理資料。

以「某一公司行政電腦化系統」為例，當我們由傳統的「檔案系統」決定改採用「資料庫系統」來發展一個系統時，我們必須要依據公司組織的整體需求做分析考量，將公司各單位所有相關的資料以相同的「資料結構」來建置資料庫，讓不同單位的資訊系統之使用者也可以利用現有的資料庫來發展所需的應用程式。

在此種發展模式下，如果其他單位又有新的需求產生，則只需要將原先資料庫直接提供給所需要的使用者來開發新的系統，而不需要另外再建立新的資料庫。

在資料庫系統中主要強調資料的「集中化」管理，因此，可以讓來自不同部門的多位合法使用者透過「資料庫管理系統」來存取資料庫中的資料。

範例　在公司中，各部門透過「資料庫管理系統」來加以整合。如圖 1-14 所示。

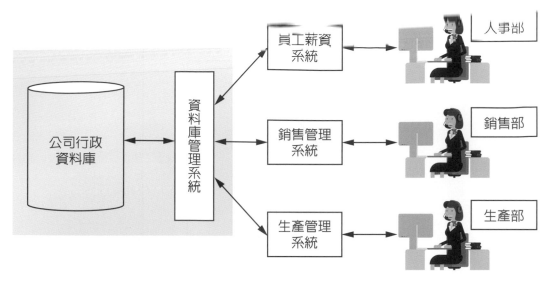

圖 1-14　公司行政資料庫示意圖

優點　1. 降低資料的重複性 (Redundancy)

　　　　2. 達成資料的一致性 (Consistency)

　　　　3. 達成資料的共享性 (Data Sharing)

　　　　4. 達成資料的獨立性 (Data Independence)

　　　　5. 達成資料的完整性 (Integrity)

　　　　6. 避免紙張與空間浪費 (Reduce Paper)

　　　　7. 達成資料的安全性 (Security)

缺點　1. 資料庫管理系統 (DBMS) 的成本較高

　　　　2. 資料庫管理師 (DBA) 專業人員較少

　　　　3. 當 DBMS 發生故障時，比較難復原 (集中控制)

　　　　4. 提供安全性、同步控制、復原機制與整合性，比較花費大量資源。

1-5 ｜ 資料庫的階層

　　資料庫的階層是有循序的關係，也就是由小到大的排列，其最小的單位是 Bit(位元)，而最大的單位則是 DataBase(資料庫)。

　　資料依其單位的大小與相互關係分為幾個層次，說明如下：

　　Bit(位元) → Byte(位元組) → Field(資料欄) → Record(資料錄) → Table(資料表) → Data Base(資料庫)。如圖 1-15 所示：

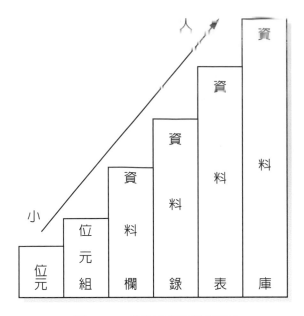

圖 1-15　資料庫階層示意圖

資料庫是由許多資料表所組成，每一個資料表則由許多筆記錄所組成，每一筆記錄又以許多欄位組合而成，每一個欄位則存放著一筆資料。

資料庫中的每一個欄位，皆只能存放一筆資料，這些資料必須遵守著一定的結構標準來記錄各種訊息。

例如：文字、數字或日期等格式，而在資料表中的欄位值也可能是空值 (Null)。

除了從資料庫階層的觀點之外，我們可以從資料庫剖析圖來詳細說明。如圖 1-16 所示：

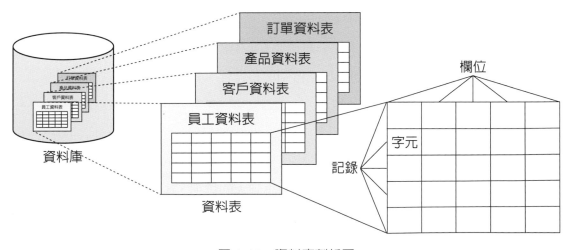

圖 1-16　資料庫剖析圖

1 「資料庫 (DataBase)」是由許多個「資料表」所組成的。

2. 「資料表 (Table)」則是由許多個「資料記錄」所組成的。

3. 「資料記錄 (Record)」是由好幾個「欄位」所組成。

4. 「欄位 (Field)」是由許多個「字元」組成的。

綜合上述，如表 1-4 所示：

表 1-4　資料庫階層表

資料階層	階層描述	資料範例
位元 (Bit)	1. 數位資料最基本的組成單位 2. 二進位數值	0 或 1
位元組 (Byte) ＜字元＞	1. 由 8 個位元所組成 2. 透過不同位元組合方式可代表數字、英文字母、符號等，又稱為字元 (character) 3. 一個中文字元是由兩個位元組所組成	10100100
欄位 (Field)	1. 由數個字元所組成 2. 一個資料欄位可能由中文字元、英文字元、數字或符號字元組合而成	員工編號
資料錄 (Record)	1. 描述一個實體 (Entity) 相關欄位的集合 2. 數個欄位組合形成一筆記錄	員工基本資料
資料表 (Table)	由相同格式定義之紀錄所組成	公司員工資料
資料庫 (Database)	由多個相關資料表所組成	公司資料庫，包括：員工資料表、產品資料表、銷售記錄資料表…等
資料倉儲 (Data Warehouse)	1. 整合性的資料儲存體 2. 內含各種與主題相關的大量資料來源 3. 可提供企業決策性資訊	勞動部的全國公司行政資料倉儲，可進行彙整分析提供決策資訊

1-6 | 資料庫的設計

　　一個功能完整及有效率的資訊系統，它的幕後最大工程，就是資料庫系統的協助。因此，在設計資料庫時必須經過一連串有系統的規劃及設計。但是，如果設計不良或設計過程沒有與使用者充份的溝通，最後設計出來的資料庫系統，必定是一個失敗的專案。此時，將無法提供策略者正確的資訊，進而導致無法提昇企業競爭力。

資料庫設計程序

　　在開發資料庫系統時，首要的工作是先做資料庫的分析，在做資料庫分析工作時，需要先與使用者進行需求訪談的作業，藉著訪談的過程來了解使用者對資料庫的需求，以便讓系統設計者來設計企業所需要的資料庫。其資料庫設計程序如圖 1-17 所示。

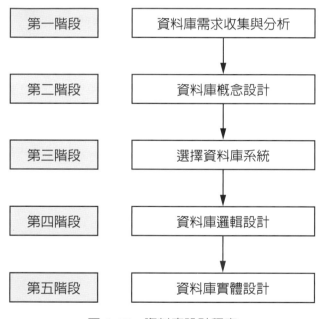

圖 1-17　資料庫設計程序

一、資料庫需求收集與分析

目的　是指用來收集及分析使用者的各種需求。

方法　1. 找出應用程式的使用者：了解是一般使用者還是管理者。

　　　　2. 使用者對現有作業之文件進行分析：如人工作業時填寫的「輸入表格」及「輸出報表」。

3. 分析工作環境與作業需求：是否有問題難以描述的環境或輸入？是否要利用自動輸入的條碼自動輸入或 RFID 掃瞄？

4. 進行問卷調查與訪談：事先上網查詢相關專案的問題或實地訪談來收集需求。

分析工具　屬於「系統分析」的範疇，常見有以下工具。

1. DFD(Data flow diagram)。

2. HIPO(Hierarchical Input Process Output)。

二、資料庫概念設計

目的　描述資料庫的資料結構與內容。

方法　概念綱目 (Conceptual Schema) 設計。

主要在檢查從第一個階段所收集的資料，利用 ER 模式產生一個與 DBMS 無關的資料庫綱要。

產出　概念綱目 (Conceptual Schema) 即實體關係圖 (ERD)。

在需求訪談過程中，資料庫設計者會將使用者對資料的需求製作成規格書，這個規格書可以是用文字或符號來表達，通常，設計者會以雙方較容易了解的圖形符號形式的規格書來呈現，並輔助一些詳盡描述的說明文件。圖形符號的規格書有許多種方法表現，一般最常被使用的就是 E-R 圖 (Entity Relationship Diagram，又稱實體關係圖)。

三、選擇資料庫系統

在此階段中，必須要先評估經濟上及技術上的可行性分析。

1. 經濟上可行性分析：

是指針對企業規模方面來分析，如果是大企業在開發資訊系統的經費較高時，我們就可以提供功能完整的資料庫系統。例如：Oracle 或 SQL Server。但是，對於小企業可能會要求 Free 的資料庫管理系統。例如： MySQL。

2. 技術上可行性分析：

當大企業要使用 Oracle 資料庫管理系統時，則必須評估是否有 DBA 人才來設計與維護。

目的　選擇最符合企業組織所需要的資料庫管理系統。

方法　利用可行性分析，包括經濟上及技術上之可行性。

產出　可行性報告書。

四、資料庫邏輯設計

在收集及分析使用者的各種需求並利用繪製成實體關係圖 (ERD)(即概念資料模型) 之後，接下來，就是要選擇用什麼「資料庫模型」來表達這些「概念資料模型」，也就是如何去設計資料庫，這個階段一般又稱為「資料庫邏輯設計」階段。

在這個階段中，我們必須要先決定用哪一種資料庫模型來表達先前所建立的 ERD 圖，資料庫模型的種類包括：階層式、網路式、關聯式及物件導向等資料模型。

本章將以目前較普遍的「關聯式資料模型」來作為資料庫設計階段的資料表現。

目的　將「實體關聯圖 (ERD)」轉換成「關聯式資料模型」。

方法　1. 資料庫正規化 (ch5 會詳細介紹)。

　　　　2. ER 圖轉換成對應表格的法則 (第 4-6 節會詳細介紹)。

產出　關聯表 (DDL)。

說明　在邏輯設計階段中，只需考量資料表之間的關聯性 (1:1、1:M、M:N)、正規化 (第一階到第三階，最多到 BCNF) 以及相關主鍵、外鍵及屬性等。

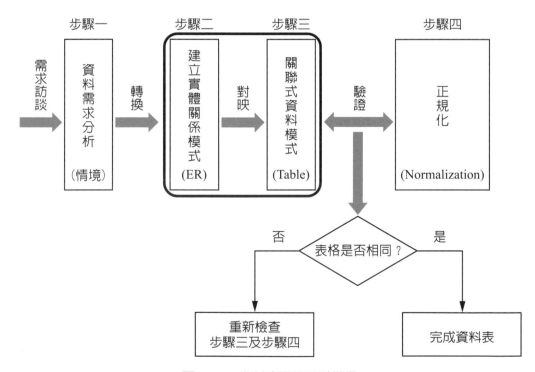

圖 1-18　資料庫邏輯設計階段

範例　圖 1-19 是用來將「客戶」與「訂單」一對多關係的 ER 圖轉換成關聯式資料模型的表示方式。其中在多關係的「訂單」表中必須再加上「客戶編號」欄位 (即所謂 Foreign Key；外鍵) 來連接單一關係的「客戶」表。

我們在關聯式資料模型的關聯表中，主鍵欄位會加上底線，而外鍵欄位會加上虛線的底線。

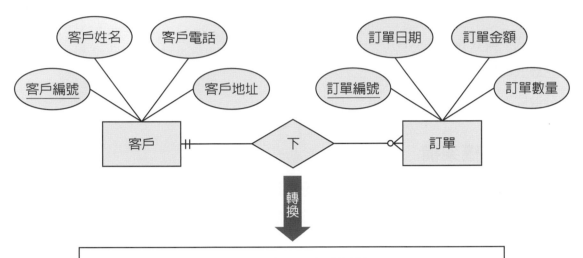

圖 1-19　將一對多關係的 ER 圖轉換成關聯式資料模型

五、資料庫實體設計

目的　描述儲存資料庫的實體規格，以及資料如何有效存取。

方法　SQL 與程式語言結合。

產出　實體綱目 (Physical Schema) 亦即真正的記錄。

說明　資料庫邏輯設計雖然定義了資料結構 (DDL)，實際上並沒有儲存任何資料，實體設計則必須要考量採用何種儲存檔案結構、儲取方法及儲存的輔助記憶體設備。

1-7 | 資料庫系統的架構

　　在前一章節中，我們完成『資料庫的設計』之後，接下來，就要決定用哪一種資料庫系統的架構最有效率，亦即讓使用者方便來存取資料庫中的資料。基本上，資料庫系統的架構可分為四種，如下所示：

1. 單機架構

2. 主從式架構 (Client-Server)

3. 三層式架構 (3-Tier)

4. 分散式架構 (Distributed)

1-7-1　單機架構

定義　是指資料庫系統與應用程式同時集中於同一台主機上執行。

適用時機　沒有網路的環境或只有一台主機的情況。

架構圖

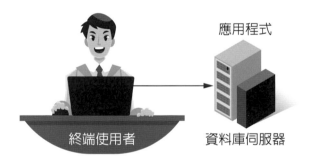

圖 1-20　單機架構資料庫

優點　資料保密 (Data Security) 性高。

缺點　1. 資料庫系統不易與組織一起成長，亦即中大型公司無法適用 (因為小公司逐漸成長為大公司時，其部門就會增加，而各個部門要使用相同的資料庫)。

　　　　2. 資料無法分享。

　　　　3. 容易造成資料的重複 (如：「銷售部」與「人事部」的員工資料要獨立的輸入)。

1-7-2　主從式架構 (Client-Server)

定義　是指資料庫系統獨立放在一台「資料庫伺服器」中,而使用者利用本機端的應用
程式,並<u>透過網路連接到後端</u>的「資料庫伺服器」。

適用時機　區域性的網路環境,亦即公司內部的資訊系統的資料庫架構。

架構圖

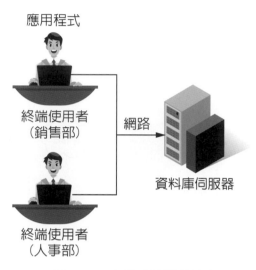

圖 1-21　主從式架構資料庫

優點　1. 避免資料的重複 (Redundancy)

亦即相同的資料,只要輸入一次即可。例如:公司只要建立「員工資料」就
可以同時提供給「銷售部」與「人事部」的使用。

2. 達成資料的一致性 (Consistency)

亦即透過資料集中管理,來避免資料重複,進而達到資料的一致性。

3. 達成資料共享 (Data Sharing)

亦即透過資料集中化的機制來分享給相關部門的使用者。

缺點　更新版本或修改時,必須要花費時間較長。因為使用者的本機端的應用程式都必
須要一一重新安裝。

1-7-3　三層式架構 (3-Tier)

定義　是指資料庫系統獨立放在一台「資料庫伺服器」，並且應用程式也獨立放在一台
「應用程式伺服器」，使用者只要使用瀏覽器就可以透過網際網路連接到「應用
程式伺服器」，再透過網路連接到後端的「資料庫伺服器」來取存資料。

架構圖

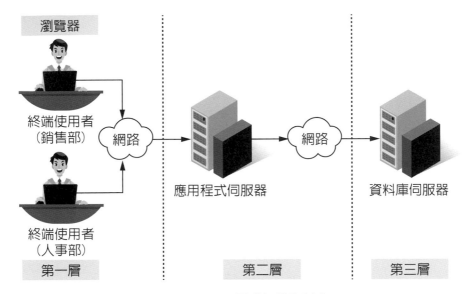

圖 1-22　三層式架構資料庫

適用時機　全域性的網路環境 (網際網路)，亦即公司內部提供給外部使用者來存取的資
料庫架構。

優點　除了「主從式架構」的優點之外，還具備以下優點：

1. 資料分享的範圍為全球性。

2. 更新版本非常快速，因為只需更新「應用程式伺服器」即可。

缺點　1. 伺服器的負荷加重，因為服務的對象是全球性的使用者。

2. 安全性問題，因為服務的對象是全球性的使用者，因此，有可能成為網路駭
客攻擊的對象。

1-7-4　分散式架構 (Distributed)

定義　分散式架構是主從式架構的延伸，亦即當公司規模較大時，則各部門分佈於不同
地區，因此，不同部門就會有自己的資料庫系統需求。

適用時機　公司規模較大。

架構圖

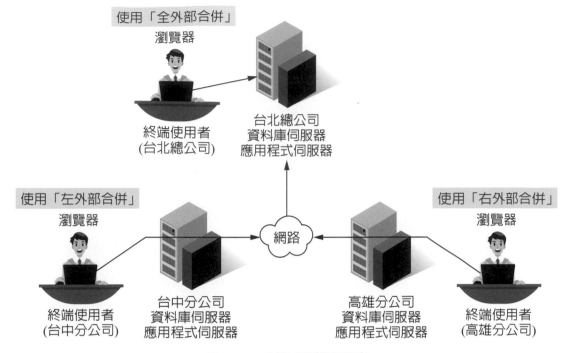

圖 1-23　分散式架構資料庫

優點　　1. 資料處理速度快，效率佳。

2. 較不易因使用者增加而效率變慢。

3. 達到資訊分享的目的。

4. 適合分權式組識型態。

5. 整合各種資料庫。

6. 適應組織成長需要。

7. 利用資訊分享來減少溝通成本。

8. 平行處理以增加績效。

9. 整合異質電腦系統 (即不同廠牌，不同硬體)

10.減少主機的負荷。

缺點　　資料分散存在，容易造成資料不一致的現象。

課後評量

📖選擇題

( ) 1. 某一公司的老闆要做某一項決策時，下列哪一項對他最有幫助：
(A) 事實的記錄　(B) 具體的記錄　(C) 資料　(D) 資訊。

( ) 2. 下列哪一個資訊系統會使用到「資料庫」呢？
(A) 高鐵訂票系統　　　(B)ATM 自動提款機系統
(C) 圖書借閱查詢系統　(D) 以上皆是。

( ) 3. 有關「資料庫」的敘述，下列何者有誤？
(A) 儲存資料的地方　　　　(B) 由一群相關資料的集合體
(C) 資料以不重複的方式來儲存　(D) 資料以大量重複的方式來儲存。

( ) 4. 假設在「成績資料表」中的「成績」欄位的範圍為 0~100 之間，但使用者卻輸入 101 分時，請問此種錯誤違反了資料庫的那一個優點？
(A) 完整性　(B) 一致性　(C) 獨立性　(D) 重複性。

( ) 5. DBMS 是指：
(A) 資料庫管理系統　(B) 資料庫　(C) 資料庫管理師　(D) 管理資訊系統。

( ) 6. 在「資料庫系統」中，其常見的「使用者」有哪些？
(A) 一般使用者 (End User)　(B) 程式設計師 (Programmer)
(C) 資料庫管理師 (DBA)　(D) 以上皆是。

( ) 7. 下列何不者是「資料庫管理系統 (DBMS)」所提供的功能？
(A) 重複性的控制　(B) 表示資料之間的複雜關係
(C) 實施完整性限制　(D) 增加輸入時間。

( ) 8. 下列何者不屬於資料庫管理系統？
(A)Oracle　(B)Access　(C)Excel　(D)Informix。

( ) 9. 下列哪一套資料庫系統，是由 Microsoft 公司所開發的軟體？
(A)Oracle　(B)SyBase　(C)SQL Server　(D)dBase。

( ) 10.下列何者是傳統以「檔案為主」的資料處理模式可能產生的缺點？
(A) 資料重複　(B) 資料不完整　(C) 資料不安全　(D) 以上皆是。

(　　) 11. 下列敘述何者不是資料庫管理系統的特性？

　　　(A) 重複性　(B) 一致性　(C) 完整性　(D) 安全性

(　　) 12. 新生入學所填寫的學籍資料，可被稱作？

　　　(A) 資料庫　(B) 資料欄位　(C) 資料檔　(D) 記錄。

(　　) 13. 在關聯式資料庫裡，下列哪一個是屬性？

　　　(A) 紀錄　(B) 值組　(C) 欄位　(D) 主鍵。

(　　) 14. 在資料庫系統 ANSI/SPARC 架構中，它可以分為以下哪幾種層次？

　　　(A) 外部層與內部層　　　　　(B) 外部層、概念層及內部層

　　　(C) 外部層、內部層及結構層　(D) 外部層、內部層及索引層。

(　　) 15. 請問使用樹狀結構來組織資料的是哪一種資料庫模式？

　　　(A) 網路式資料庫模式　(B) 階層式資料庫模式

　　　(C) 關聯式資料庫模式　(D) 物件導向式資料庫模式。

📖基本問答題

1. 何謂資料庫？並舉有關日常生活中的例子。

2. 資料庫、資料庫管理系統及資料庫系統三者之間的關係？

3. 使用者、程式設計師、資料庫管者師 (DBA)、資料庫、資料庫管理系統及資料庫系統之間的關係？請畫出他們的關係圖。

4. 傳統的檔案系統也可以處理資料，但是為什麼目前大部份都是使用資料庫系統，其「檔案系統」的缺點為何？

5. 傳統的檔案系統也可以處理資料，但是為什麼目前大部份都是使用資料庫系統，其「資料庫系統」的優點與缺點為何？

6. 在日常生活中，有哪些資訊系統會使用到資料庫？

📖進階問答題

1. 目前大部份的企業的資訊系統還是使用「關聯式資料庫」，其關聯式資料庫的結構為何？並舉例關聯式資料庫的 5 個例子。

2. 當我們要解決現行企業的資訊問題時，並非直接設計實體資料庫，而是必須要了解企業組織中的需求，身為資料庫設計者，請問必須要經過哪些的設計過程？

NOTE

Chapter

02

SQL Server 2019
資料庫的管理環境

◆ **本章學習目標**

1. 讓讀者瞭解何謂 SQL Server 2019 資料庫及
   其管理工具 SQL Server Management Studio。

2. 讓讀者瞭解如何利用 SQL Server Management
   Studio 來建置 SQL Server 資料庫、資料表及
   各種操作。

◆ **本章內容**

2-1　何謂 SQL Server 資料庫？

2-2　SQL Server 資料庫管理工具 SQL Server
　　　Management Studio

2-3　建置 SQL Server 資料庫及資料表

2-4　SQL Server 資料庫的操作

2-1 | 何謂 SQL Server 資料庫？

定義　SQL(Structured Query Language) 是一套標準化的資料庫語言，專門提供使用者查詢資料庫，換言之，SQL 能夠讓我們輕鬆的對資料庫進行新增、修改、刪除或是查詢資料。

那 SQL Server 是什麼呢？ SQL Server 是一套關聯性資料庫管理系統 (Relational Data Base Management System, RDBMS)。它是由微軟推出的資料庫管理系統，它是一套專門用來管理「資料庫」的軟體，以作為「使用者」與「資料庫」之間溝通的界面。

主要功能

1. 資料的定義 (Data Define)。

2. 資料的操作 (Data Manipulation)。

3. 重複性的控制 (Redundancy Control)。

4. 表示資料之間的複雜關係 (Multi-Relationship)。

5. 實施完整性限制 (Integrity Constraint)。

6. 提供「備份」與「回復」的能力 (Backup and Restore)。

2-2 | SQL Server 資料庫管理工具 SQL Server Management Studio

在了解關聯式資料庫、結構化查詢語言 (SQL) 及 SQL Server 資料庫基本概念之後，接下來，我們就必須要實際使用 SQL Server 2019 資料庫管理工具，來撰寫 SQL 語法跟資料庫進行溝通。因此，我們必須要完成以下的前置工作：

1. 下載 SQL Server 2019 資料庫管理工具。

2. 啟動與結束 SQL Server 2019 資料庫管理工具。

2-2-1　下載 SQL Server 2019 資料庫管理工具

由於 SQL Server 2019 資料庫必須要透過「資料庫管理系統 (DBMS)」工具來維護。在本書中是以「SQL Server 2019」資料庫管理系統為例。因此，必須先下載 SQL Server 2019，最後，再啟動「SQL Server 2019」管理工具。

完整步驟

步驟一：SQL Server 官網下載連結：

https://www.microsoft.com/zh-tw/sql-server/sql-server-downloads

在下方找到免費的專業開發人員版本。

圖 2-1　點選立即下載

步驟二：下載後的檔案直接執行。

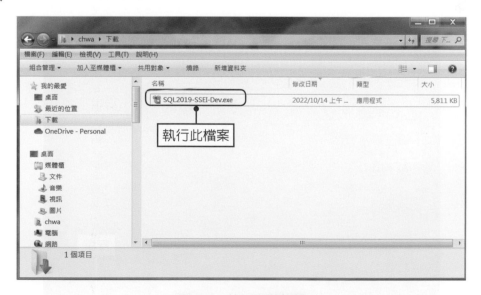

圖 2-2　執行安裝軟體

2-2-2　安裝 SQL Server 2019 資料庫管理工具

安裝類型請注意記得選「自訂」，這樣才會在安裝過程同時設定管理者密碼及帳號登入方式。

圖 2-3　選擇自訂安裝

指定 SQL Server 媒體下載的目標位置。

圖 2-4　指定 SQL Server 媒體下載的目標位置

圖 2-5　安裝中

✦ 新增 SQL Server 獨立安裝

　　選擇左邊「安裝」，再點擊「新增 SQL Server 獨立安裝或將功能加入至現有安裝」。

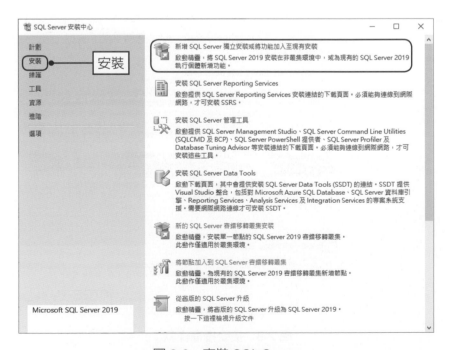

圖 2-6　安裝 SQL Server

因為是新下載的程式，所以檢查重要更新後，可以直接點選下一步。

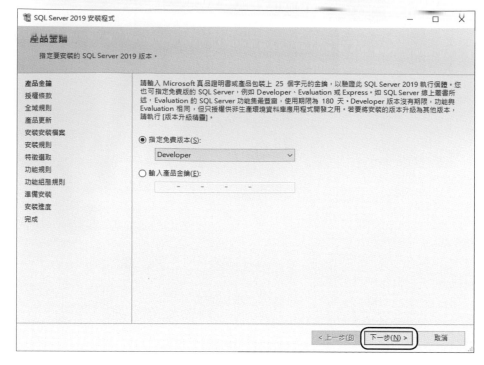

圖 2-7　選擇下一步

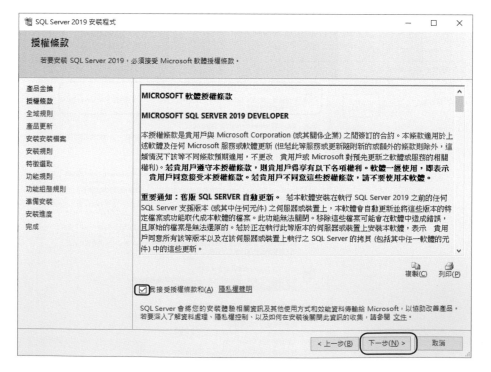

圖 2-8　接受授權條款

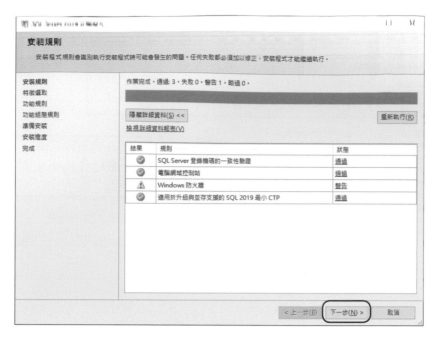

圖 2-9　安裝規則

▣ 勾選安裝功能 - 資料庫引擎服務

在這邊是安裝主要的功能服務，選項很多，可以仔細看一下。

最重要的是「資料庫引擎服務」要勾選起來。

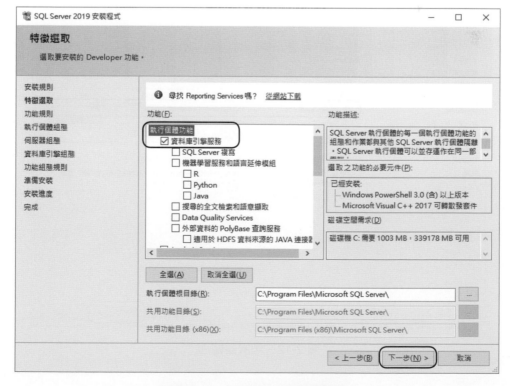

圖 2-10　勾選資料庫引擎服務

個體組態：這是修改在服務中看到的識別名稱，預設為 "MSSQL SERVER"。

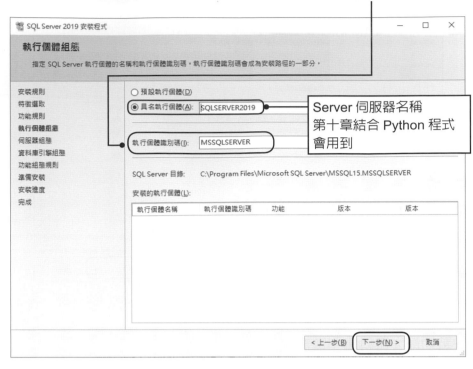

圖 2-11 執行個體組態

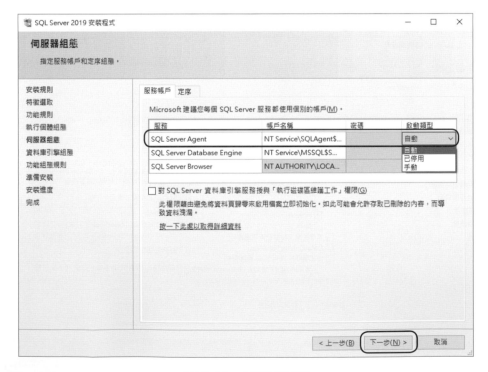

圖 2-12 伺服器組態

☑ 啟用混合帶入模式

　　SQL Server 預設只接受 Windows 驗證模式，但是因為開發專案連接資料庫都用帳號密碼登入資料庫，所以這邊要調整為「混合模式」，同時輸入管理者密碼，密碼需為強密碼規則，管理者帳號為 "sa"(Username 使用者名稱，第十三章結合 Python 程式會用到)。通常我們安裝 SQL Server 時的使用者為管理者，所以下方直接按「加入目前使用者」。

圖 2-13　資料庫引擎組態

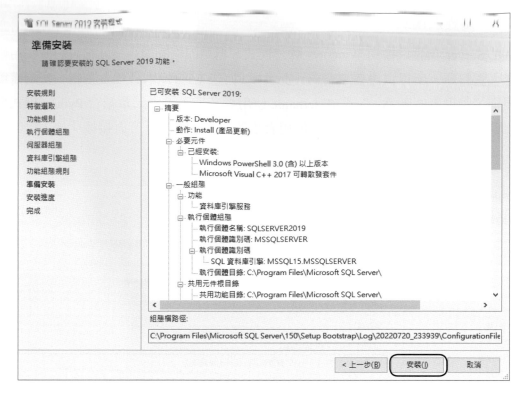

圖 2-14　準備安裝

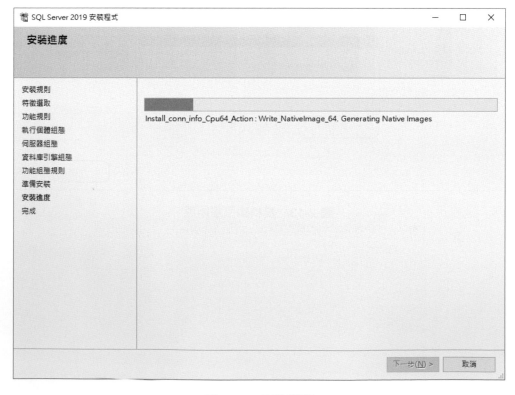

圖 2-15　安裝進度

安裝完成。

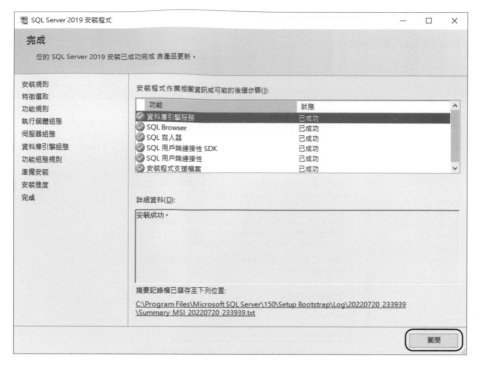

圖 2-16　安裝完成

圖 2-17　SQL Server 出現在開始功能表

下載 SQL Server Management Studio(SSMS) 資料庫管理介面

網址：https://tinyurl.com/mswyfsxe

在此網站下方找到下載連結。

圖 2-18　下載 SQL Server Management Studio

圖 2-19　執行安裝軟體

■ 安裝 SQL Server Management Studio(SSMS) 資料庫管理介面

直接安裝。

圖 2-20　點選安裝

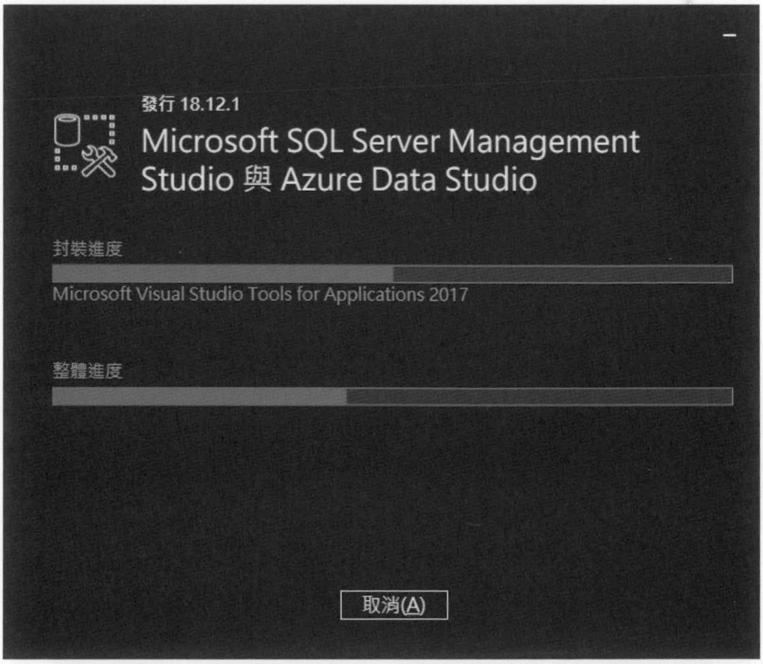

圖 2-21　安裝中

圖 2-22　安裝完成

⚓ SSMS 管理介面登入

開啟「Microsoft SQL Server Management Studio」。

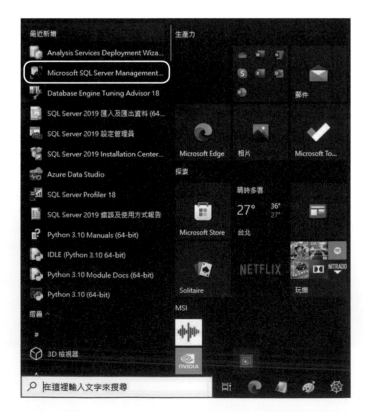

圖 2-23　開啟「Microsoft SQL Server Management Studio」

CH 02 SQL Server 2019 資料庫的管理環境 2-15

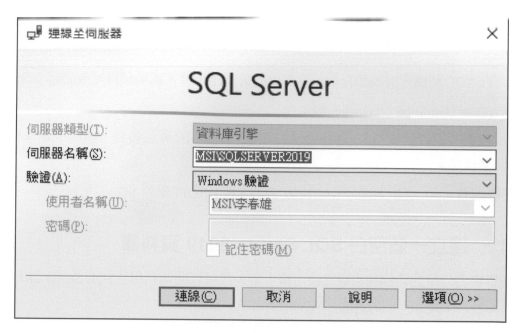

圖 2-24　連線至伺服器

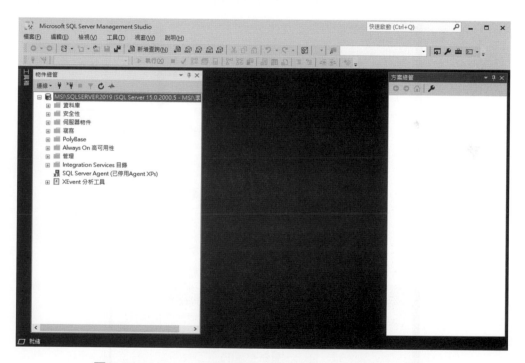

圖 2-25　Microsoft SQL Server Management Studio 畫面

2-3 │ 建置 SQL Server 資料庫及資料表

引言　在 SQL 結構化查詢語言中，它提供的第一種語言，就是資料定義語言 (Data Definition Language, DDL)。

功能　用來「定義」資料表 (Tables) 及檢視表 (Views) 的欄位名稱、欄位型態及相關限制條件。

提供三種指令　CREATE(建立)、ALTER(修改) 與 DROP(刪除)。

2-3-1　建立一個空白 SQL Server 2019 資料庫

在學會上一單元的操作步驟之後，接下來，就可以開始利用「SQL Server 2019 資料庫管理工具」來建立一個簡易的「MyeSchoolDB」資料庫。

完整步驟

步驟一：請在「資料庫」上，按滑鼠右鍵，再按「新增資料庫」選項來建立新資料庫。

圖 2-26　建立新資料庫

步驟二：輸入新資料庫的檔案名稱為「MyeSchoolDB」，再按「確定」鈕。

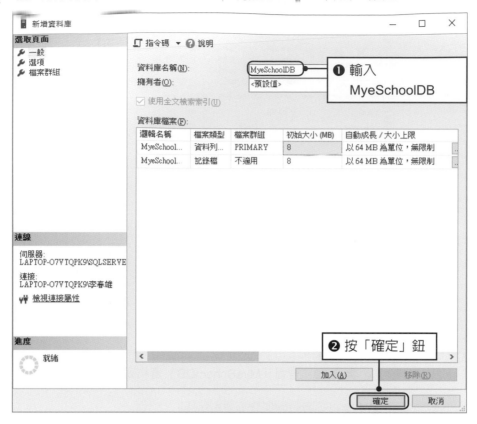

圖 2-27　輸入新資料庫的檔案名稱

步驟三：建立「MyeSchoolDB」資料庫完成。

圖 2-28　建立「MyeSchoolDB」資料庫

步驟四：查看電腦指定「資料夾」中的「MyeSchoolDB」資料庫。

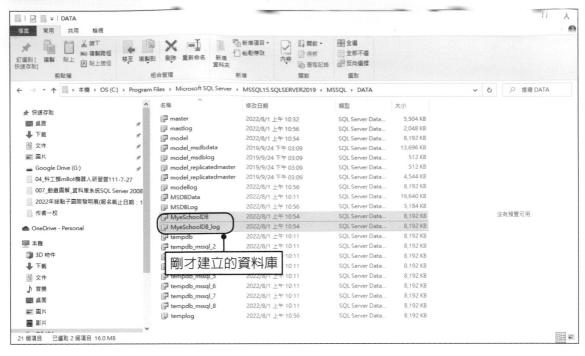

圖 2-29　查看「MyeSchoolDB」資料庫

註：您也可以撰寫 SQL 指令來建立資料庫，其方式如下：

```
CREATE DATABASE 學校資料庫系統

ON (NAME = 學校資料庫系統 ,

 FILENAME = 'D:\MyDB\ 學校資料庫系統 .MDF')
```

說明　你必須要先在 D 磁碟機中建立一個資料夾「MyDB」

圖 2-30　查看「MyeSchoolDB」資料夾

2-3-2　新增 SQL Server 2019 資料表

　　由於，資料表是真正儲存資料的地方。所以，我們必須要再學會如何新增需要的各種資料表到資料庫中。但是，資料庫設計的好壞將會直接影響到整個資料庫的存取效率及空間。因此，在建立資料表之前，必須要注意以下幾點原則：

1. 有相關的欄位才能放到同一個資料表中。

2. 資料表之間，除了「關聯欄位」之外，不要重複存放相同欄位的資料。

3. 每一個欄位都必須要給予適當的資料類型。例如：姓名是屬於文字類型，成績則是整數類型。

4. 每一個資料表中的欄位個數不宜過多，如果欄位個數過多並且有太多的重複現象時，可以分割成多個資料表，而各個資料表再透過「關聯欄位」來建立關聯。一般而言，資料表分割的原則如下：

(1) 單一資料表中有過多的重複欄位值。

(2) 某欄位值與該資料表的主鍵無關。

範例　　1. 在「SQL Server 2019」管理工具中，操作「圖形化介面 (UI)」來建立資料表。

　　　　　2. 在「SQL Server 2019」管理工具中，撰寫「SQL 指令」來建立資料表。

一、利用 SQL Server 2019「圖形化介面 (UI)」來建立資料表

步驟一：請在「SQL Server 2019」管理工具中，先利用滑鼠移到左邊的「資料表」選項上，再按右鍵點選「新增／資料表」。如下圖所示：

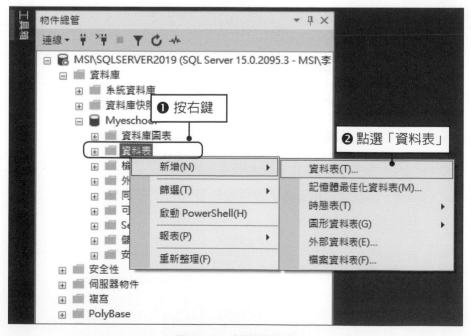

圖 2-31　新增資料表

步驟二：建立資料表名稱（Table Name）及欄位的相關設定

假設現在我們將建立一個「科系代碼表_UI」，其設定畫面如下：

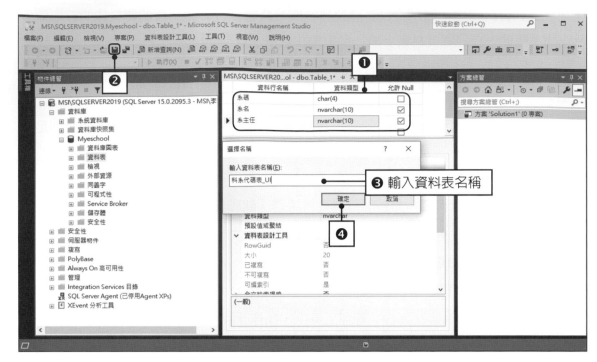

圖 2-32　建立資料表名稱及欄位的相關設定

接下來，再設定此資料表的欄位名稱及相關摘要說明如表 2-1 所示：

表 2-1　科系代碼表_UI

欄位名稱	資料型態	允許 Null	主鍵
系碼	CHAR(4)		是
系名	NVARCHAR(10)	否	
系主任	NVARCHAR(10)	否	

註 1　「系碼」是由英文字與數字組成，其資料型態利用「CHAR」。

「系名」與「系主任」是由中文字組成，其資料型態利用「NVARCHAR」。

註 2　char、nchar、varchar、nvarchar 四種資料型態的使用時機，說明如下：

確認　定長度，且只會有英數字：char。

確認一定長度，且可能會用非英數以外的字元：nchar。

長度可變動，且只會有英數字：varchar。

長度可變動，且可能會用非英數以外的字元：nvarchar。

二、撰寫「SQL 指令」來建立資料表

建立新資料表的步驟

1. 決定資料表名稱與相關欄位
2. 決定欄位的資料型態
3. 決定欄位的限制 (指定值域)
4. 決定那些欄位可以 NULL(空值) 與不可 NULL 的欄位
5. 找出必須具有唯一值的欄位 (主鍵)
6. 找出主鍵 - 外來鍵配對 (兩個表格)
7. 決定預設值 (欄位值的初值設定)

格式

Create Table 資料表

(欄位 { 資料型態 | 定義域 }[NULL|NOT NULL][預設值][定義整合限制]

⋮

Primary Key(欄位集合)　　← 當主鍵

Unique(欄位集合)　　　　← 當候選鍵

Foreign Key(欄位集合) References 基本表 (屬性集合) ← 當外鍵

[ON Delete 選項] [ON Update 選項]

Check(檢查條件))

符號說明

✧ { | } 代表在大括號內的項目是必要項，但可以擇一。

✧ [ ] 代表在中括號內的項目是非必要項，依實際情況來選擇。

關鍵字說明

1. PRIMARY KEY：用來定義某一欄位為主鍵，不可為空值。

2. UNIQUE ：用來定義某一欄位具有唯一的索引值，可以為空值。

3. NULL/NOT NULL：可以為空值／不可為空值。

4. FOREIGN KEY：用來定義某一欄位為外部鍵。

5. CHECK：用來額外的檢查條件。

範例 請撰寫「SQL 指令」中 CREATE 指令來建立「科系代碼表」，其科系代碼表之欄位名稱及相關資料型態，如表 2-2 所示：

表 2-2　科系代碼表

欄位名稱	資料型態	允許 Null	主鍵
系碼	CHAR(4)	否	是
系名	NVARCHAR(10)	是	
系主任	NVARCHAR(10)	是	

操作步驟

步驟一：點選「工具列／新增查詢」選項。

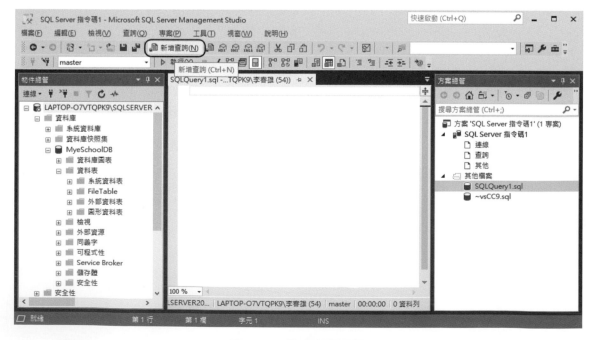

圖 2-33　點選新增查詢

步驟二．將下列的 SQL 指令，複製到 SQL 編輯區中。

CREATE TABLE 科系代碼表

```
(
系碼 CHAR(4),
系名 NVARCHAR(10) Not Null,
系主任 NVARCHAR(10) Not Null,
PRIMARY KEY( 系碼 )
)
```

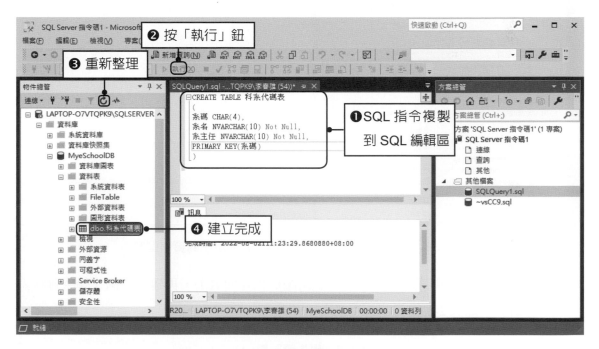

圖 2-34　將 SQL 指令複製到 SQL 編輯區

注意　在 SQL 編輯區，輸入下列程式碼，並按「執行」，以建立資料表。執行完成後，在左邊物件總管上方，先按「重新整理」，再點開資料庫，就會看到剛才所建立的「科系代碼表」。

步驟三：查看「科系代碼表」的欄位名稱及相關資料型態。

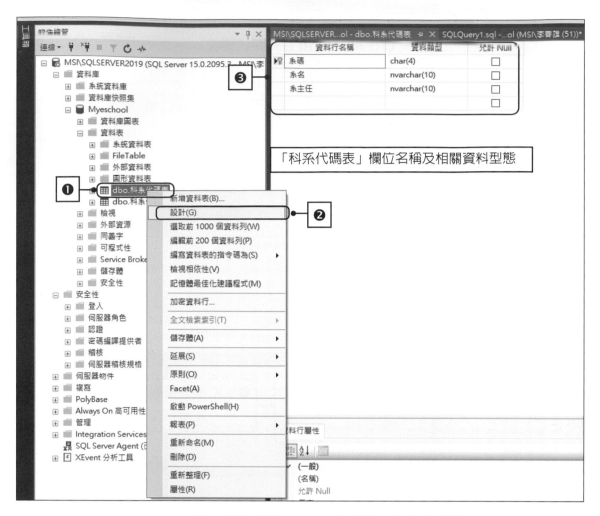

圖 2-35　查看「科系代碼表」的欄位名稱及相關資料型態

範例　請依照建立資料表的同樣步驟，利用圖形化介面 (UI)，再建立一個「學生資料表_UI」，如表 2-3 所示：

表 2-3　學生資料表 _UI

欄位名稱	資料型態	允許 Null	主索引鍵
學號	CHAR(5)		是
姓名	NVARCHAR(10)	否	
系碼	CHAR(4)	否	

註：「學號」與「系碼」是由英文字與數字組成，其資料型態利用「CHAR」。

　　「姓名」是由中文字組成，其資料型態利用「NVARCHAR」。

參考步驟

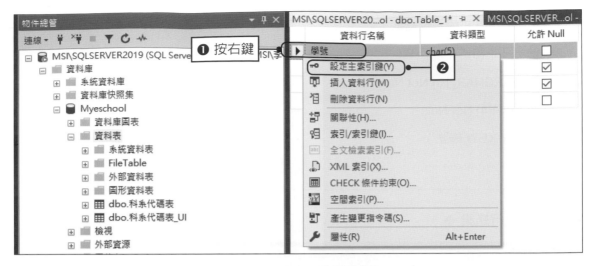

圖 2-36　設定主索引鍵

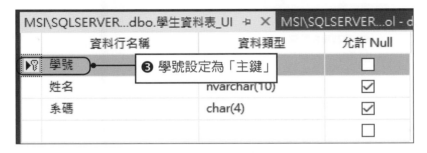

圖 2-37　設定學號為主索引鍵

 隨堂練習 1

請撰寫「SQL 指令」中 CREATE 指令再建立「學生資料表」，其學生表之欄位名稱及相關資料型態，如下表所示：

❖ 學生資料表 ❖

欄位名稱	資料型態	允許 Null	主索引鍵
學號	CHAR(5)		是
姓名	NVARCHAR(10)	否	
系碼	CHAR(4)	否	

❖SQL 指令 ❖

```
CREATE TABLE 學生資料表
( 學號 CHAR(5),
姓名 NVARCHAR(10) Not Null,
系碼 CHAR(4) Not Null,
PRIMARY KEY( 學號 )
)
```

❖ 最後的執行結果 ❖

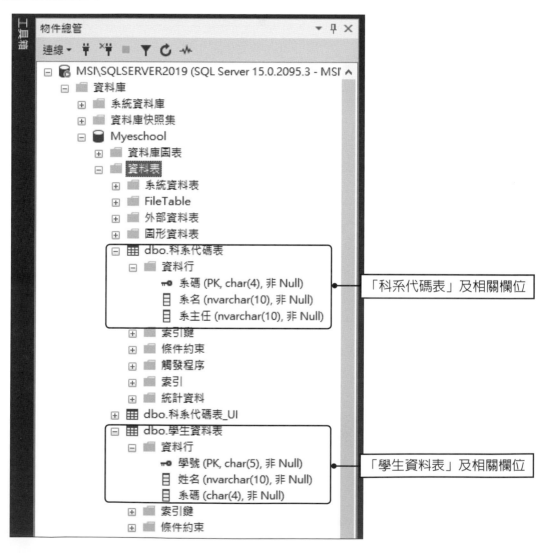

「科系代碼表」及相關欄位

「學生資料表」及相關欄位

❖ 設定撰寫 SQL 指令字體大小 ❖

如果您想設定撰寫 SQL 指令區域的字體大小，您可以透過「工具 / 選項 / 環境 / 字型和色彩」
來設定。

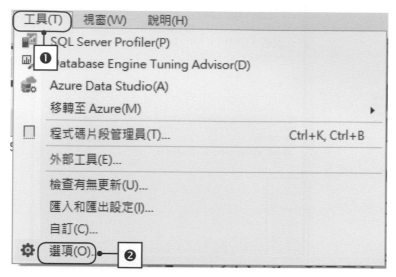

或是透過按著「Ctrl」，加上滑鼠的滾輪，即可放大與縮小。也可以在 script 畫面的左下角，
選擇畫面放大比例，如下圖所示。

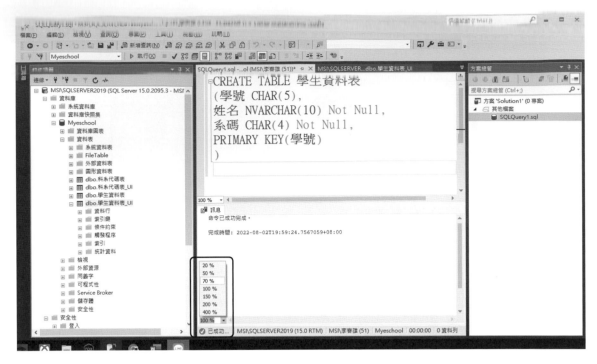

❖ 行號設定 ❖

如果是第一次使用，寫 SQL 程式編輯區域沒有行號，這對我們編寫程式和 debug(除錯) 非常不方便。要顯示行號，點選上方功能區的「工具」→「選項」→在搜尋選項中輸入 " 行號 "，並將行號的勾選框框選取→按下「確定」。如下圖所示：

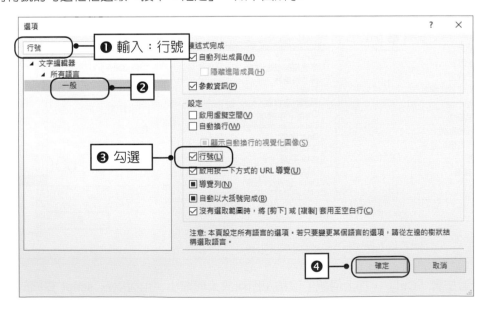

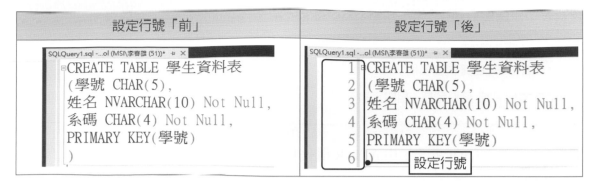

❖ 註解 ❖

除了行號之外,在剛開始學習程式時,註解是幫助我們快速入門的筆記功能。 在 SSMS 中註釋方式有兩種:

1. 多行註釋: /* 放入要註釋的內容 */。

2. 一行註釋: -- 放入要註釋的內容

2-3-3 修改 SQL Server 2019 資料表

在建立一個資料表中的相關欄位之後,如果我們在規劃資料表的過程中,不夠完善,可能會想再插入、修改及刪除某些欄位,此時,「SQL Server 2019」管理工具可以允許我們進行維護。

資料表中新增欄位語法

> ALTER TABLE 資料表名稱
>
> ADD 欄位名稱 資料型態 [相關定義]

實作　請撰寫「SQL 指令」中 ALTER 指令來增加「新學生資料表 _UI」的 e-mail 欄位。

操作步驟

前置步驟：點選「工具列／新增查詢」。

步驟一：將下列的 SQL 指令，複製到 SQL 編輯區中。

> ALTER　TABLE 新學生資料表 _UI
>
> ADD [e-mail] VARCHAR

步驟二：按「執行」鈕。

步驟三：顯示更新後的 e-mail 欄位。

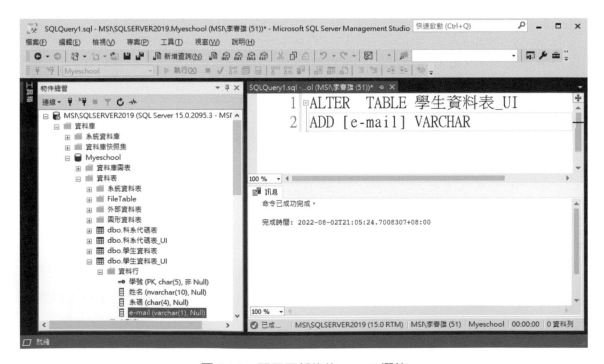

圖 2-38　顯示更新後的 e-mail 欄位

2-3-4　刪除 SQL Server 2019 資料表

指令　DROP TABLE(刪除資料表)。

定義　DROP TABLE 是用來刪除資料表結構。

刪除資料表名稱語法

```
DROP TABLE 資料表名稱
```

實作　請撰寫「SQL 指令」中 DROP 指令來刪除「學生資料表 _UI」的結構。

SQL 指令

```
DROP TABLE 學生資料表 _UI
```

2-4 | SQL Server 資料庫的操作

引言　在 SQL 結構化查詢語言中，它提供的第二種為資料操作語言 (Data Manipulation Language, DML)。

功能　用來「操作」資料表的新增資料、修改資料、刪除資料、查詢資料等功能。

提供四種指令　INSERT(新增)、UPDATE(更新)、DELETE(刪除) 及 SELECT(查詢)。

2-4-1　新增記錄到資料表中

　　在我們前一個單元中，已經建立了兩個資料表，分別為「科系代碼表」及「學生資料表」，但是，它們尚未儲存任何的記錄資料，因此，在本單元中，筆者再為各位讀者介紹，如何將記錄新增到資料表中。

指令　INSERT(新增記錄) 指令。

定義　指新增一筆記錄到新的資料表內。

格式

```
INSERT  INTO 資料表名稱 < 欄位串列 >
VALUES(< 欄位值串列 > | <SELECT 指令 >)
```

範例　請撰寫「SQL 指令」中 INSERT 指令新增兩筆記錄到「科系代碼表」中，其科系表記錄，如下表所示：

系碼	系名	系主任
D001	資工系	李春雄
D002	資管系	李碩安

SQL 指令

```
INSERT INTO 科系代碼表
VALUES ('D001', ' 資工系 ',' 李春雄 '),
        ('D002', ' 資管系 ',' 李碩安 ')
```

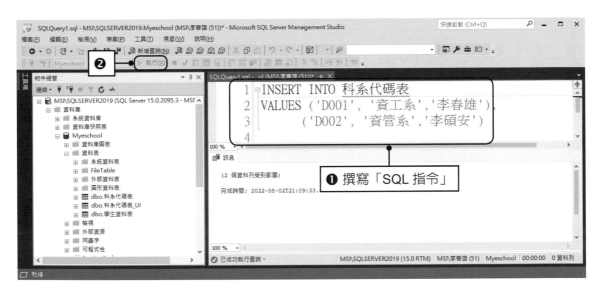

圖 2-39　新增兩筆記錄到「科系代碼表」

❖ 執行結果 ❖

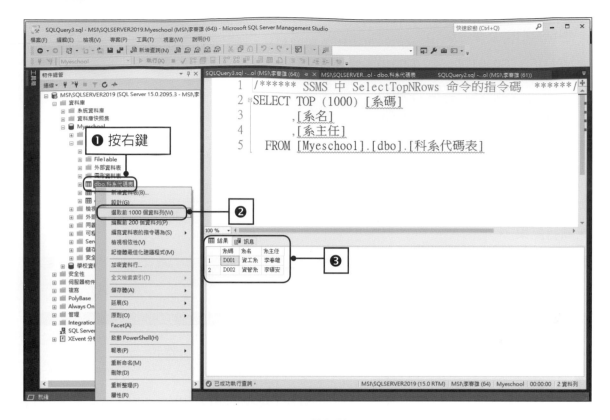

圖 2-40　執行結果

 隨堂練習 2

請撰寫「SQL 指令」中 INSERT 指令新增五筆記錄在「學生資料表」中，新增資料如下表所示：

學號	姓名	系碼
S0001	一心	D001
S0002	二聖	D001
S0003	三多	D002
S0004	四維	D002
S0005	五福	D002

✿ **SQL 指令** ✿

```
INSERT INTO 學生資料表
VALUES ('S0001', ' 一心 ','D001'),
       ('S0002', ' 二聖 ','D001'),
       ('S0003', ' 三多 ','D002'),
       ('S0004', ' 四維 ','D002'),
       ('S0005', ' 五福 ','D002')
```

❖ **執行結果** ❖

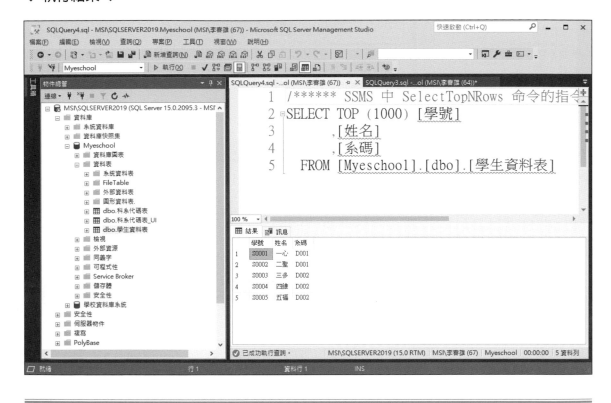

2-4-2 修改資料表中的記錄

在我們前一個單元中，已經新增多筆記錄到「科系代碼表」及「學生資料表」中了，但是，如果有錯誤時，也可以再「修改」動作來進行。因此，在本單元中，筆者再為各位讀者介紹，如何修改資料表中的記錄。

指令 UPDATE(修改記錄) 指令。

定義　指修改一個資料表中某些值組（記錄）之屬性值。

格式

> UPDATE 資料表名稱
>
> SET {< 欄位名稱 1>=< 欄位值 1>,…, < 欄位名稱 n>=< 欄位值 n>}
>
> [WHERE < 條件子句 >]

範例　請撰寫「SQL 指令」中 UPDATE 指令修改「科系代碼表」中，資管系主任的姓名改為「李安」。

SQL 指令

> UPDATE 科系代碼表
>
> SET 系主任 =' 李安 '
>
> WHERE 系名 =' 資管系 '

❖ 執行結果 ❖

修改之前	修改之後
⊞ 結果　▥ 訊息 　　　　　　系碼　系名　系主任 　　1　D001　資工系　李春雄 　　2　D002　資管系　李碩安	⊞ 結果　▥ 訊息 　　　　　　系碼　系名　系主任 　　1　D001　資工系　李春雄 　　2　D002　資管系　李安

2-4-3　刪除資料表中的記錄

　　在我們前二個單元中，已經新增多筆記錄到「科系代碼表」及「學生資料表」中了，但是，如果在「學生資料表」中，某一位同學退學時，則可以透過「刪除」動作來進行。因此，在本單元中，筆者再為各位讀者介紹，如何刪除資料表中的記錄。

指令　　DELETE (刪除記錄) 指令。

定義　　把合乎條件的值組 (記錄)，從資料表中刪除。

格式

```
DELETE FROM 資料表名稱
[WHERE < 條件式 >]
```

範例　　請撰寫「SQL 指令」中 DELETE 指令刪除「學生資料表」中，「五福」同學的相關記錄。

SQL 指令

```
DELETE FROM 學生資料表
WHERE 姓名 =' 五福 '
```

❖ 執行結果 ❖

刪除之前	刪除之後

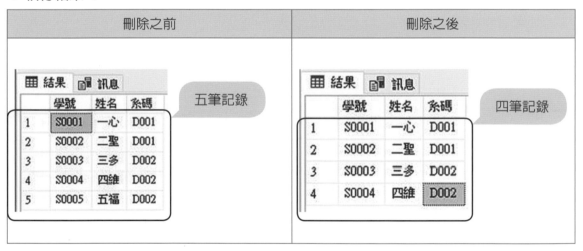

NOTE

03 關聯式資料庫

◆ **本章學習目標**

1. 讓讀者瞭解何謂關聯式資料庫 (Relational Database) 及其定義。

2. 讓讀者瞭解關聯式資料完整性中的三種整合性法則。

◆ **本章內容**

3-1　關聯式資料庫 (Relation Database)

3-2　鍵值屬性

3-3　關聯式資料庫的種類

3-4　關聯式資料完整性規則

3-1 │ 關聯式資料庫 (Relation Database)

定義　是由兩個或兩個以上的資料表組合而成，而資料表之間是透過相同的欄位值 (即「外鍵」參考「主鍵」) 來連結，以這種方式來存放資料的資料庫，在電腦術語中，稱為「關聯式資料庫 (Relational Database)」。

作法　將各種資料依照性質的不同 (如：員工資料、生產資料、銷售資料、行銷資料等)，分別存放在幾個不同的表格中，表格與表格之間的關係，則以共同的欄位值 (如：「編號」欄位…) 相互連結。

目的　1. 節省重複輸入的時間與儲存空間。

　　　　 2. 確保異動資料 (新增、修改、刪除) 時的一致性及完整性。

優點

　　1. 節省記憶體空間

　　　 相同的資料記錄不需要再重複輸入。

　　2. 提高行政效率

　　　 因為資料不須再重複輸入，故可以節省行政人員的輸入時間。

　　3. 達成資料的一致性

　　　 因為資料不需再重複輸入，故可以減少多次輸入產生人為的錯誤。

範例　假設「公司行政系統」中有一個尚未分割的「員工資料表」，如表 3-1 所示：

表 3-1　尚未分割的「員工資料表」

	編號	姓名	部碼	部名
#1	S0001	一心	D001	生產部
#2	S0002	二聖	D001	生產部
#3	S0003	三多	D002	銷售部
#4	S0004	四維	D002	銷售部
#5	S0005	五福	D002	行銷部

大量資料重複現象

由表 3-1 中，我們可以清楚看出多筆資料重複現象，如果有某一筆資料打錯，將會導致資料不一致現象。例如：在上表中的第 5 筆記錄的部名，應該是「銷售部」卻打成「行銷部」。

因此，我們就必須要將原始的「公司資料表」分割成數個不重複的資料表，再利用「關聯式資料庫」的方法來進行資料表的關聯。

因此，我們可以將上表中的「公司資料表」分割為「員工資料表」與「部門代碼表」，如何產生關聯式資料庫呢？它是透過兩個資料表的相同欄位值 (即部碼) 來進行連結。如下所示：

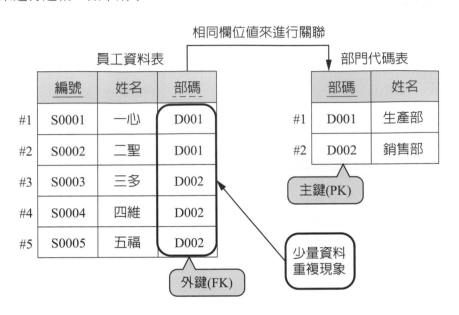

主鍵與外鍵

1. 主鍵 (Primary Key, PK)：是指用來識別記錄的唯一性，它不可以重複及空值 (Null)。例如：上表中的員工資料表中的「編號」及部門代碼表中的「部碼」。

2. 外鍵 (Foreign Key, FK)：是指用來建立資料表之間的關係，其外鍵內含值必須與另一個資料表的主鍵相同。例如：上表中的員工資料表中的「部碼」。

範例 請利用 SQL Server 資料庫管理工具，先建立一個「ch3_DB」的資料庫名稱，再建立以上兩個資料表「員工資料表」與「部門代碼表」。

註：SQL 語法的詳細介紹，請參閱第七章內容。

利用資料定義語言 (DDL)

撰寫 SQL 指令來建立兩個資料表

員工資料表	部門代碼表
CREATE TABLE 員工資料表 (編號　CHAR(5), 姓名　NVARCHAR(4) NOT NULL, 部碼　CHAR(4), PRIMARY　KEY(編號), FOREIGN KEY(部碼) REFERENCES 部門代碼表 (部碼))	CREATE TABLE 部門代碼表 (部碼　CHAR(4), 部名　NVARCHAR(4) NOT NULL, PRIMARY　KEY(部碼))

建立兩個資料表的關聯性，亦即建立「關聯式資料庫」

說明 在上面的「員工資料表」中，「FOREIGN KEY(部碼) REFERENCES 部門代碼表 (部碼)」目的是用來建立兩個資料表的關聯性，以確保異動資料 (新增、修改、刪除) 時的一致性及完整性。

實作步驟

查詢兩個資料表的結構

員工資料表	部門代碼表

利用資料操作語言 (DML)　撰寫 SQL 指令來新增兩個資料表中的記錄。

員工資料表	部門代碼表
Insert Into 員工資料表 Values('S0001',' 一心 ','D001'), ('S0002',' 二聖 ','D001'), ('S0003',' 三多 ','D002'), ('S0004',' 四維 ','D002'), ('S0005',' 五福 ','D002')	Insert Into 部門代碼表 Values('D001',' 生產部 '), 　　　('D002',' 銷售部 ')

查詢兩個資料表的資料記錄

員工資料表	部門代碼表

3-2 | 鍵值屬性

在關聯式資料庫中，每一個資料表會有許多不同的鍵值屬性 (Key Attribute)，因此，我們可以分成兩個部分來探討：

一、屬性 (Attribute)：是指一般屬性或欄位。

二、鍵值屬性 (Key Attribute)：是指由一個或一個以上的屬性所組成，並且在一個關聯中，必須要具有「唯一性」的屬性來當作「鍵 (Key)」。

例如 在關聯式資料庫中，常見的鍵 (Key) 可分為：超鍵、候選鍵、主鍵及交替鍵，其各鍵的關係，如下圖所示。

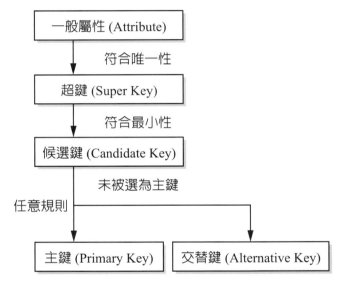

圖 3-1 關聯式資料庫中各鍵的關係圖

舉例 請找出「員工資料表」中的「超鍵、候選鍵、主鍵及交替鍵」。

員工資料表 (身分證字號，編號，姓名，電話，地址)

❖ 解答 ❖

1. 超鍵：(身分證字號，編號，姓名，電話，地址)

(身分證字號，編號，姓名，電話)

(身分證字號，編號，姓名)

(身分證字號，編號)

……還有非常多種不同的組合。

2. 候選鍵：(編號) 或 (身分證字號)

3. 主鍵：編號

4. 交替鍵：身分證字號

3-2-1 屬性 (Attribute)

定義 用來描述實體的性質 (Property)。

例如 編號、姓名、性別都是用來描述員工實體的性質。其中，「性別」屬性的內含值，必須是「男生」或「女生」，不能超出定義域 (Domain) 的範圍。

分類 1. 簡單屬性 (Simple Attribute)。

2. 複合屬性 (Composite Attribute)。

3. 衍生屬性 (Derived Attribute)。

編號	姓名	年齡	地址
S0001	一心	20	高雄市三民區
S0002	二聖	19	高雄市前鎮區
S0003	三多	23	高雄市苓雅區
S0004	四維	22	高雄市鳥松區
S0005	五福	24	高雄市阿蓮區

（簡單屬性 → 編號；衍生屬性 → 年齡；複合屬性 → 地址）

圖 3-2　屬性示意圖

以上三類屬性的詳細說明，如下所示：

一、簡單屬性 (Simple Attribute)

定義 已經無法再繼續切割成其他有意義的單位。例如：「編號」屬性。

二、複合屬性 (Composite Attribute)

定義 由兩個或兩個以上的其他屬性的值所組成。例如：「地址」屬性。

三、衍生屬性 (Derived Attribute)

定義 可以經由某種方式的計算或推論而獲得的。

例如　「年齡」屬性便屬於「衍生屬性」。例如：「年齡」屬性。

以實際的年齡為例，可以由「目前的系統時間」減去「生日」屬性的值，便可換算出「年齡」屬性的值。

公式

$$年齡 = 目前的系統時間 - 生日$$

3-2-2　超鍵 (Super Key)

基本上，我們會在每一個資料表中，選出一個具有唯一性的欄位來當作「主鍵」，但是，在一個資料表中，如果找不到具有唯一性的欄位時，我們也可以選出兩個或兩個以上的欄位組合起來，以作為唯一識別資料的欄位。

定義　是指在一個資料表中，選出兩個或兩個以上的欄位組合起來，以作為唯一識別資料的欄位，因此，我們可以稱這種組合出來的欄位為「超鍵」。

例如　以「員工資料表」為例，全班的員工姓名中，若有人同名同姓時 (重複)，則我們可以搭配員工的編號，讓「員工的編號」與「員工的姓名」兩欄位結合起來 (亦即「編號＋姓名」) 來產生新的鍵。所以，{ 姓名，編號 } 是一個超鍵。因為不可能有兩個員工的姓名與編號皆相同。{ 身份證字號 } 也是一個超鍵。

圖解說明

編號	姓名	年齡	地址
S0001	一心	20	高雄市三民區
S0002	二聖	19	高雄市前鎮區
S0003	三多	23	高雄市苓雅區
S0004	四維	22	高雄市鳥松區
S0005	五福	24	高雄市阿蓮區

圖 3-3　超鍵示意圖

分析

1. 〔年齡〕或〔姓名〕都不是「超鍵」。

2. 最大的「超鍵」是所有屬性的集合。

最大的「超鍵」

編號	姓名	年齡	地址
S0001	一心	20	高雄市三民區
S0002	二聖	19	高雄市前鎮區
S0003	三多	23	高雄市苓雅區
S0004	四維	22	高雄市鳥松區
S0005	五福	24	高雄市阿蓮區

圖 3-4 最大的超鍵

最小的「超鍵」則是關聯的主鍵。

最小的「超鍵」

編號	姓名	年齡	地址
S0001	一心	20	高雄市三民區
S0002	二聖	19	高雄市前鎮區
S0003	三多	23	高雄市苓雅區
S0004	四維	22	高雄市鳥松區
S0005	五福	24	高雄市阿蓮區

圖 3-5 最小的超鍵

3-2-3 主鍵 (Primary Key)

定義

1. 從資料表中選擇一個具有「唯一性」的鍵，稱為主鍵 (簡稱為 P.K.)。

2. 在資料表中「主鍵」欄位名稱，下方要加上一個「底線」。

3. 「主鍵」之鍵值「不可以重複」也「不可為空值」(Null Value)。

■ 挑選主鍵的三原則

1. 固定不會再變更的值

在挑選「主鍵」時，必須要找永遠不曾被變更的欄位，否則會增加爾後的管理和維護資料的困難度與複雜性。

例如：「編號」與「身份證字號」在決定之後，幾乎不會再改變。

不會再改變　不會再改變

編號	身份證字號	姓名	年齡	地址
S0001	A123456789	一心	20	高雄市三民區
S0002	B123456789	二聖	19	高雄市前鎮區
S0003	C123456789	三多	23	高雄市苓雅區
S0004	D123456789	四維	22	高雄市鳥松區
S0005	E123456789	五福	24	高雄市阿蓮區

圖 3-6　主鍵要挑選固定不會再變更的值

2. 單一欄位

在一個資料表中，最好只選取「單一欄位」的候選鍵作為主鍵，因為可以節省記憶體空間及提高執行效率。

例如：{ 姓名 + 編號 } 與 { 編號 }，雖然二者都具有唯一性，但是後者 { 編號 } 是單一欄位。

單一欄位

編號	身份證字號	姓名	年齡	地址
S0001	A123456789	一心	20	高雄市三民區
S0002	B123456789	二聖	19	高雄市前鎮區
S0003	C123456789	三多	23	高雄市苓雅區
S0004	D123456789	四維	22	高雄市鳥松區
S0005	E123456789	五福	24	高雄市阿蓮區

圖 3-7　選取單一欄位作為主鍵

3. 不可以「空值或重複」

依照「關聯式資料完整性規則」，主鍵的鍵值不可以重複，也不可以爲空值 (NULL)。

例如：{ 姓名 } 欄位就不適合當作主鍵欄位。因爲可能會重複。

圖 3-8　主鍵編號不可能重複或空值

3-2-4　複合鍵 (Composite Key)

定義　是指資料表中的主鍵，是由兩個或兩個欄位以上所組成，這種主鍵稱爲複合鍵 (Composite Key)。

使用時機

當表格中某一欄位的值無法區分資料記錄時，可以使用這種方法。

例如　在「銷售記錄表」中「編號」與「品號」的欄位值皆有重複，無法區分出每一筆記錄，所以「編號」欄位不能當作主鍵欄位。因此，必須要把「編號」與「品號」兩個欄位組合在一起，當作主鍵欄位。如下圖所示。

銷售記錄表

編號	品號	數量
S0001	P0001	88
S0001	P0002	55
S0002	P0001	77
S0003	P0001	88
S0003	P0002	99

會重複　會重複

圖 3-9　複合鍵

3-2-5　候選鍵 (Candidate Key)

定義　候選鍵就是主鍵的候選人，並且也是關聯表的屬性子集所組成。

條件　一個欄位要成為候選鍵，則必須同時要符合下列兩項條件：

1. 具有唯一性：是指不能重複

　　是指在一個資料表中，用來唯一識別資料記錄的欄位。如：超鍵 (Super Key)。它可以是由多個欄位組合 { 編號 + 身分證字號 } 而成。例如：在員工表中，{ 編號 + 身分證字號 } 具有唯一性。

具有唯一性，但不符合最小性

編號	身份證字號	姓名	年齡	地址
S0001	A123456789	一心	20	高雄市三民區
S0002	B123456789	二聖	19	高雄市前鎮區
S0003	C123456789	三多	23	高雄市苓雅區
S0004	D123456789	四維	22	高雄市鳥松區
S0005	E123456789	五福	24	高雄市阿蓮區

圖 3-10　候選鍵具有唯一性，但不符合最小性

2. 具有最小性：是指欄位個數要最少

　　雖然 { 編號 + 身分證 } 具有「唯一性」，但是它不符合最小性，因為，移除「編號」欄位之後，「身分證」還是具有唯一性，或移除「身分證」欄位之後，「編號」還是具有唯一性。因此，{ 編號 } 與 { 身分證 } 都是候選鍵。

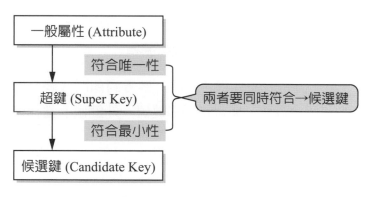

編號	身份證字號	姓名	年齡	地址
S0001	A123456789	一心	20	高雄市三民區
S0002	B123456789	二聖	19	高雄市前鎮區
S0003	C123456789	三多	23	高雄市苓雅區
S0004	D123456789	四維	22	高雄市鳥松區
S0005	E123456789	五福	24	高雄市阿蓮區

圖 3-11　候選鍵具有唯一性

圖解說明

一般屬性 (Attribute)

符合唯一性

超鍵 (Super Key)

符合最小性

兩者要同時符合→候選鍵

候選鍵 (Candidate Key)

圖 3-12　候選鍵示意圖

註：候選鍵可以唯一識別值組 (記錄)，大部份資料表只有一個候選鍵。

3-2-6　外鍵 (Foreign Key)

　　在關聯式資料庫中，任兩個資料表要進行關聯 (對應) 時，必須要透過「外鍵」參考「主鍵」才能建立，其中「主鍵」值的所在資料表稱為「父關聯表」，而「外鍵」值的所在資料表稱為「子關聯表」。

定義　外鍵是指「父關聯表嵌入的鍵」，並且外鍵在父關聯表中扮演「主鍵」的角色。因此，外鍵一定會存放另一個資料表的主鍵，主要目的是用來確定資料的<u>參考完整性</u>。所以，當父關聯表的「主鍵」值不存在時，則「子關聯表」的「外鍵」值也不可能存在。

外鍵的特性

1. 「子關聯表」的外鍵必須對應「父關聯表」的主鍵。
2. 外鍵是用來建立「子關聯表」與「父關聯表」的連結關係。

　　例如：一心員工可以找到對應的部名。

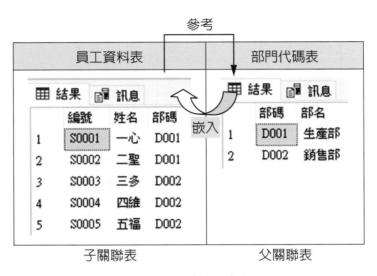

圖 3-13　外鍵示意圖

說明　在上圖中，員工資料表的外鍵「部碼」參考到部門代碼表的「主鍵」部碼，如果在 SQL 語言中實作，通常是「主鍵值＝外鍵值」當作條件式。因此，在 SELECT 之 WHERE 子句中撰寫如下：

員工資料表 . 部碼 ＝ 部門代碼表 . 部碼

說明　在 SQL 指令中，就是用來連結「員工資料表」和「部門代碼表」兩個資料表。

3. 外鍵和「父關聯表」的主鍵欄位必須要具有相同定義域，亦即相同的資料型態和欄位長度，但名稱則可以不相同。

　　例 1：相同的資料型態和欄位長度

　　是指「員工資料表」的「部碼」外鍵必須要與「部門代碼表」的「部碼」主鍵之資料型態和欄位長度皆相同。

圖 3-14　資料庫關聯圖

註：在 SQL Server 中，外鍵參考主鍵時，務必要有相同的資料型態和欄位長度。

　　例 2：外鍵和「父關聯表」的主鍵欄位名稱可以不相同，假設現在有一個關聯圖如下：

員工資料表		部門代碼表	
MSI\SQLSERVER...B - dbo.員工資料表		MSI\SQLSERVER...B - dbo.部門代碼表	
資料行名稱	資料類型	資料行名稱	資料類型
🔑 編號	char(5)	▶🔑 部碼	char(4)
姓名	nvarchar(4)	部名	nvarchar(4)
▶ 部碼	char(4)		

圖 3-15　資料庫關聯圖

其中，「部門代碼表」的「部碼」欄位名稱，現在欲改為「部門代碼」欄位名稱，則
是可以的。如下圖所示：

員工資料表		部門代碼表	
MSI\SQLSERVER...B - dbo.員工資料表		MSI\SQLSERVER...B - dbo.部門代碼表	
資料行名稱	資料類型	資料行名稱	資料類型
🔑 編號	char(5)	▶🔑 部門代碼	char(4)
姓名	nvarchar(4)	部名	nvarchar(4)
▶ 部碼	char(4)		

圖 3-16　資料庫關聯圖

註：因此，我們可以清楚得知，「子關聯表」的外鍵參考「父關聯表」的主鍵時，是透過「相同
的欄位值」，而非「相同的欄位名稱」。

4. 外鍵的欄位值可以是重複值。

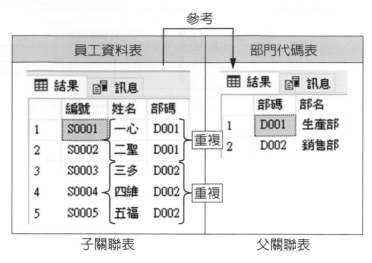

圖 3-17　外鍵的欄位值可以是重複值

說明　在上表中，一心與二聖都是屬於「生產部」，而三多、四維及五福都是屬於「銷售部」。

深入探討

問題一：

假設現在有一位新進員工想任職於「研發部」，而公司卻沒有該部門，但是，公司把這位新進員工的資料暫時輸入到「員工資料表」中，並且「部碼」輸入 **D010**，請問此時 **DBMS** 會產生問題嗎？為什麼？

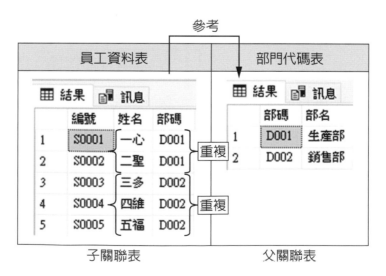

欲新增「編號：S0006」、「姓名：六合」、「部碼：D010」到「員工資料表」中。

Insert Into 員工資料表

VALUES('S0006',' 六合 ','D010')

Q1 解答 ---

會產生如下的錯誤訊息：

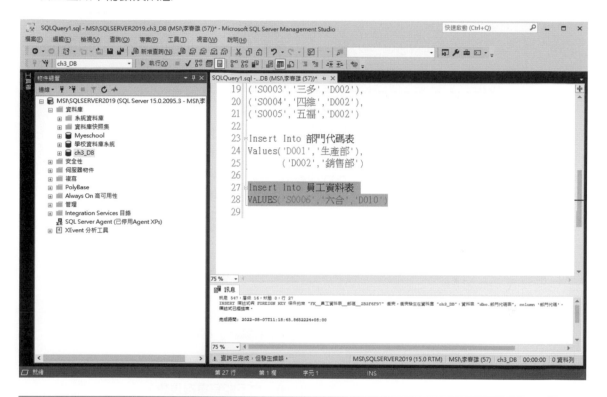

訊息 547，層級 16，狀態 0，行 27

INSERT 陳述式與 FOREIGN KEY 條件約束 "FK__ 員工資料表 __ 部碼 __2B3F6F97" 衝突。衝突發生在資料庫 "ch3_DB"，資料表 "dbo. 部門代碼表 "，column ' 部門代碼 '。

陳述式已經結束。

完成時間：2022-08-07T11:18:45.8652224+08:00

原因　「子關聯表」的部碼 (外鍵) 無法參考到「父關聯表」的部碼 (主鍵)。

換言之，外鍵是由「父關聯表嵌入的鍵」；因此，外鍵欄位值只是主鍵欄位值的子集合。

問題二：

假設現在公司想再增設「研發部」，其部碼為 **D003**，但是，今年卻沒有新進工員來應徵此部門，請問此時 **DBMS** 會產生問題嗎？為什麼？

Insert Into 部門代碼表

VALUES('D003',' 研發部 ')

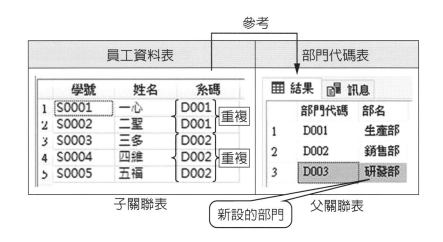

Q2 解答

不會產生任何的錯誤訊息。

原因 「子關聯表」的部碼 (外鍵) 可以參考到「父關聯表」的部碼 (主鍵)。

歸納主鍵與外鍵的關係

1. 父關聯表中的「主鍵」值，一定不能為空 (Null)，也不能有重複現象。

2. 子關聯表中的「外鍵」值，可以有重複現象。

3-3 | 關聯式資料庫的種類

假設現在有甲與乙兩個資料表，其「關聯式資料庫」中資料表的關聯種類可以分為下列三種：

1. 一對一的關聯 (1：1)
2. 一對多的關聯 (1：M)
3. 多對多的關聯 (M：N)

3-3-1 　一對一關聯 (1：1)

定義　假設現在有甲與乙兩個資料表，在一對一關聯中，甲資料表中的一筆記錄，只能對應到乙資料表中的一筆記錄，並且乙資料表中的一筆記錄，只能對應到甲資料表中的一筆記錄。

舉例　以「考績處理系統」為例，當兩個資料表之間做一對一的關聯時，表示「員工資料表」中的每一筆記錄，只能對應到「考績資料表」的一筆記錄，而且「考績資料表」的每一筆記錄，也只能對應到「員工資料表」的一筆記錄，這就是所謂的 1 對 1 關聯。

適用時機

通常是基於安全上的考量 (資料保密因素)，將某一部份的欄位分割到另一個資料表中。

一對一關聯架構圖

在下圖中，「員工資料表」與「考績資料表」是一對一的關係。因此，「員工資料表」的主鍵必須對應「考績資料表」的主鍵，才能設定為 1:1 的關聯圖。

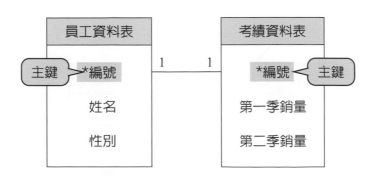

圖 3-18　一對一關聯架構圖

在上圖中，我們也可以將「員工資料表」與「考績資料表」兩個資料表合併成一個資料表，其合併結果如下圖所示。

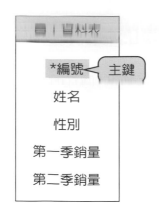

圖 3-19　一對一關聯合併架構圖

一對一的範例

欲將「員工資料表」與「考績資料表」這兩個資料表合併成一個資料表時，必須要先完成以下條件，否則就無法進行「合併」：

條件 1：先檢查「員工資料表」中「編號」欄位值是否與「考績資料表」中「編號」欄位值完全相同。

條件 2：如果條件 1 成立時，才能建立「1:1 的資料庫關聯圖」，如下圖所示：

一對一

員工資料表

	編號	姓名	性別
#1	S0001	張三	男
#2	S0002	李四	男
#3	S0003	王五	女
#4	S0004	李安	女

考績資料表

	編號	第一季銷量	第二季銷量
#1	S0001	85	78
#2	S0002	78	52
#3	S0003	86	86
#4	S0004	95	100

合併

	編號	姓名	性別	第一季銷量	第二季銷量
#1	S0001	張三	男	85	78
#2	S0002	李四	男	78	52
#3	S0003	王五	女	86	86
#4	S0004	李安	女	95	100

圖 3-20　一對一關聯合併範例圖

3-3-2　一對多關聯 (1：M)

定義　假設現在有甲與乙兩個資料表，在一對多關聯中，甲資料表中的一筆記錄，可以對應到乙資料表中的多筆記錄，但是乙資料表中的一筆記錄，卻只能對應到甲資料表中的一筆記錄。

舉例　以「銷售管理系統」為例，當兩個資料表之間做一對多的關聯時，表示「員工資料表」中的每一筆記錄，可以對應到「銷售記錄表」中的多筆記錄，但「銷售記錄表」的每一筆記錄，只能對應到「員工資料表」中的一筆記錄，這就是所謂的一對多關聯，這種方式是最常被使用。

一對多的關聯圖

在下圖中，「員工資料表」與「銷售記錄表」是一對多的關係。因此，「員工資料表」的主鍵必須對應「銷售記錄表」的外鍵，才能設定為 1:M 的關聯圖。

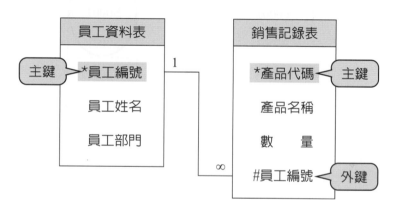

圖 3-21　一對多關聯架構圖

註：「*」代表該欄位為主鍵，「#」代表該欄位為外鍵。

一對多的範例

我們建立兩個資料表，分別為「員工資料表」與「銷售記錄表」，此時，我們可以了解「員工資料表」中的一筆記錄 (S0001)，可以對應到「銷售記錄表」中的多筆記錄 (P0001,P0002,P0003)，但是「銷售記錄表」中的一筆記錄，卻只能對應到「員工資料表」中的一筆記錄。如下圖所示。

員工資料表

員工編號	員工姓名	員工部門
S0001	張三	銷售部
S0002	李四	銷售部
S0003	王五	銷售部
S0004	李安	生產部

一對多

銷售記錄表

	產品代碼	產品名稱	數量	員工編號
#1	P0001	筆電	4	S0001
#2	P0002	滑鼠	4	S0001
#3	P0003	手機	3	S0001
#4	P0004	硬碟	4	S0002
#5	P0005	手錶	3	S0002
#6	P0006	耳機	3	S0003

圖 3-22　一對多關聯範例圖

3-3-3　多對多關聯 (M：N)

定義　假設現在有甲與乙兩個資料表，在多對多關聯中，甲資料表中的一筆記錄，能夠對應到乙資料表中的多筆記錄，並且乙資料表中的一筆記錄，也能夠對應到甲資料表中的多筆記錄。

舉例　以「產品銷售系統」為例，當兩個資料表之間做多對多的關聯時，表示「員工資料表」中的每一筆記錄，可以對應到「產品資料表」中的多筆記錄，並且「產品資料表」中的每一筆記錄，也能夠對應到「員工資料表」中的多筆記錄，這就是所謂的多對多關聯。

多對多的關聯圖

雖然，一對多關聯是最常見的一種關聯性，但是在實務上，「多對多關聯」的情況也不少，也就是說由兩個資料表 (實體) 呈現多對多的關聯。

例如：「員工資料表」與「產品資料表」。如下圖所示。

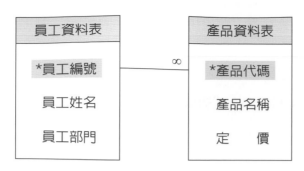

圖 3-23 多對多關聯理論架構圖

在上圖中，每一位員工可以銷售多項產品，並且每一項產品也可以被多位員工來銷售。

兩個資料表多對多關聯之問題

在實務上多對多關聯如果只有<u>兩個資料表來建置</u>，難度較高，並且容易出問題。

解決方法

利用「三個資料表」來建置「多對多關聯」，也就是說，在原來的兩個資料表之間再加入一個「聯合資料表 (Junction Table)」，使它們可以順利處理多對多的關聯。其中，聯合資料表 (Junction Table) 中的主索引鍵 (複合主鍵) 是由資料表 A(員工資料表) 和資料表 B(產品資料表) 兩者的主鍵所組成。

例如：在「員工資料表」與「產品資料表」之間再加入第三個資料表「銷售資料表」，如下圖所示。

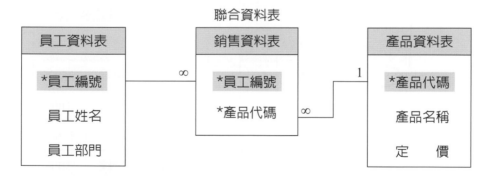

圖 3-24 多對多關聯架構圖

說明

1. 在「員工資料表」與「銷售資料表」的關係是以一對多。

2. 在「產品資料表」與「銷售資料表」的關係是以一對多。

3. 藉由「銷售資料表」的使用，使「員工資料表」與「產品資料表」關係變成 多對多的關聯式，亦即每一位員工可以銷售一項以上的產品並且每一項產品 也可以被多位員工銷售。

4. 以資料表 (Table) 之方式組成關聯，將這些關聯組合起來，即形成一個關聯式 資料庫。

多對多的範例

我們建立三個資料表，分別為「員工資料表」、「銷售資料表」及「產品資料表」， 此時，我們可以了解「員工資料表」中的一筆記錄 (S0001)，可以對應到「銷售 資料表」中的多筆記錄 (#1,#4,#5；亦即選了 C001,C002,C003 三項產品)，並且「產 品資料表」中的一筆記錄 (C002)，也能夠對應到「銷售資料表」中的多筆記錄 (#3,#4; 亦即每一項產品可以被 S0001,S0003 兩位員工來銷售)。如下圖所示。

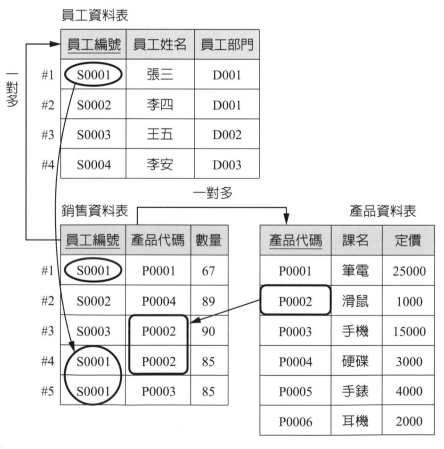

圖 3-25　多對多關聯實例圖

3-4 │ 關聯式資料完整性規則

　　完整性規則 (Integrity Rules) 是用來確保資料的一致性與完整性，以避免資料在經過新增、修改及刪除等運算之後，而產生的異常現象。亦即避免使用者將錯誤或不合法的資料值存入資料庫中。

三種完整性規則

　　關聯式資料模式的「完整性規則」，有下列三種：如下圖所示。

1. 實體完整性規則 (Entity Integrity Rule)
2. 參考完整性規則 (Referential Integrity Rule)
3. 值域完整性規則 (Domain Integrity Rule)

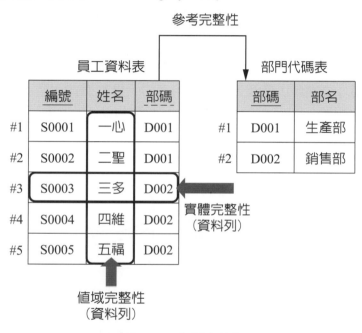

圖 3-26　資料完整性

> 註：在關聯式資料庫中，任兩個資料表要進行關聯 (參考) 時，必須透過「主鍵」對應「外鍵」才能建立，其中「主鍵」值的所在資料表稱為「父關聯表」，而「外鍵」值的所在資料表稱為「子關聯表」。

一、實體完整性規則 (Entity Integrity Rule)

　　是指針對單一資料表，主鍵必須要具有「唯一性」並且也「不可為空值」(NULL)。

例如：員工資料表中的編號，不可以重複也不可以為空值，才能符合實體完整性規則。

二、參考完整性規則 (Referential Integrity Rule)

是指針對多個資料表，「子關聯表」的「外鍵」的欄位值，一定要存在於「父關聯表」的主鍵中。

例如：員工資料表 (子關聯表) 的外鍵 (FK) 一定要存在於部門代碼表 (父關聯表) 的主鍵 (PK) 中。

三、值域完整性規則 (Domain Integrity Rule)

是指針對單一資料表，同一資料行中的資料屬性必須要相同。

例如 1：員工資料表中的部碼僅能存放文字型態的資料，並且一定只有四個字元，不可以超過四個字元或其他的格式型態。

例如 2：員工考績資料表中的考績資料行僅能存放數值型態的資料，不可以有文字或其他格式。

綜合上述，爲了確保資料的完整性、一致性及正確性，基本上，使用者在異動 (即新增、修改及刪除) 資料時，都會先檢查使用者的「異動操作」是否符合資料庫管理師 (DBA) 所設定的限制條件，如果違反限制條件時，則無法進行異動 (亦即異動失敗)，否則，就可以對資料庫中的資料表進行各種異動處理。如下圖所示：

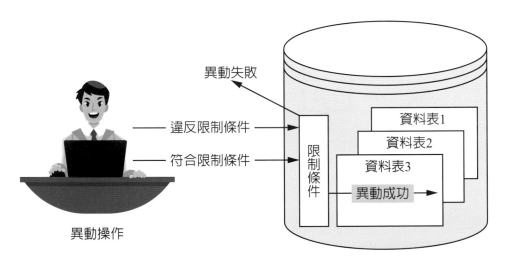

圖 3-27　異動操作

在上圖中，所謂的「限制條件」是指資料庫管理師 (DBA) 在定義資料庫的資料表結構時，可以設定主鍵 (Primary Key)、外鍵 (Foreign Key)、唯一鍵 (Unique Key)、條件約束檢查 (Check) 及不能空值 (Not Null) 等五種不同的限制條件。

3-4-1　實體完整性規則 (Entity Integrity Rule)…針對主鍵

定義　每一個資料表中的記錄 (值組) 都必須是可以識別的。因此,主鍵必須要具有唯一性,並且主鍵不可重複或為空值 (NULL)。否則,就無法唯一識別某一記錄 (值組)。

特性
1. 實體 (即每一筆記錄) 必須是可區別的 (Distinguishable)。
2. 主鍵值未知代表是一個不確定的實體,不能存放在資料表中。

　　在下圖中,「六合」員工的編號尚未得知時,無法新增到「員工資料表」中。

員工資料表

編號	姓名	部碼
S0001	一心	D001
S0001	二聖	D001
S0002	三多	D002
S0003	四維	D002
S0003	五福	D002

無法新增

#6 | NULL | 六合 | D002 |

圖 3-28　員工資料表

3. 實體完整性規則只適用於基本關聯 (Base Relation),不考慮檢視表 (View)。
   (1) 基本關聯 (Base Relation)

   　真正存放資料的具名關聯表格,是透過 SQL 的 Create Table 敘述來建立。基本關聯對應於 ANSI/SPARC 的「概念層」。

   (2) 檢視表 (View)

   　是一種具名的衍生關聯、虛擬關聯,定義在某些基本關聯上,本身不含任何資料。檢視表相對應於 ANSI/SPARC 的「外部層」。(檢視表的詳細介紹,請見第十章)

4. 在建立資料表時可以設定某欄位為主鍵,以確保實體完整性和唯一性。
5. 複合主鍵 (編號 + 品號) 中的任何屬性值皆不可以是空值 (Null)。如下圖所示。

編號	品味	數量
S0001	P0001	88
S0001	P0002	55
S0002	P0001	77
S0003	P0001	88
S0003	P0002	99

無法新增

#6	S0003	Null	75
#7	Null	P0002	66
#8	Null	Null	88

圖 3-29　複合主鍵的屬性值不可為空值

說明　主鍵是由多個欄位連結而成的組合鍵，因此，每一個欄位值都<u>不可為空值 (Null)</u>。

3-4-2　參考完整性規則 (Referential Integrity Rule)—針對外鍵

在完成建立資料庫及資料表之後，如果<u>沒有把它們整合</u>起來，則「員工資料表」中的外鍵 (部碼) 就無法與「部門代碼表」的主鍵 (部碼) 之間來進行關聯了，這將會<u>導致資料庫不一致</u>的問題。也就是<u>違反</u>了資料庫之「參考完整性規則」。

定義　是指用來確保兩個資料表之間的資料一致性，避免因一個資料表的記錄改變時，造成另一個資料表的內容變成無效的值。因此，子關聯表的外鍵 (FK) 的資料欄位值，<u>一定要存在</u>於父關聯表的主鍵 (PK) 中的資料欄位值。

例如　員工資料表 (子關聯表) 的部碼 (外鍵；F.K.) <u>一定要存在於</u>部門代碼表 (父關聯表) 的部碼 (主鍵；P.K.) 中。如下圖所示：

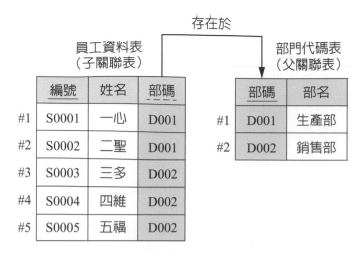

圖 3-30　參考完整性範例

參考完整性規則的特性

1. 至少要有兩個或兩個以上的資料表才能執行「參考完整性規則」。

2. 由父關聯表的「主鍵」與子關聯表的「外鍵」的關係來<u>建立兩個資料表之間資料的關聯性</u>。

3. 建立「參考完整性」之後，就可以即時有效檢查使用者的輸入值，以避免無效的值發生。

3-4-3　值域完整性規則 (Domain Integrity Rule)

定義　是指在「單一資料表」中，對於所有屬性 (Attributes) 的內含值，必須來自值域 (Domain) 的合法值群中。亦即是指在「單一資料表」中，同一資料行中的資料屬性必須要相同。亦即同一行的欄位之資料類型要相同。

例如　「性別」屬性的內含值，必須是「男生」或「女生」，而不能超出定義域 (Domain) 的合法值群。

特性　1. 作用在「單一資料表」中。

2. 「同一資料行」中的「資料屬性」必須要「相同」。

3. 建立資料表可以「設定條件」來查檢值域是否為合法值群。

範例

> 例 1：員工資料表中的部碼僅能存放文字型態的資料，並且一定只有四個字元，不可以超過四個字元或其他的日期格式等型態。

> 例 2：員工銷售資料表中的數量資料行僅能存放數值型態的資料，不可以有文字或日期等格式。

> 例 3：當要新增員工的銷售數量時，其數量的屬性內含值，必須要自定義域，其範圍假設為 0~100，如果數量超出範圍，則無法新增。如下圖所示。

編號	品號	數量
S0001	P0001	88
S0001	P0002	55
S0002	P0001	77
S0003	P0001	88
S0003	P0002	99

無法新增

#6　S0003	P0003	101

圖 3-31　參考完整性範例

3-4-4　空值 (NULL Values)

定義
1. 空值是一種特殊記號，用以記錄目前不詳的資料值。
2. 空值不是指「空白格」或「零值」。

圖 3-32

3-4-5　非空値 (NOT　NULL)

定義　資料行必須有正確的資料值，不可為虛值。

例如　在「員工資料表」中的「姓名」欄位值必須確定，不可為虛值。因此，在建立<u>資料表</u>時就必須宣告為 NOT NULL。

圖 3-33

評後評量

選擇題

( ) 1. 基本上，一個尚未經過分割的原始資料表可能會產生哪些問題？

(A) 資料重複現象　　(B) 資料異動時產生異常現象

(C) 資料不一致現象　(D) 以上皆是。

( ) 2. 關於使用「關聯式資料庫」的描述，下列何者有誤？

(A) 大量資料重複現象　　(B) 節省重複輸入的時間與儲存空間

(C) 確保異動資料的一致性　(D) 確保異動資料的完整性。

( ) 3. 「關聯式資料庫」如何產生關聯？

(A) 透過兩個資料表的相同欄位值來建立關聯

(B) 透過資料庫的樹狀結構建立關聯

(C) 透過特殊的檔名來建立關聯

(D) 透過物件導向的觀念來建立關聯。

( ) 4. 對於一個良好的關聯式資料表，應該要具有下列哪一個優點？

(A) 欄位愈少愈好　　(B) 欄位愈多愈好

(C) 資料重複愈少愈好　(D) 資料愈少愈好。

( ) 5. 關於「複合屬性」的描述，下列何者正確？

(A) 由兩個或兩個以上屬性的值所組成

(B)「地址」屬性是由區域號碼、縣市等屬性所組成

(C)「姓名」屬性可以是由第一姓名與第二姓名等屬性所組成

(D) 以上皆是。

( ) 6. 下列哪些屬性可以當作「衍生屬性」？

(A) 生日　(B) 地址　(C) 年齡　(D) 電話。

( ) 7. 關於「超鍵 (Super Key)」的描述，下列何者不正確？

(A) 具有唯一識別資料的欄位

(B) 在一個關聯 (表格) 中至少有一個「超鍵」

(C) 最大的「超鍵」是所有屬性的集合

(D) 有可能關聯表沒有「超鍵」。

(　　) 8. 假設全班的學生姓名中,有人同名同姓時,請問下列挑選超鍵何者比較正確?

(A){ 姓名 }　(B) { 姓名 + 生日 }　(C) { 姓名 + 血型 }　(D) { 姓名 + 學號 }。

(　　) 9. 當我們想到多個鍵值中挑選一個「主鍵」時,必須要遵循三個原則,下列何者不正確?

(A) 固定不會再變更的值　(B) 較少變更的值

(C) 單一的屬性　　　　　(D) 不可以為空值或重複。

(　　) 10. 關於「複合鍵 (Composite Key)」的描述,下列何者不正確?

(A) 用來識別資料表中記錄　(B) 具有唯一值的鍵值

(C) 可以由一個欄位來識別　(D) 是由兩個或兩個欄位以上所組成。

(　　) 11. 關於「候選鍵 (Candidate Key)」的描述,下列何者不正確?

(A) 是主鍵的候選人

(B) 必須用同時具有唯一性與最小性

(C) 只要具有唯一性或只要具有最小性

(D) 若候選鍵只包含一個屬性時,稱為簡單 (simple) 候選鍵。

(　　) 12. 在「學生資料表」中,若選擇「學號」為主鍵,則「身份證字號」稱為什麼?

(A) 替代索引鍵　(B) 外部索引鍵　(C) 參考索引鍵　(D) 內索引鍵。

(　　) 13. 關於「外鍵 (Foreign Key)」的描述,下列何者不正確?

(A) 是主鍵的候選人

(B) 父關聯表嵌入的鍵

(C) 外鍵在父關聯表中扮演「主鍵」的角色

(D) 當父關聯表的「主鍵」值不存在時,則「子關聯表」的「外鍵」值也
　　不可能存在。

(　　) 14. 在「關聯式資料庫」中的資料表中,若有兩個資料表要建立關聯式資料庫,
則必須要依賴下列哪一個鍵呢?

(A) 替代鍵　(B) 候選鍵　(C) 外鍵　(D) 以上皆非。

(　　) 15. 請問在「多對多關聯」中,它是由兩個什麼建立的關聯?

(A) 一對一關聯　(B) 一對多關聯　(C) 多對多關聯　(D) 以上皆是。

基本問答題

1. 何謂關聯式資料庫？並舉「員工資料表」與「部門代碼表」是如何產生關聯式資料庫。

2. 請找出員工資料表 (員工編號，姓名，生日，身分證字號，部門代碼) 的候選鍵。

3. 請找出員工資料表 (員工編號，姓名，生日，電話，地址，身分證字號，部門代碼) 的候選鍵、主鍵及交替鍵。

4. 複合屬性是由兩個以上的屬性所組成。例如：地址屬性是由區域號碼、縣市、鄉鎮、路、巷、弄、號等各個屬性所組成。請再舉複合屬性的一個例子。

5. 衍生屬性指可以經由某種方式的計算或推論而獲得的。例如年齡為例，可以由目前的系統時間減去生日屬性的值，便可換算出年齡屬性的值。請再舉二種衍生屬性的例子。

6. 請找出員工資料表 (編號，姓名，地址) 中的 Super 鍵與主鍵。

7. 試說明資料表關聯中一對一、一對多及多對多的關係為何。

8. 試說明分割資料表並建立「關聯式資料庫」的優點。

9. 一般在設計資料庫時，會有哪三種的完整性規則，並簡易說明其意義。

10. 請解釋何謂實體完整性。並舉例說明。

11. 請解釋何謂參考完整性。並舉例說明。

12. 請解釋何謂值域完整性。並舉例說明。

進階問答題

1. 在「關聯式資料庫」中，如果其中兩個資料表是一對一的關聯 (1：1) 時，則一般的作法為何？

2. 在「關聯式資料庫」中，請說明「超鍵 (Super Key)」與「主鍵 (Primary Key)」的共同點與差異點為何？請詳細說明。

3. 請繪圖說明超鍵、候選鍵、主鍵、交替鍵及外鍵，其各鍵的關係之間的關係。

4. 在「關聯式資料庫」中，要設定兩個資料表之間的「參考完整性規則」時，請問必須要符合那些條件？

5. 在「關聯式資料庫」中，若進行刪除 (Delete) 或更新 (Update) 運算時，發現違反「參考完整性規則」，有哪些策略可以解決此問題呢？。

6. 請說明以下之資料設計有何不妥。

員工編號	員工姓名	性別	產品代碼	產品名稱	數量	考績	主管編號	主管姓名
001	李碩安	男	P0001	筆電	4	74	T001	李安
001	李碩安	男	P0002	滑鼠	3	93	T002	張三
002	李碩崴	男	P0002	滑鼠	3	63	T002	張三
002	李碩崴	男	P0003	手機	2	82	T003	李四
002	李碩崴	男	P0005	手錶	4	94	T005	王五

NOTE

ER Model 實體關係圖

◆ **本章學習目標**

1. 讓讀者瞭解何謂實體關係模式 (Entity-Relation Model)。

2. 讓讀者瞭解如何將設計者與使用者訪談的過程記錄 (情境) 轉換成 E-R 圖。

3. 讓讀者瞭解如何將 ER 圖轉換成資料庫，以利資料庫程式設計所需要的資料來源。

◆ **本章內容**

4-1　實體關係模式的概念

4-2　實體 (Entity)

4-3　屬性 (Attribute)

4-4　關係 (Relationship)

4-5　情境轉換成 E-R Model

4-6　將 ER 圖轉換成對應表格的法則

4-1 | 實體關係模式的概念

定義 實體關係模式 (Entity-Relation Model) 是用來描述「實體」與「實體」之間關係的工具。

實體 是指用以描述真實世界的物件。

範例 1 員工、產品等，都是屬於實體。

範例 2 在實務需求上我們可以將「實體」轉換成各種資料表：

　　　　1. 員工實體 ➔ 員工資料表

　　　　2. 產品實體 ➔ 產品資料表

關係 是指用來表示「一個實體」與「另一個實體」關聯的方式。

範例 一對一關係、一對多關係、多對多關係。

☑ ER 圖的符號表

　　「實體關係模式」是利用「圖形化」的表示法，可以很容易的被一般非技術人員所了解。因此，「實體關係模式」可視為設計者與使用者溝通的工具與橋樑。

　　基本上，實體 (Entity) 與關係 (Relation) 是用來將事物加以模型化，並且以「圖形」表示的方式來顯示語意。如表 4-1 所示。

表 4-1　ER 圖物件符號表

ER 圖之組成元素	表示符號	說明
實體 (Entity)	▭	用以描述真實世界的物件。 例如：員工及產品。
屬性 (Attribute)	◯	用來描述實體的性質。 例如：員工的編號、姓名。
鍵值 (Key)	◯̲	用來辨認某一實體集合中的每一個實體的唯一性。 例如：編號、身分證字號。
關係 (Relationship)	◇	用來表示一個實體與另一個實體關聯的方式。 例如：一對一關係、一對多關係、多對多關係。

範例　假設資料庫設計者與使用者進行訪談之後，描述了一段事實「情境」的需求如下：

情境一：假設每一位「員工」必須要銷售一個以上的「產品」。

情境二：每一個「產品」可以被多位「員工」來銷售。

請依照以上兩個情境來建立「員工」及「產品」之銷售的資料庫系統 ER 圖。

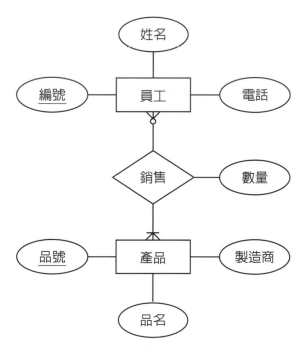

圖 4-1　資料庫系統 ER 圖

說明　一個「實體」在關聯式資料庫中視為一個「資料表」，對於一個實體而言，它可以含有多個「屬性」(Attribute) 用以描述該實體，在關聯式資料庫中，則以資料表的「欄位」來表示。

4-2 | 實體 (Entity)

定義　是用以描述真實世界的物件。它可以用來描述實際存在的事物 (如：員工)，也可以是邏輯抽象的概念 (如：產品)。

命名方式　是以「名詞」的型式來命名，不可以是「形容詞」或「動詞」。

範例　員工及產品。

分類　1. 強實體 (strong entity)

2. 弱實體 (weak entity)

4-2-1　強實體 (Strong Entity)

定義　是指不需要依附其他實體而存在的實體。也就是說，真實世界中獨立存在的一切事物，可以是實際存在的物品，也可以是概念性的事物。

範例　員工、產品。

表示圖形　以長方形表示。

圖 4-2　強實體符號

4-2-2　弱實體 (Weak Entity)

定義　是指需要依賴其他實體而存在的實體。

範例　員工的眷屬或員工的辦公室。

表示圖形　雙同心長方形表示。

圖 4-3　弱實體符號

4-3 | 屬性 (Attribute)

定義　用來描述實體的性質 (Property)。

範例　編號、姓名、性別是用來描述員工實體的性質。

分類　1. 簡單屬性 (simple attribute)

2. 複合屬性 (composite attribute)

4-3-1　簡單屬性 (simple attribute)

定義　指已經不能再細分為更小單位的屬性。

範例　「編號」屬性便是「簡單屬性」。

表示圖形 簡單屬性／單值屬性都是以「橢圓形」方式表示。

圖 4-4 簡單屬性符號

4-3-2 複合屬性 (Composite attribute)

定義 屬性是由兩個或兩個以上的其他屬性的值所組成，並且代表未來該屬性可以進一步作切割。

範例 「地址」屬性是由區域號碼、縣市、鄉鎮、路、巷、弄、號等各個屬性所組成。

表示圖形 複合屬性表示方式如下：

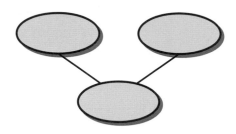

圖 4-5 複合屬性符號

4-3-3 鍵屬性 (Key attribute)

定義 是指該屬性的值在某個環境下具有唯一性。

範例 編號屬性稱爲「鍵 (Key)」。

表示圖形 以「橢圓形」內的屬性名稱加底線方式表示如下：

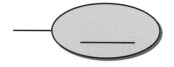

圖 4-6 鍵屬性符號

特性
1. 在實體關係圖 (E.R.Diagram) 當中，我們會在鍵屬性的名稱底下加一條底線表示之。

2. 有些實體型態的鍵屬性不只一個。例如：在「員工」這個實體型態裡面，員工的「身份證字號」及「編號」都具有唯一性，都可以是鍵屬性。

隨堂練習

假設有一個員工 (實體)，他有五個屬性，分別為編號、姓名、性別、身份證字號與地址。請繪出該員工的實體與屬性圖。< 注意：鍵屬性的標示 >

❖ 解答 ❖

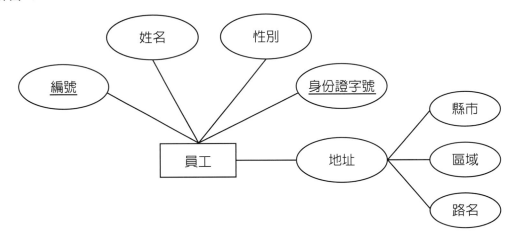

❖ 說明 ❖

對於實體與屬性各有指定的表示方法。

(1) 實體以「長方形」表示。

(2) 屬性則是以「橢圓形」表示。

4-3-4 單值屬性 (single-valued attribute)

定義   是指屬性中只會存在一個單一值。

範例   每個員工只會有一個編號，因此編號就是「單值屬性」。

表示圖形 簡單屬性／單值屬性都是以「橢圓形」方式表示如下：

圖 4-7 單值屬性符號

4-3-5 多值屬性 (Multi-valued attribute)

定義 指屬性中會存在多個數值。

範例 員工的「電話」屬性可能包含許多電話號碼。

表示圖形 以「雙邊線的橢圓形」方式表示如下：

圖 4-8 多值屬性符號

4-3-6 衍生屬性 (Derived attribute)

定義 指可由其他屬性或欄位計算而得的屬性，即某一個屬性的值是由其他屬性的值推演而得。

範例 以實際的「年齡」表示，我們可以由目前的系統時間減去生日屬性的值，便可換算出「年齡」屬性的值；因此，年齡屬性便屬於衍生屬性。

表示圖形 以「虛線橢圓形」方式表示如下：

圖 4-9 衍生屬性符號

隨堂練習

假設有一個員工 (實體)，他有五個屬性，分別為編號、姓名、電話、年齡與地址。

請繪出該員工的實體與屬性圖。< 注意：依照實際情況來標示 >。

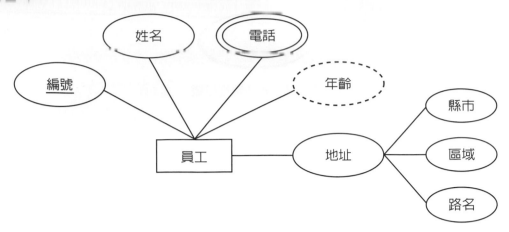

❖ 說明 ❖

對於實體與屬性各有指定的表示方法。

(1)　實體以「長方形」表示。

(2)　屬性則是以「橢圓形」表示。

4-4 | 關係 (Relationship)

定義　是指用來表達兩個實體之間所隱含的關聯性。

關係命名規則　使用足以說明關聯性質的「動詞」或「動詞片語」命名。

範例　「員工」與「部門」兩個實體型態間存在著一種關係—「服務於」。

表示圖形　以「菱形」方式表示如下：

圖 4-10　關係符號

 隨堂練習 1

試根據以下 E-R 模式，將關係的動詞填入，並簡述其意義所在。

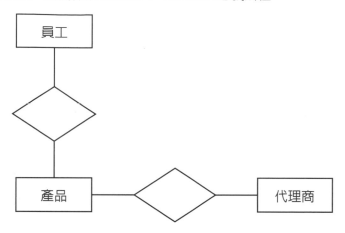

❖ 解答 ❖

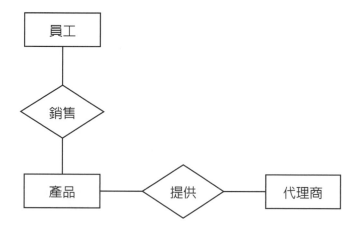

4-4-1 關係的基數性 (cardinality)

定義　關係還具有「基數性」，代表實體所能參與關係的案例數。

表示方式　基本上，可分為三大類來表示：

1. 利用「比率關係」來表示。

2. 利用「雞爪圖基數性」來表示。

3. 利用「基數限制條件」來表示。

一、利用「比率關係」來表示

1. 一對一的關係 (1：1)：表示兩個實體之間的關係是一對一的關係。

圖 4-11　一個 A 實體會對應到一個 B 實體

範例　假設公司每一位主管僅能分配一台車子，並且每一台車子只能被一位主管使用。

圖 4-12　範例圖

對應關係圖

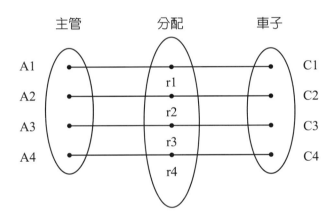

圖 4-13　每一位主管會對應到每一台車子

2. 一對多的關係 (1：M)：表示兩個實體之間的關係是一對多的關係。

圖 4-14　一個 A 實體會對應到多個 B 實體

範例　假設每一位主管可以同時管理多位員工，但每一位員工只能有一位主管。

圖 4-15　範例圖

對應關係圖

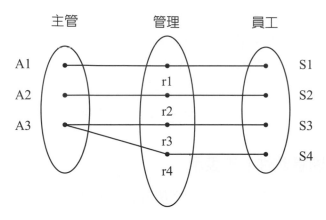

圖 4-16　每一位主管可以管理多位員工,但每一位員工只能有一位主管

範例　A3 主管同時管理 S3 與 S4 兩位員工。但 S1~S4 只能有一位主管。

3. 多對多的關係 (M:N):表示兩個實體之間的關係是多對多的關係。

圖 4-17　多個 A 實體會對應到多個 B 實體

範例　假設每一位員工可以銷售多項產品,並且每一項產品也可以由多位員工來銷售。

圖 4-18　範例圖

對應關係圖

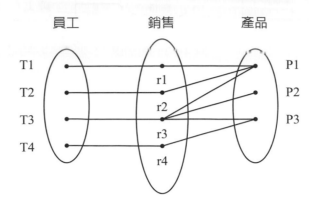

圖 4-19 T3 員工銷售 P1、P2 及 P3 三項產品，並且 P1 產品被 T1、T2 及 T3 三位員工來銷售

二、利用「雞爪圖基數性」來表示

1. 強制單基數：指一個實體參與其關係的案例數最少一個，最多也一個。

圖 4-20 A 實體參與 B 實體關係的案例數最少一個，最多也一個 (亦即洽只有一個)

範例 1 假設每一位主管僅能分配一台車子。

圖 4-21 範例圖

範例 2 假設每一位主管僅能分配一台車子，並且每一台車子一定要被分配給主管。

圖 4-22 範例圖

2. 強制多基數：指一個實體參與其關係的案例數最少一個，最多有多個。

圖 4-23　A 實體參與 B 實體關係的案例數最少一個，最多有多個

範例 1　假設每一位主管至少要管理一位員工，也可以多位。

圖 4-24　範例圖

範例 2　假設每一位主管至少要管理一位員工，也可以多位，但每一位員工只能被一位主管管理。

圖 4-25　範例圖

3. 選擇單基數：指一個實體參與其關係的案例數最少 0 個，最多有一個。

圖 4-26　A 實體參與 B 實體關係的案例數最少 0 個，最多有一個

範例 1　假設每一位主管分配一位助理，但也有可能沒有。

圖 4-27　範例圖

範例 3 假設每一位上管分配一位助理，但也有可能沒有，而每一位助理一定只能被分配給一位主管，不能多位。

圖 4-28　範例圖

4. 選擇多基數：指一個實體參與其關係的案例數最少 0 個，最多有多個。

圖 4-29　A 實體參與 B 實體關係的案例數最少 0 個，最多有多個

範例 1 假設每一位專案經理可以申請經濟部多項計畫，但也可以不申請。

圖 4-30　範例圖

範例 2 假設每一位專案經理可以申請經濟部多項計畫，但也可以不申請，而每一項計畫至少要有一位專案經理來申請。

圖 4-31　範例圖

三、利用「基數限制條件」來表示

定義 是指在關聯型態更進一步標示「實體」允許參與關聯的範圍。

分類 (1,N)、(0,N)、(1,1) 和 (0,1)

1. (1,1)：指一個實體參與其關係的案例數最少一個，最多也一個。

圖 4-32　A 實體參與 B 實體關係的案例數最少一個，最多也一個 (亦即洽只有一個)

範例 1　假設每一位主管僅能分配一台車子

圖 4-33　範例圖

範例 2　假設每一位主管僅能分配一台車子，並且每一台車子一定要被分配給主管。

圖 4-34　範例圖

2. (1,N)：指一個實體參與其關係的案例數最少一個，最多有多個。

圖 4-35　A 實體參與 B 實體關係的案例數最少一個，最多有多個

範例 1　假設每一位主管至少要管理一位員工，也可以多位。

圖 4-36　範例圖

範例 2　假設每一位主管至少要指導一位員工，也可以多位，但每一位員工只能被一位主管管理。

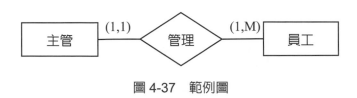

圖 4-37　範例圖

3. (0,1)：指一個實體參與其關係的案例數最少 0 個，最多有一個。

圖 4-38　A 實體參與 B 實體關係的案例數最少 0 個，最多有一個

4-4-2　關係的分支度 (Degree)

定義　指參與關係的實體的個數，稱之為「分支度」(Degree)。

分類　基本上，常見的分支度有三種：

1. 一元關係：指參與關係的實體的個數只有一個。

2. 二元關係：指參與關係的實體的個數有二個。

3. 三元關係：指參與關係的實體的個數有三個。

一、一元關係

定義　是指參與關係的實體的個數只有一個。

示意圖

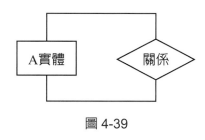

圖 4-39

範例　「員工」中的主管，可以管理許多員工。

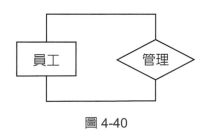

圖 4-40

二、二元關係

定義　是指參與關係的實體的個數有二個。

示意圖

圖 4-41

範例　「員工」銷售「產品」的關係，其中，「員工」與「產品」為兩個實體，而「銷售」是兩個實體所參與的關係。

圖 4-42

🔒 二元關係的 3 個重要的例子

1:1關係　1個主管僅可分配一個車位

1:M關係　1個客戶可以訂購多筆訂單

M:N關係　員工可以銷售多個產品，並且每
一個產品可以被多位員工來銷售

圖 4-43　二元關係的例子

二、二元關係

定義　是指參與關係的實體的個數有三個。

示意圖

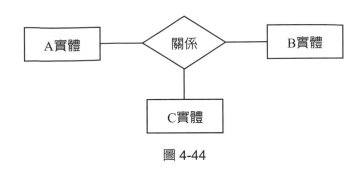

圖 4-44

範例 1　「客戶」、「員工」與「訂單」之間的關係為「訂購」。

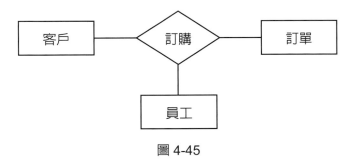

圖 4-45

範例 2　假設每一位客戶可以訂購一張以上的訂單，也可以沒有下任何訂單，但是，每一張訂單必須會有一位客戶的訂購資料。並且每一張訂單必須要有一位員工負責客戶的訂購資料。

解答

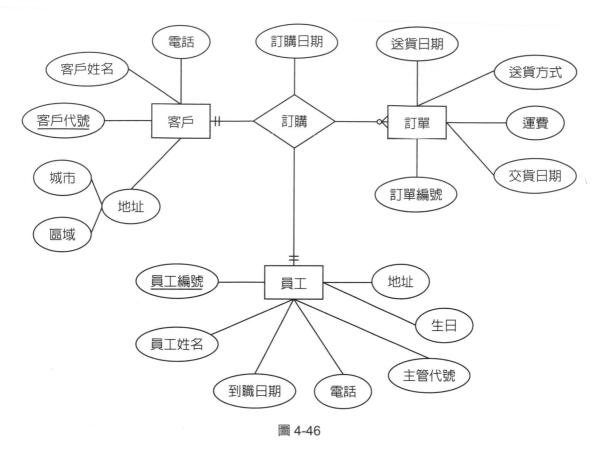

圖 4-46

4-4-3　關係的屬性

　　每一個實體型態都擁有許多屬性。事實上，關係型態也可能有一些屬性。

定義　　指兩個實體真正交易的時間點時，才會產生的屬性。

圖解說明

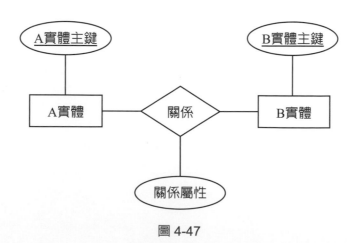

圖 4-47

範例 假設為了記錄「客戶」存下「訂單」時的數量，可以在「下」的關係型態裡加上一個屬性「數量」。

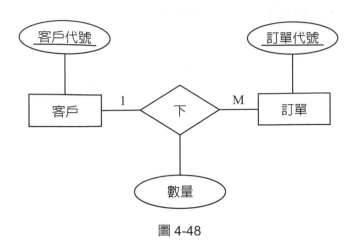

圖 4-48

注意 如何將 1:M 的關係屬性轉移到資料表中呢？

解答 我們只需要將「關係屬性」轉移到多的那一方的實體型態中即可。

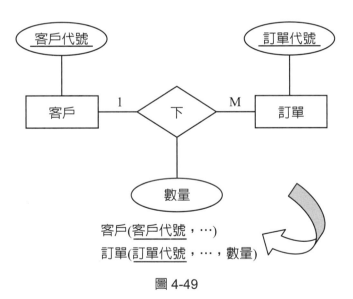

客戶(<u>客戶代號</u>，…)
訂單(<u>訂單代號</u>，…，數量)

圖 4-49

4-4-4　綱要 (Schema)

定義　「綱要 (Schema)」是資料庫中全體資料的邏輯結構和特徵的描述，它僅僅涉及到型態的描述，不涉及到具體的值。

範例　員工資料表的「邏輯結構和特徵的描述」

MSI\SQLSERVER...B - dbo.員工資料表　MSI\SQLSERVER20...

資料行名稱	資料類型	允許 Null
編號	char(5)	☐
姓名	nvarchar(4)	☐
部碼	char(4)	☑
		☐

圖 4-50　員工資料表

4-4-5　實例 (Instance)

定義　綱要的一個具體值稱爲綱要的一個實例 (Instance)，同一個綱要可以有很多實例。

範例　員工資料表的記錄

結果　訊息

	編號	姓名	部碼
1	S0001	一心	D001
2	S0002	二聖	D001
3	S0003	三多	D002
4	S0004	四維	D002
5	S0005	五福	D002

圖 4-51　員工資料表

4-5 │ 情境轉換成 E-R Model

在前面的章節中，我們已經學會 E-R Model 的意義與製作方法及使用時機之後，接下來，我們將帶領各位員工從實際的訪談過程 (稱為情境)，轉換成 E-R Model。

首先我們需了解情境中的每一個實體。第二就是設定實體與實體之間的關係 (Relationship)。第三就是決定實體的屬性 (Attribute)。第四就是決定各個實體的鍵值 (Key)。最後就是決定實體之間的基數性。

其說明如下所示：

1. 以使用者觀點決定資料庫相關的實體 (Entity)

2. 設定實體與實體之間的關係 (Relationship)

3. 決定實體的屬性 (Attribute)

4. 決定各個實體的鍵值 (Key)

5. 決定實體之間的基數性 (cardinality)

範例

情境一：假設每一家「製造商」必須要生產一個以上的「產品」，並且每一個「產品」只能有一家「製造商」來生產，不能有多家製造商來生產相同的產品。

情境二：假設每一位「員工」必須要銷售一個以上的「產品」，而每一門「產品」可以被多位「員工」來銷售。

請依照以上兩個情境來建立「員工」、「產品」及「製造商」之資料庫系統 ER 圖。

解答

1. 分析

    (1) 以使用者觀點決定資料庫相關的實體 (Entity)

    例如：製造商、產品及員工三個實體。

    (2) 設定實體與實體之間的關係 (Relationship)

    例如：製造商與產品之間有「生產」關係。

    員工與產品之間有「銷售」關係。

(3) 決定實體的屬性 (Attribute)

　　例如：製造商的屬性有代號、名稱、電話及地址。

　　　　　產品的屬性有品號、品名及定價。

　　　　　員工的屬性有編號、姓名、部門。

(4) 決定各個實體的鍵值 (Key)

　　例如：員工的主鍵：編號。

　　　　　製造商的主鍵：代號。

　　　　　產品的主鍵有：品號。

(5) 決定實體之間的基數性 (cardinality)

2. ER 圖

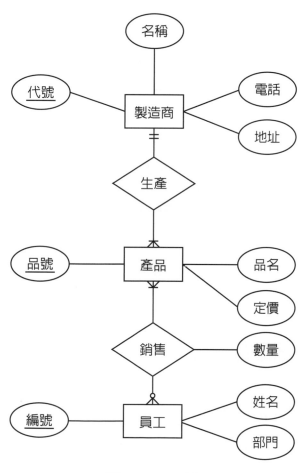

圖 4-52　ER 圖

4-6 | 將 ER 圖轉換成對應表格的法則

在上一節，已經提到情境轉換成 ER 圖，接下來如何將 ER 圖轉換成對應表格呢？首先，每一個實體的屬性必須要轉為該表格的欄位，鍵值屬性則轉為主索引欄位 (Primary Key)。

4-6-1　轉換實體與屬性成為資料表與欄位

規則

1. 每一個「實體」名稱轉換成「表格」名稱。

2. 每一個實體的「屬性」名稱轉換為該表格的「欄位」名稱。

3. 每一個實體的「鍵值屬性」轉換為「主鍵欄位」。

4. 如果鍵值屬性為複合屬性，則這複合屬性所有的欄位皆為主索引欄位。

範例　　請將下列的 ER 圖轉換成資料表。

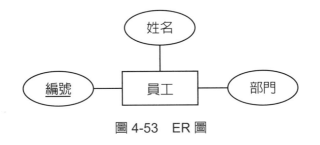

圖 4-53　ER 圖

解答

員工資料表

編號	姓名	部門

4-6-2　建立資料表間的關聯

基本上，在關聯式資料庫中的資料表之間的關聯性有三種情況：

✧ 第一種情況：1 對 1(1:1) 關係

✧ 第二種情況：1 對多 (1:M) 關係

✧ 第三種情況：多對多 (M:N) 關係

▣ 第一種情況：1 對 1(1:1) 關係

定義　是指兩個實體之間的關係為一對一。

ER 圖

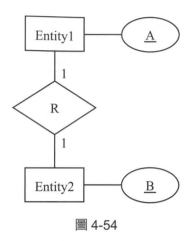

圖 4-54

作法　基本上有兩種不同的作法

1. 第一種作法：

   將 Entity2 資料表的主鍵 B 嵌入到 Entity1 資料表中，當作 Entity1 資料表的外鍵 (F.K.)。因此，兩個資料表之間的關聯就是透過 Entity1 資料表的外鍵 (F.K.) 參考對應 Entity2 資料表的主鍵 (P.K.)。

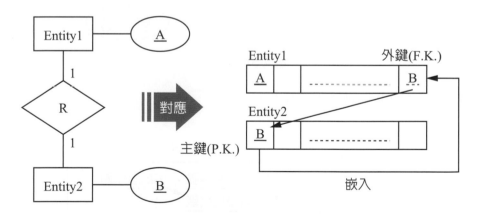

圖 4-55

? 第一種作法：

將 Entity1 資料表的主鍵 A 嵌入到 Entity2 資料表中，當作 Entity2 資料表的外鍵 (F.K.)。因此，兩個資料表之間的關聯就是透過 Entity2 資料表的外鍵 (F.K.) 參考對應 Entity1 資料表的主鍵 (P.K.)。

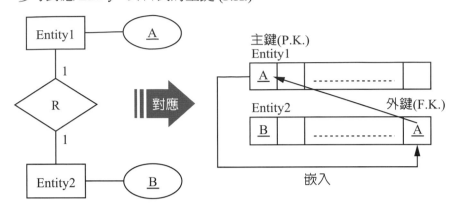

圖 4-56

範例 假設每一位「主管」只能分配一個「車位」，並且每一個「車位」僅能被分配給一位「主管」，其一對一的關係之 ER 圖，如下所示：

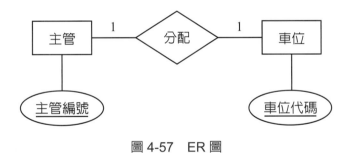

圖 4-57　ER 圖

請將以上的 ER 圖轉換成資料表。

解答

第一種情況	主管資料表(主管編號，…車位代碼) 車位資料表(車位代碼，…)
第二種情況	主管資料表(主管編號，…) 車位資料表(車位代碼，…，主管編號)

圖 4-58　資料表

第二種情況：1 對多 (1:M) 關係

定義　是指兩個實體之間的關係為一對多。

ER 圖

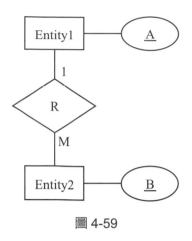

圖 4-59

作法　當兩個實體的關係為一對多時，則實體為多那方在轉換成 Table 時，要再增加一個外鍵 (F.K.)。

將 Entity1 資料表的主鍵 A 嵌入到 Entity2 資料表 (多那方) 中，當作 Entity2 資料表的外鍵 (F.K.)。因此，兩個資料表之間的關聯就是透過 Entity2 資料表的外鍵 (F.K.) 參考對應 Entity1 資料表的主鍵 (P.K.)。

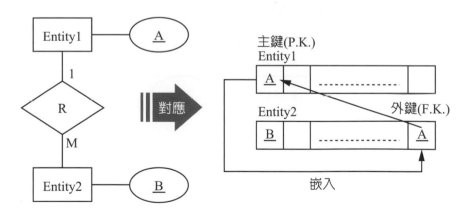

圖 4-60

範例 假設每一位「主管」可以同時管理多位「員工」，但是，每一位「員工」僅能被一位「主管」管理，其一對多的關係之 ER 圖，如下所示：

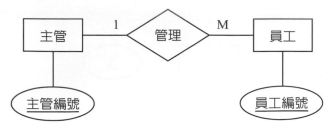

圖 4-61　ER 圖

請將以上的 ER 圖轉換成資料表。

解答

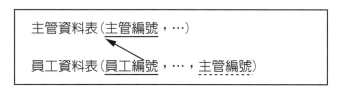

圖 4-62　資料表

⏹ 第三種情況：多對多 (M:N) 關係

定義 是指兩個實體之間的關係為多對多。

ER 圖

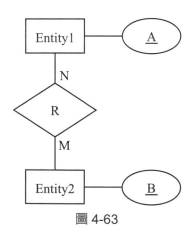

圖 4-63

作法　當兩個實體的關係為多對多時。我們將增加一個 R 資料表，而 R 資料表的主鍵欄位是由 <u>Entity1 資料表的主鍵 A</u> 與 <u>Entity2 資料表的主鍵 B</u> 所組成。在 R 資料表中 A 欄位代表外鍵 (F.K.) 與 Entity1 資料表產生關聯，而 R 資料表中 B 欄位代表外鍵 (F.K.) 與 Entity2 資料表產生關聯。

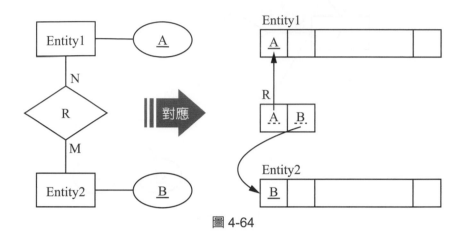

圖 4-64

範例 1　假設每一位「員工」可以同時銷售多項「產品」，並且，每一項「產品」也可以被多位「員工」來銷售，其多對多的關係之 ER 圖，如下所示：

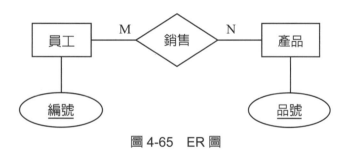

圖 4-65　ER 圖

請將以上的 ER 圖轉換成資料表。

解答

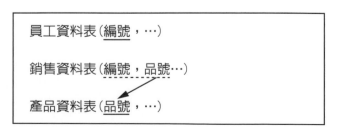

圖 4-66　資料表

範例 2　請將下列的 ER 圖轉換成資料表。

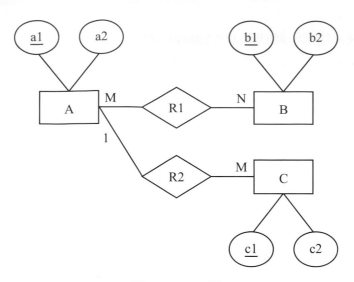

圖 4-67　ER 圖

解答

A(a1,a2)

B(b1,b2)

C(c1,c2,a1)

R1(a1,b1)

範例 3　請將下列的 ER 圖轉換成資料表。

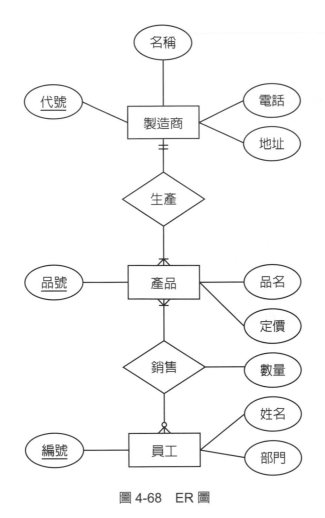

圖 4-68　ER 圖

解答

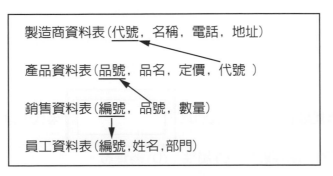

圖 4-69　資料表

課後評量

📖 選擇題

( ) 1. 下列何種圖形是可以建立關聯式資料庫設計之資料塑模 (Modeling)？
(A) 使用個案圖　(B) 資料流程圖　(C) 實體關係圖　(D) 循序圖。

( ) 2. 下列何者不是實體 - 關係模型中的表示符號？
(A) 實體　(B) 迴圈　(C) 屬性　(D) 關係。

( ) 3. 下列何者適合資料庫設計者與使用者溝通的工具與橋樑並且針對個體、屬性、鍵值及關係的圖形化來設計的資料模型？
(A) E-RModel　(B) DBA Model　(C) O-O Model　(D) DBMS Model。

( ) 4. 資料庫模式中「實體」，在實作時，則視為？
(A) 關鍵　(B) 屬性　(C) 關聯　(D) 表格。

( ) 5. 資料庫模式中「屬性」，在實作時，則視為？
(A) 關鍵　(B) 欄位　(C) 關聯　(D) 表格。

( ) 6. 利用相同的欄位值來將數個資料表格串聯起來，請問此種關係稱為？
(A) 資料表　(B) 關聯　(C) 記錄　(D) 以上皆非。

( ) 7. 從「實體關係圖」的觀點，一個「學生」是什麼？
(A) 鍵值屬性 (Key Attribute)　(B) 屬性 (Attribute)
(C) 實體 (Entity)　　　　　　　(D) 關係 (Relation)。

( ) 8. 在「實體關係圖」中，「強實體」的表示圖形是什麼？
(A) 菱形　(B) 圓形　(C) 矩形　(D) 橢圓形。

( ) 9. 在「實體關係圖」中，下列那一個情況需要使用「弱實體」來表示？
(A) 學生　(B) 教職員　(C) 教職員的眷屬　(D) 工友。

( ) 10. 在「實體關係圖」中，我們以 ▭ 來代表以下何種元素？
(A) 實體　(B) 關係　(C) 屬性　(D) 弱實體。

( ) 11. 下列哪一個屬性不是「簡單屬性」呢？
(A) 血型屬性　(B) 地址屬性　(C) 電話屬性　(D) 學號屬性。

(　　　) 12. 假設房屋仲介的查詢網站，為了提供更方便的查詢，它可以將「地址」屬性，再細分為城市、區域及街道名等屬性，我們稱這些屬性為何？
(A) 子類型　(B) 推導屬性　(C) 鍵屬性　(D) 複合屬性。

(　　　) 13. 假設每一個學生都有兩支或兩支以上聯絡電話時，因此，我們可以稱「電話」屬於什麼屬性？
(A) 複合屬性 (composite attribute)　(B) 簡單屬性 (simple attribute)
(C) 多值屬性 (multi-valued attribute)　(D) 衍生屬性 (derived attribute)。

(　　　) 14. 請問下列哪一種屬性是可以由其它屬性計算或導出的屬性？
(A) 多重值屬性　(B) 衍生屬性　(C) 鍵屬性　(D) 複合屬性。

(　　　) 15. 請問情境轉換成 E-R Model，其步驟有 (1) 決定實體之間的基數性 (2) 決定實體的屬性 (3) 設定實體與實體之間的關係 (4) 決定資料庫相關的實體 (Entity) (5) 決定各個實體的鍵值 (Key)　請問其正確順序為何？
(A)5,3,2,1,4　(B)4,3,2,5,1　(C)4,1,3,2,5　(D)4,3,2,1,5。

📖基本問答題

1. 請說明下列 ER 圖物件符號的名稱、意義及舉例。

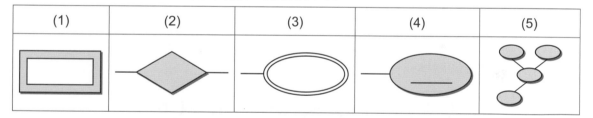

(1)	(2)	(3)	(4)	(5)

2. 請大略說明實體 - 關係模型的三大要素：實體、關係及屬性。並各舉一個例子。

3. 請說明何謂「複合屬性」(Composite attribute) 與「多值屬性」(Multi-Valued Attribute)，「衍生型屬性」(Derived Attribute)。並各舉一個例子。

4. 何謂「強實體」與「弱實體」？並各舉一個例子。

5. 繪製出「員工銷售」的實體關係的圖形。

進階問答題

1. 請依下列的述敘來畫出完整的實體 - 關係圖 (ERD)：

   (1)「員工實體」和「產品實體」之間有「銷售」的關係。

   (2)「員工實體」有編號、姓名、生日、年齡、地址、電話及專長等屬性，其中「編號」為鍵屬性、「年齡」需要利用生日導出來，而員工有兩個以上的「專長」。

   (3)「產品實體」有產品編號、產品名稱、定價等屬性，「產品編號」為鍵屬性。

2. 試根據以下 E-R 模式，將關係的動詞填入，並簡述其意義所在。

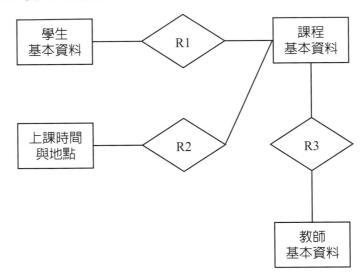

3. 請將下列的 ER 圖轉換成資料表。

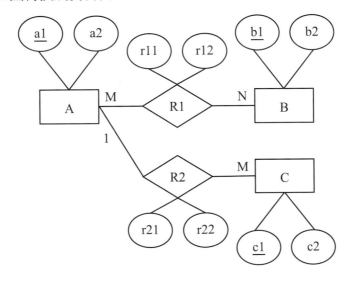

05 資料庫正規化

◆ **本章學習目標**

1. 讓讀者瞭解資料庫正規化的概念及目的。
2. 讓讀者瞭解資料庫正規化 (Normalization) 程序及規則。

◆ **本章內容**

5-1　正規化的概念

5-2　正規化的目的

5-3　功能相依 (Functional Dependence, FD)

5-4　資料庫正規化 (Normalization)

5-5　反正規化 (De-normalization)

5-1 | 正規化的概念

　　資料庫是用來存放資料的地方。因此，如何妥善地規劃<u>資料庫綱要 (Database Schema)</u> 是一件很重要的工作。但是，資料庫綱要的設計必須要配合實務上的需要，因此，當資料庫綱要設計完成後，如何檢視設計是否良好，就必須要使用正規化 (Normalization) 的方法論了。

　　何謂正規化 (Normalization)？就是<u>結構化分析與設計</u>中，建構「資料模式」所運用的一個技術，其目的是為了降低資料的「重複性」與避免「更新異常」的情況發生。

　　因此，就必須將整個資料表中重複性的資料剔除，否則在關聯表中會造成新增異常、刪除異常、修改異常的狀況發生。

5-2 | 正規化的目的

　　一般而言，正規化的精神就是讓資料庫中重複的欄位資料減到最少，並且能快速的找到資料，以提高關聯性資料庫的效能。

目的

　　1. 降低資料重複性 (Data Redundancy)。
　　2. 避免資料更新異常 (Anomalies)。

一、降低資料重複性 (Data Redundancy)

　　正規化的目的是什麼呢？簡單來說，就是降低資料重複的狀況發生。

　　試想，當公司電腦系統的「員工資料」分別存放在「銷售部」與「人事部」時，不僅資料重複儲存，浪費空間，更嚴重的是，當員工姓名變更時，就必須要同時更改<u>「銷售部」與「人事部」的「員工資料」</u>，否則將導致資料不一致的現象。因此，資料庫如果沒有事先進行正規化，將會增加應用系統撰寫的困難，同時也會增加資料庫的處理負擔，所以降低資料重複性是「正規化」的重要工作。

方法　利用「正規化」方法，亦即將兩個表格切成三個資料表。

範例　在「銷售部」與「人事部」中，把相同的資料項，抽出來組成一個新的資料表 (員工資料表)，如下圖所示：

圖解說明

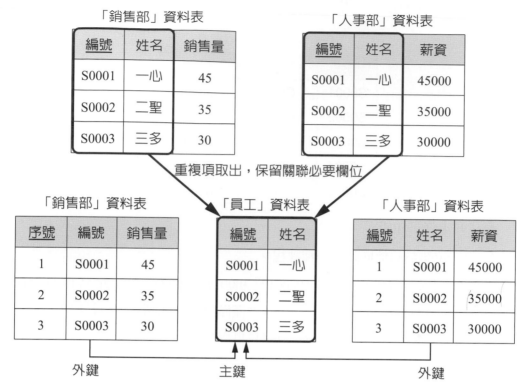

圖 5-1　正規化：將兩個表格切成三個資料表

說明　在正規化之後，「員工資料表」的主鍵 (P.K.) 分別與「銷售部資料表」的外鍵 (F.K.)
及「人事部資料表」的外鍵 (F.K.) 進行關聯，以產生關聯式資料庫。

二、避免資料更新異常 (Anomalies)

(一) 新增異常 (Insert Anomalies)

　　新增某些資料時必須同時新增其他的資料，否則會產生新增異常現象。亦即在另一
個實體的資料尚未插入之前，無法插入目前這個實體的資料。

(二) 修改異常 (Update Anomalies)

　　修改某些資料時必須一併修改其他的資料，否則會產生修改異常現象。

(三) 刪除異常 (Delete Anomalies)

　　刪除某些資料時必須同時刪除其他的資料，否則會產生刪除異常現象。亦即刪除單
一資料列造成多個實體的資訊遺失。

範例　假設有一家「樂高機器人補習班」開設「基礎程式 (C001)、進階程式 (C002)、競賽程式 (C003)」，其學員課程收費表如下所示。

表 5-1　學員課程收費表

編號	課號	費用
S0001	C001	3000
S0002	C002	4000
S0003	C001	3000
S0004	C003	5000
S0005	C002	4000

學員的上課需知如下：

1. 每一位學員只能同時上一種課程。

2. 每一門課程均有收費標準。(C001 為 3000 元、C002 為 4000 元、C003 為 5000 元)

說明　在上面的「學員課程收費表」中，雖然僅僅只有三個欄位，但是已不算是一個良好的儲存結構，因為，此表格中有資料重複現象。

範例　有些課程的費用在許多學員身上重複出現 (S0001 與 S0003；S0002 與 S0005)，因此可能會造成錯誤或不一致的異常 (Anomalies) 現象。

分析三種可能的異常 (Anomalies) 現象

(一) 新增異常

假設補習班又要新增 C004 課程，但此課程無法立即新增到資料表中，除非至少有一位學員要修 C004 這門課程。

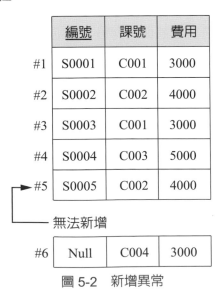

圖 5-2　新增異常

(二) 修改異常

假如 C002 課程的費用由 <u>4000 元調整為 4500 元</u>，若「C002 課程」有多位學員選修，則在修改「S0002」學員的費用時，可能有些記錄未被修改到 (如編號：S0005)，而造成資料不一致的現象。

	編號	課號	費用
#1	S0001	C001	3000
#2	S0002	C002	4000調整→4500
#3	S0003	C001	3000
#4	S0004	C003	5000
#5	S0005	C002	4000忘了調整

造成C002課程的費用不一致現象

圖 5-3　修改異常

(三) 刪除異常

假設學員 S0004 想退選時，同時也會刪除 C003 這門課程，由於該課程只有 S0004 這位學員選修，因此若把這一筆記錄刪除，從此我們將失去 C003 這門課程及其費用的資訊。

	編號	課號	費用
#1	S0001	C001	3000
#2	S0002	C002	4000調整→4500
#3	S0003	C001	3000
#4	~~S0004~~	~~C003~~	~~5000~~
#5	S0005	C002	4000忘了調整

失去C003課程及其相關資訊

圖 5-4　刪除異常

解決方法 ➡ 正規化

　　由於上述的分析，發現學員課程收費表並不是一個良好的儲存結構，因此，我們就必須要採用 5-4 節所要討論的正規化，將學員課程收費表分割成兩個資料表，即「選課表」與「課程收費對照表」，因此，才不會發生上述的異常現象。

學員課程收費表

編號	課號	費用
S0001	C001	3000
S0002	C002	4000
S0003	C001	3000
S0004	C003	5000
S0005	C002	4000

正規化　　　　　　　　　　正規化

選課表

	編號	課號
#1	S0001	C001
#2	S0002	C002
#3	S0003	C001
#4	S0004	C003
#5	S0005	C002

課程收費對照表

	編號	費用
#1	S0001	3000
#2	S0002	4000
#3	S0003	5000

圖 5-5　正規化

5-3 │ 功能相依 (Functional Dependence, FD)

一、功能相依的概念

定義　是指資料表中各欄位之間的相依性。亦即某欄位不能單獨存在，必須要和其他欄位一起存在時才有意義，稱這兩個欄位具有功能相依。

例如　員工資料表

姓名	編號	性別	部門	電話	地址

圖 5-6

說明　在上面的資料表中，「姓名」欄位的值必須搭配「編號」欄位才有意義，則我們說「姓名欄位相依於編號欄位」。

換言之，在「員工資料表」中，「編號」決定了「姓名」，也決定了「性別」、「部門」、「電話」、「地址」等資訊，我們可以用圖 5-7 的方法來表示這些功能相依性。

員工資料表

圖 5-7　員工資料表

分析　1. 編號 → 姓名

　　　　2. 編號 → { 姓名，性別，部門，電話，地址 }

　　　　3. 編號：為**決定因素** (∵ 編號 → 姓名)

　　　　4. 姓名，性別，部門，電話，地址：為**相依因素**

　　　　因此，「編號」欄位為<u>主鍵</u>，作為唯一辨識該筆記錄的欄位。「姓名」欄位必須要相依於「編號」欄位，對此資料表來說「姓名」欄位才有意義；同理可證，「地址」欄位亦必須相依於「編號」欄位，才有意義。

二、功能相依 (FD) 的表示方式

1. 假設有一個資料表 R，並且有三個欄位，分別為 X,Y,Z，因此，我們就可以利用一條數學式來表示：**R={X,Y,Z}**

2. 假設在 R={X,Y,Z} 數學式中，X 和 Y 之間存在「功能相依」時，並且存在 Y 功能相依於 X，則我們可以利用以下的表示式：

(1) $Y \propto X$ （Y 功能相依於 X）

(2) $X \to Y$ （X 決定 Y）

若 $X \to Y$ 時，在 FD 的左邊 X 稱為**決定因素** (Determinant)

在 FD 的右邊 Y 稱為**相依因素** (Dependent)

3. 示意圖：

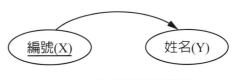

圖 5-8 功能相依示意圖

5-3-1 完全功能相依 (Full Functional Dependency)

定義 假設在關聯表 R(X,Y,Z) 中，包含一組功能相依 (X,Y)→Z，如果我們從關聯表 R 中移除任一屬性 X 或 Y 時，則使得這個功能相依 (X,Y)→Z 不存在，此時我們稱 **Z 為「完全功能相依」於 (X,Y)**。

反之，若 (X,Y)→Z 存在，我們稱 **Z 為「部分功能相依」於 (X,Y)**。

例如 { 編號 (X)，品號 (Y)} → 數量 (Z) → 這是「完全功能相依」

如果從關聯表中移除品號 (Y)，則功能相依 (X)→ Z 不存在

因為，「編號」和「品號」兩者一起決定了「數量」，缺一不可。

否則，只有一個編號對應一個數量，無法得知該數量是哪一種產品的數量。

亦即**數量 (Z) 完全功能相依於 { 編號 (X)，品號 (Y)}**。

5-3-2　部分功能相依 (Partial Functional Dependency)

定義　假設在關聯表 R(X,Y,Z) 中包含一組功能相依 (X,Y)→Z，如果我們從關聯表 R 中移除任一屬性 X 或 Y 時，則使得這個功能相依 (X,Y)→Z 存在，此時我們稱 Z 為「部分功能相依」於 (X,Y)。

例如　{ 編號 (X)，身份證字號 (Y)} → 姓名 (Z)→ 這是「部分功能相依」如果從關聯表中移除身份證字號 (Y)，則功能相依 (X)→Z 存在。因為，「編號」也可以決定「姓名」，它們之間也具有功能相依性。

5-3-3　遞移相依 (Transitive Dependency)

定義　是指在二個欄位間並非直接相依，而是借助第三個欄位來達成資料相依的關係。

例如　Y 相依於 X；而 Z 又相依於 Y，如此 X 與 Z 之間就是遞移相依的關係。

示意圖

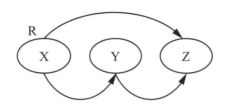

圖 5-9　遞移相依示意圖

在上面的關聯表 R(X,Y,Z) 中包含一組相依 X→Y,Y→Z，則 X→Z，此時我們稱 **Z 遞移相依於 X**。

範例　假設「課程代號」決定「老師編號」，並且「老師編號」又可以決定「老師姓名」，則「課程代號」與「老師姓名」之間是什麼相依關係呢？

解答　課程代號 → 老師編號

老師編號→ 老師姓名　→ 這是遞移相依

因為，「課程代號」可以決定「老師編號」，並且「老師編號」又可以決定「老師姓名」，因此，「課程代號」與「老師姓名」之間存在遞移相依性。

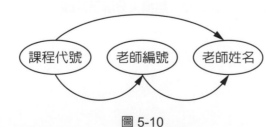

圖 5-10

5-4 | 資料庫正規化 (Normalization)

定義　是指將原先關聯 (表格) 的所有資訊，在「分解」之後，仍能由數個新關聯 (表格) 中經過「合併」得到相同的資訊。即所謂的「無損失分解 (Lossless decomposition)」的觀念。

無損失分解觀念

當關聯表 R 被「分解」成數個關聯表 R_1、R_2、⋯、R_n 時，則可以再透過「合併」R_1、R_2⋯、R_n 得到相同的資訊 R。如下圖所示。

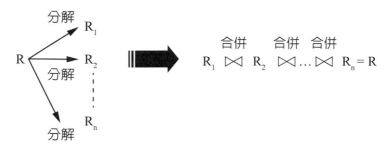

圖 5-11

範例　無損失分解示意圖

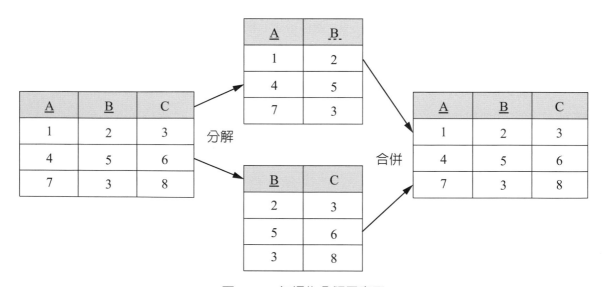

圖 5-12　無損失分解示意圖

知識補給

分解與合併

「分解」是指透過「正規化」技術，將一個大資料表分割成二個小資料表。

「合併」是指透過「合併」理論，將數個小資料表整合成一個大資料表。

5-4-1　正規化示意圖

　　正規化就是對一個「非正規化」的<u>原始資料表</u>，進行一連串的「分割」，並且分割成數個「不重複」儲存的資料表。如下圖所示：

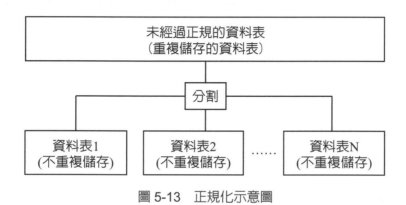

圖 5-13　正規化示意圖

　　在上圖中，利用一連串的「分割」，亦即利用所謂的「正規化的規則」，循序漸進的將<u>一個</u>「重複性高」的資料表分割成<u>數個</u>「重複性低」或「沒有重複性」的資料表。

5-4-2　正規化的規則

　　資料庫在正規化時會有一些規則，並且每條規則都稱為「正規化型式」。如果符合第一條規則，則資料庫就稱為「第一正規化型式 (1NF)」。如果符合前二條規則，則資料庫就被視為屬於「第二正規化型式 (2NF)」。雖然資料庫的正規化最多可以進行到第五正規化型式，但是在實務上，BCNF 被視為大部分應用程式所需的最高階正規型式。

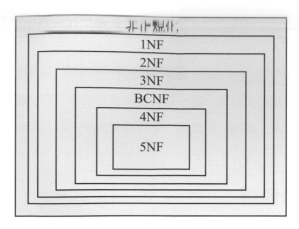

圖 5-14　正規化是循序漸進的過程

　　從上圖中，我們可以清楚得知，正規化是循序漸進的過程，亦即資料表必須滿足第一正規化的條件之後，才能進行第二正規化。換言之，第二正規化必須建立在符合第一正規化的資料表上，依此類推。

■ 正規化步驟

　　在資料表正規化的過程 (1NF 到 BCNF) 中，每一個階段都是以欄位的「相依性」，作為分割資料表的依據之一。其完整的正規化步驟如下圖所示：

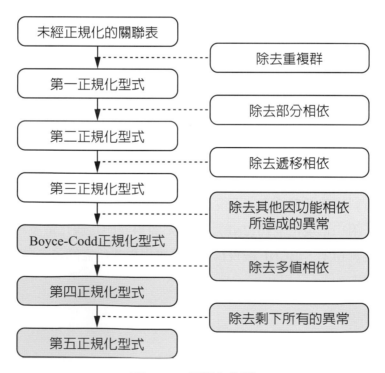

圖 5-15　正規化步驟

❖ 說明 ❖

1. 第一正規化 (First Normal Form, 1NF)：由 E.F.Codd 提出。

   滿足所有記錄中的屬性內含值都是基元值 (Atomic Value)。

   即無重複項目群。

2. 二正規化 (Second Normal Form, 2NF)：由 E.F.Codd 提出。

   符合 1NF 且每一非鍵值欄位「完全功能相依」於主鍵。

   即不可「部分功能相依」於主鍵。

3. 第三正規化 (Third Normal Form, 3NF)：由 E.F.Codd 提出。

   符合 2NF 且每一非鍵值欄位非「遞移相依」於主鍵。

   即除去「遞移相依」問題。

4. Boyce-Codd 正規化型式 (Boyce-Codd Normal Form, BCNF)：

   由 R.F. Boyce 與 E.F.Codd 共同提出。

   符合 3NF 且每一決定因素 (Determinant) 皆是候選鍵，簡稱為 BCNF。

5. 第四正規化 (Fourth Normal Form, 4NF)：由 R. Fagin 提出。

   符合 BCNF，再除去所有的多值相依。

6. 第五正規化 (Fifth Normal Form, 5NF)：由 R. Fagin 提出。

   符合 4NF，且沒有合併相依。

5-4-3　第一正規化 (1NF)

定義　是指在資料表中的所有記錄之屬性內含值都是基元值 (Atomic Value)。

　　　　亦即無重複項目群。

範例　假設現在有一份某一科技大學的學生選課資料表，如表 5-1(a) 所示：

表 5-1(a)　學生選課資料表

```
          某某科技大學《學生選課資料表》
================================================================

學號：001           姓名：李碩安              性別：男

課程代碼    課程名稱    學分數   必選修   成績    老師編號   老師姓名
C001        程式語言      4       必      74     T001      李安
C002        網頁設計      3       選      93     T002      張三

學號：002           姓名：李碩崴              性別：男

課程代碼    課程名稱    學分數   必選修   成績    老師編號   老師姓名
C002        網頁設計      3       選      63     T002      張三
C003        計　概       2       必      82     T003      李四
C005        網路教學      4       選      94     T005      王五
```

我們可以將表 5-1(a) 的原始資料利用二維表格來儲存，如表 5-1(b)。

二維表格來儲存

表 5-1(b)　未正規化的資料表：學生選課資料報表

學號	姓名	性別	課程代碼	課程名稱	學分數	必選修	成績	老師編號	老師姓名
001	李碩安	男	C001	程式語言	4	必	74	T001	李安
			C002	網頁設計	3	選	93	T002	張三
002	李碩崴	男	C002	網頁設計	3	選	63	T002	張三
			C003	計　概	2	必	82	T003	李四
			C005	網路教學	4	選	94	T005	王五

重複資料項目

但是，我們發現有許多屬性的內含值都具有二個或二個以上的值 (亦稱為重複資料項目)，其原因：尚未進行第一正規化。

■ 未符合 1NF 資料表的缺點

以上資料表中的「課程代碼」、「課程名稱」、「學分數」、「必選修」、「成績」、「老師編號」及「老師姓名」欄位的長度無法確定，因為學生要選修多少門課程，無法事先得知 (李碩安同學選了 2 門，李碩崴同學選了 3 門)，因此，必須要預留很大的空間給這七個欄位，如此反而造成儲存空間的浪費。

隨堂練習

請將下表利用二維表格來儲存

```
              雄雄桌球用品公司《客戶訂購單》
================================================================
客戶代號：001          客戶姓名：李碩安          性別：男
訂單代號：Od01         訂單日期：2022/8/11
----------------------------------------------------------------
產品代碼    產品名稱    數量    單價
P001       桌球拍      2       1500
P002       桌球        10      35
P003       桌球衣      1       450
----------------------------------------------------------------
              總計      3,800
```

Q1 解答

客戶代號	客戶姓名	性別	訂單代號	訂單日期	產品代碼	產品名稱	數量	單價

■ 第一正規化的規則

1. 每一個欄位只能有一個基元值 (Atomic) 即單一值。

   例如：課程名稱欄位中不能存入兩科或兩科以上的課程名稱。

2. 沒有任何兩筆以上的資料是完全重複。

3. 資料表中有主鍵，而其他所有的欄位都相依於「主鍵」。

   例如 1：姓名與性別欄位都相依於「學號」欄位。

   例如 2：課程名稱、學分數、必選修、老師編號及老師姓名相依於「課程代碼」欄位。

   例如 3：「成績」欄位相依於「學號」與「課程代碼」欄位。

Q：<u>為什麼「成績」欄位一定要相依於「學號」與「課程代碼」欄位？</u>

＜分析一＞

如果「成績」欄位本身<u>單獨存在</u>時，則沒有意義，因為只有「成績」卻無法讓同學或老師清楚得知該「成績」是屬於<u>哪一位學生</u>的<u>哪一門課</u>的成績。

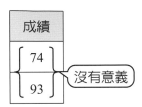

＜分析二＞

如果「成績」欄位<u>只相依於「課程代碼」</u>也是沒有意義的，因為只有「成績」也是無法讓同學或老師清楚得知該「成績」是屬於<u>哪一位學生</u>所修課的成績。

課程代碼	成績	
C001	74	沒有意義
C002	93	

＜分析三＞

如果「成績」欄位<u>只相依於「學號」</u>也是沒有意義的，因為只有「成績」也是無法讓同學或老師清楚得知該「成績」是屬於<u>哪一門課</u>的成績。

學號	成績	
001	74	沒有意義
002	93	

＜分析四＞

但是，如果「成績」欄位相依於<u>「課程代碼」及「學號」二個欄位</u>時，就可以了解<u>某個學生修某堂課</u>的成績，這樣的成績資料才有意義。

學號	課程代碼	成績	
001	C001	74	有意義
001	C002	93	

■ 第一正規化的作法：

作法　將重複的資料項分別儲存到不同的記錄中，並加上適當的主鍵。

步驟一：檢查是否存在「重複資料項」

未經正規化前的學生選課表

重複資料項目

學號	姓名	性別	課程代碼	課程名稱	學分數	必選修	成績	老師編號	老師姓名
001	李碩安	男	C001 C002	程式語言 網頁設計	4 3	必 選	74 93	T001 T002	李安 張三
002	李碩崴	男	C002 C003 C005	網頁設計 計　概 網路教學	3 2 4	選 必 選	63 82 94	T002 T003 T005	張三 李四 王五

圖 5-16

步驟二：將重複資料項分別儲存到不同的記錄中，並加上適當的主鍵。

未經正規化前的學生選課表

學號	姓名	性別	課程代碼	課程名稱	學分數	必選修	成績	老師編號	老師姓名
001	李碩安	男	C001 C002	程式語言 網頁設計			74 93	T001 T002	李安 張三
002	李碩崴	男	C002 C003 C005	網路教學	3 2 4	必 選		T002 T003 T005	張三 李四 王五

重複資料項目

儲存到不同的記錄中

經過正規化後的學生選課表 (1NF)

學號	姓名	性別	課程代碼	課程名稱	學分數	必選修	成績	老師編號	老師姓名
001	李碩安	男	C001	程式語言			74	T001	李安
001	李碩安	男	C002	網頁設計		選	93	T002	張三
002	李碩崴	男	C002	網頁設計	3	選	63	T002	張三
002	李碩崴	男	C003	計　概	2	必	82	T003	李四
002	李碩崴	男	C005	網路教學	4	選	94	T005	王五

圖 5-17

經過正規化後的學生選課表(1NF)

學號	姓名	性別	課程代碼	課程名稱	學分數	必選修	成績	老師編號	老師姓名
001	李碩安	男	C001	程式語言	4	必	74	T001	李安
001	李碩安	男	C002	網頁設計	3	選	93	T002	張三
002	李碩崴	男	C002	網頁設計	3	選	63	T002	張三
002	李碩崴	男	C003	計　概	2	必	82	T003	李四
002	李碩崴	男	C005	網路教學	4	選	94	T005	王五

圖 5-18

在經由第一正規化之後，使得每一個欄位內只能有一個資料 (基元值)。雖然增加了許多記錄，但每一個欄位的「長度」及「數目」都可以固定，而且我們可用「課程代碼」欄位加上「學號」欄位當作主鍵，使得在查詢某學生修某課程的「成績」時，就非常方便而快速了。

5-4-4　第二正規化 (2NF)

在完成了第一正規化之後，讀者是否發現在資料表中產生許多重複的資料。如此，不但浪費儲存的空間，更容易造成新增、刪除或更新資料時的異常狀況，說明如下。

1. 新增異常檢查 (Insert Anomaly)

記錄	學號	姓名	性別	課程代碼	課程名稱	學分數	必選修	成績	老師編號	老師姓名
#1	001	李碩安	男	C001	程式語言	4	必	74	T001	李安
#2	001	李碩安	男	C002	網頁設計	3	選	93	T002	張三
#3	002	李碩崴	男	C002	網頁設計	3	選	63	T002	張三
#4	002	李碩崴	男	C003	計　概	2	必	82	T003	李四
#5	002	李碩崴	男	C005	網路教學	4	選	94	T005	王五

無法新增

例如：鍵入#6筆記錄，如下所示：

記錄	學號	姓名	性別	課程代碼	課程名稱	學分數	必選修	成績	老師編號	老師姓名
#6	NULL	李碩崴		C004	系統分析				NULL	

圖 5-19

無法先新增課程資料，如「課程代碼」及「課程名稱」，要等選課之後，才能新增。

原因：以上的新增動作違反「實體完整性規則」，因為，主鍵或複合主鍵不可以為空值 NULL。

2. 修改異常檢查 (Update Anomaly)

記錄	學號	姓名	性別	課程代碼	課程名稱	學分數	必選修	成績	老師編號	老師姓名
#1	001	李碩安	男	C001	程式語言	4	必	74	T001	李安
#2	001	李碩安	男	C002	網頁設計	3	選	93	T002	張三
#3	002	李碩崴	男	C002	網頁設計	3	選	63	T002	張三
#4	002	李碩崴	男	C003	計概	2	必	82	T003	李四
#5	002	李碩崴	男	C005	網路教學	4	選	94	T005	王五

圖 5-20

「網頁設計」課程重複多次，因此，修改「網頁設計」課程的成績時，可能有些記錄未修改到，造成資料的不一致現象。

例如：有選「網頁設計」課程的同學之成績各加 5 分，可能會有些同學有加分，而有些同學卻沒有加分，導致資料不一致的情況。

3. 刪除異常檢查 (Delete Anomaly)

記錄	學號	姓名	性別	課程代碼	課程名稱	學分數	必選修	成績	老師編號	老師姓名
#1	001	李碩安	男	C001	程式語言	4	必	74	T001	李安
#2	001	李碩安	男	C002	網頁設計	3	選	93	T002	張三
#3	002	李碩崴	男	C002	網頁設計	3	選	63	T002	張三
#4	002	李碩崴	男	C003	計概	2	必	82	T003	李四
#5	002	李碩崴	男	C005	網路教學	4	選	94	T005	王五

圖 5-21

當刪除 #4 學生的記錄時，同時也會刪除課程名稱、學分數及相關的資料。

所以導致「計概」課程的 2 學分數也同時被刪除了。

綜合上述的三種異常現象，所以，我們必須進行「第二階正規化」，來消除這些問題。

☰ 第二正規化的規則

如果資料表符合以下的條件，我們說這個資料表符合第二階正規化的型式 (Second Normal Form, 簡稱 2NF)：

☑ 符合 1NF

☑ 每一非鍵屬性 (如：姓名、性別…) 必須「完全相依」於主鍵 (學號)；即不可「部分功能相依」於主鍵。

換言之，「部分功能相依」只有當「主鍵」是由「多個欄位」組成時才會發生 (亦即複合主鍵)，也就是當某些欄位只與「主鍵中的部分欄位」有「相依性」，而與另一部分的欄位沒有相依性。

☰ 第二正規化的作法

☑ 分割資料表；亦即將「部分功能相依」的欄位「分割」出去，再另外組成「新的資料表」。其步驟如下：

步驟一：檢查是否存在「部分功能相依」。

「姓名」只相依於「學號」　　　「課程名稱」只相依於「課程代碼」

記錄	學號	姓名	性別	課程代碼	課程名稱	學分數	必選修	成績	老師編號	老師姓名
#1	001	李碩安	男	C001	程式語言	4	必	74	T001	李安
#2	001	李碩安	男	C002	網頁設計	3	選	93	T002	張三
#3	002	李碩崴	男	C002	網頁設計	3	選	63	T002	張三
#4	002	李碩崴	男	C003	計　概	2	必	82	T003	李四
#5	002	李碩崴	男	C005	網路教學	4	選	94	T005	王五

圖 5-22

在上面的資料表中，主鍵是由「學號＋課程代碼」兩個欄位所組成，但「姓名」和「性別」只與「學號」有「相依性」，亦即 (姓名, 性別) 相依於學號，而「課程名稱」只與「課程代碼」有「相依性」，亦即 (課程名稱, 學分數, 必選修, 老師編號, 老師姓名) 相依於課程代碼。

因此，**「學號」是複合主鍵 (學號, 課程代碼) 的一部分。**

∴存在部分功能相依。

步驟二：將「部分功能相依」的欄位分割出去，再另外組成新的資料表。

我們將「選課資料表」分割成三個較小的資料表 (加「底線」的欄位為主鍵)：

1. 學生資料表 (<u>學號</u>，姓名，性別)

學號	姓名	性別
001	李碩安	男
002	李碩崴	男

2. 成績資料表 (<u>學號</u>，<u>課程代碼</u>，成績)

學號	課程代碼	成績
001	C001	74
001	C002	93
002	C002	63
002	C003	82
002	C005	94

3. 課程資料表 (<u>課程代碼</u>，課程名稱，學分數，必選修，老師編號，老師姓名)

課程代碼	課程名稱	學分數	必選修	老師編號	老師姓名
C001	程式語言	4	必	T001	李安
C002	網頁設計	3	選	T002	張三
C003	計　概	2	必	T003	李四
C005	網路教學	4	選	T005	王五

在第二正規化之後，產生三個資料表，分別為學生資料表、成績資料表及課程資料表，除了「課程資料表」之外，其餘兩個資料表 (學生資料表與成績資料表) 都已符合 2NF、3NF 及 BCNF。

5-4-5　第三正規化 (3NF)

在完成了第二正規化之後，其實「課程資料表」還存在以下三種異常現象，亦即新增、刪除或更新資料時的異常狀況，說明如下：

1. 新增異常 (Insert Anomaly)

記錄	課程代碼	課程名稱	學分數	必選修	老師編號	老師姓名
#1	C001	程式語言	4	必	T001	李安
#2	C002	網頁設計	3	選	T002	張三
#3	C003	計　概	2	必	T003	李四
#4	C005	網路教學	4	選	T005	王五

無法新增

例如：鍵入#5筆記錄，如下所示：

記錄	課程代碼	課程名稱	學分數	必選修	老師編號	老師姓名
#5	NULL				T004	李白

圖 5-23

以上無法先新增老師資料，要等確定「課程代碼」之後，才能輸入。

原因為：新增動作違反「實體完整性規則」，因為主鍵或複合主鍵不可以為空值 NULL。

2. 修改異常 (Update Anomaly)

假如「李安」老師開設多門課程時，則欲修改「李安」老師姓名為「李碩安」時，可能有些記錄未修改到，造成資料的不一致現象。

記錄	課程代碼	課程名稱	學分數	必選修	老師編號	老師姓名
#1	C001	程式語言	4	必	T001	李安→李碩安
#2	C002	網頁設計	3	選	T002	張三
#3	C003	計　概	2	必	T003	李四
#4	C005	網路教學	4	選	T005	王五
...						
#10	C010	資料結構	4	必	T001	李安→李碩安
...						
#100	C100	資料庫系統	4	必	T001	李安（未修改）

未修改到

圖 5-24

3. 刪除異常 (Delete Anomaly)

當刪除 #1 課程的記錄時，同時也刪除老師編號 T001。

所以導致老師編號 T001 及老師姓名的資料也同時被刪除了。

記錄	課程代碼	課程名稱	學分數	必選修	老師編號	老師姓名
#1	C001	程式語言	4	必	T001	李安
#2	C002	網頁設計	3	選	T002	張三
#3	C003	計　概	2	必	T003	李四
#4	C005	網路教學	4	選	T005	王五

圖 5-25

綜合上述的三種異常現象，所以，我們必須進行第三階正規化，來消除這些問題。

■ 第三正規化的規則

　如果資料表符合以下條件，我們就說這個資料表符合第三階正規化的型式 (Third Normal Form, 簡稱 3NF)：

☑　符合 2NF

☑　各欄位與「主鍵」之間沒有「遞移相依」的關係。

注意　若要找出資料表中各欄位與「主鍵」之間的遞移相依性，最簡單的方法就是從左到右掃瞄資料表中各欄位有沒有「與主鍵無關的相依性」存在。

　　　可能的情況如下：

　　　1. 如果有存在時，則代表有「遞移相依」的關係。

　　　2. 如果有不存在時，則代表沒有「遞移相依」的關係

■ 第三正規化的作法

☑　分割資料表；亦即將「遞移相依」或「間接相依」的欄位「分割」出去，再另外組成「新的資料表」。其步驟如下：

步驟一：檢查是否存在「遞移相依」。

由於每一門課程都會有授課的老師，因此，「老師編號」相依於「課程代碼」。並且「老師姓名」相依於「教師編號」，因此，存在有「與主鍵無關的相依性」。亦即存在「老師姓名」與主鍵 (課程代碼) 無關的相依性。

∴ 存在遞移相依。

「老師編號」相依於「課程代碼」

記錄	課程代碼	課程名稱	學分數	必選修	老師編號	老師姓名
#1	C001	程式語言	4	必	T001	李安
#2	C002	網頁設計	3	選	T002	張三
#3	C003	計概	2	必	T003	李四
#4	C005	網路教學	4	選	T005	王五

老師姓名相依於老師編號
（與主鍵無關的相依性）

「老師姓名」遞移相依於「課程代碼」

圖 5-26

上述「課程資料表」中的 [課程名稱]、[學分數]、[必選修]、[老師編號] 都直接相依於主鍵 [課程代碼](簡單的說，這些都是課程資料的必須欄位)，而 [老師名稱] 是直接相依於 [老師編號]，然後才間接相依於 [課程代碼]，它並不是直接相依於 [課程代碼]，稱為「遞移相依」(Transitive Dependency) 或「間接相依」。例如：當 A→B, B→C，則 A→C(稱為遞移相依)。因此，在「課程資料表」中存在「遞移相依」關係現象。

步驟二：將「遞移相依」的欄位「分割」出去，再另外組成「新的資料表」。

因此，我們將「課程資料表」分割為二個資料表，並且利用外鍵 (F.K.) 來連接二個資料表。如下圖所示。

課程代碼	課程名稱	學分數	必選修	老師編號	老師姓名
#1　A001	程式語言	4	必	T001	李安
#2　A002	網頁設計	3	選	T002	張三
#3　A003	計　概	2	必	T003	李四
#4　A005	網路教學	4	選	T005	王五

第三正規化，去除遞移相依

課程資料表

課程代碼*	課程名稱	學分數	必選修	老師編號#
A001	程式語言	4	必	T001
A002	網頁設計	3	選	T002
A003	計　概	2	必	T003
A005	網路教學	4	選	T005

符合3NF, BCNF

老師資料表

老師編號#	老師姓名
T001	李安
T002	張三
T003	李四
T005	王五

符合3NF, BCNF

圖 5-27

第三正規化後的四個表格

在我們完成第三正規化後，共產生了四個表格，如下圖所示：

學生資料表

學號	姓名	性別
001	李碩安	男
002	李碩崴	男

符合2NF, 3NF

成績資料表

學號	課程代碼	成績
001	A001	74
001	A002	43
002	A002	63
002	A003	82
002	A005	94

符合2NF, 3NF

第二正規化產生的表格

課程資料表

課程代碼	課程名稱	學分數	必選修	老師編號
A001	程式語言	4	必	T001
A002	網頁設計	3	選	T002
A003	計　概	2	必	T003
A005	網路教學	4	選	T005

符合3NF

老師資料表

老師編號	老師姓名
T001	李安
T002	張三
T003	李四
T005	王五

符合3NF

第三正規化產生的表格

圖 5-28

5-4-6　BCNF 正規化

是由 <u>Boyce</u> 和 <u>Codd</u> 於 1974 年所提出來的 3NF 的改良式。其條件比 3NF 更加嚴苛。因此每一個符合 BCNF 的關聯一定也是 3NF。

對於大部分資料庫來說，通常只需要執行到第三階段的正規化就足夠了。

適用時機　如果資料表的「主鍵」是由「多個欄位」組成的，則必須再執行 Boyce-Codd 正規化。

☑ BCNF 的規則

☑ 如果資料表的「主鍵」只由「單一欄位」組合而成，則符合第三階正規化的資料表，亦符合 BCNF(Boyce-Codd Normal Form) 正規化。

☑ 如果資料表的「主鍵」由「多個欄位」組成 (又稱為複合主鍵)，則資料表就必須要符合以下條件，我們就說這個資料表符合 BCNF(Boyce-Codd Normal Form) 正規化的型式。

　1. 符合 3NF 的格式。

　2. 「主鍵」中的各欄位不可以相依於其他非主鍵的欄位。

☑ 檢驗「成績資料表」是否滿足 BCNF 規範

由於在我們完成第三正規化之後，已經分割成四個資料表，其中「成績資料表」的主鍵是由「多個欄位」組成 (又稱為複合主鍵)。

因此，我們利用 BCNF(Boyce-Codd Normal Form) 正規化的條件，來檢驗「成績資料表」：

☑ 成績資料表 (學號，課程代碼，成績)

學號	課程代碼	成績
001	C001	74
001	C002	93
002	C002	63
002	C003	82
002	C005	94

❖ 說明 ❖

　　「成績」欄位相依於「課程代碼」及「學號」欄位，對「課程代碼」欄位而言，並沒有相依於「成績」欄位；對「學號」欄位而言，也沒有相依於「成績」欄位。所以成績資料表是符合「Boyce-Codd 正規化的形式」的資料表。

5-4-7　怎樣才叫做是好的關聯？

　　正規化就是將一個大資料表「分割」成數個不重複的小資料表。從 1NF 到 3NF，再利用 BCNF 來逐步檢驗資料表中「主鍵」由「多個欄位」組成的相依性問題，這是一連串改良關聯的過程。

　　可是，究竟要做到哪一個程度才算「足夠好」呢？通常我們會要求：就算不能做到 BCNF，也要做到 3NF 才可以。

5-5　反正規化 (De-normalization)

引言　正規化只是建立資料表的原則，而非鐵律。如果過度正規化，反而導致資料存取的效率下降。因此，如果要以執行效率 (查詢速度) 為優先考量時，則我們還必須適當的反正規化 (De-normalization)。

　　有時，過度的正規化，反而會造成資料處理速度上的困擾，因此，當我們在進行資料庫正規化的同時，可能也必須要測試系統執行效率，當效率不理想時，必須做適當的反正規化，亦即將原來的第三階正規化降級為第二階正規化，甚至降到第一階正規化。但是，在進行反正規化的同時，可能也會造成的資料重複性問題。

定義　將原來的第三階正規化降級為第二階正規化，甚至降到第一階正規化。

使用時機　查詢比例較大的環境。

分析　1. 對「資料異動」觀點

　　　　當正規化愈多層，愈有利於資料的異動 (包括：新增、修改及刪除)，因為異動時只需針對某一個較小的資料表，可以避免資料的異常現象。

　　　　2. 對「資料查詢」觀點

　　　　當正規化愈多層，愈不利於資料的查詢功能，因為資料查詢時往往會合併許多個資料表，導致查詢效能降低。

　　　　因此，**「正規化論理」與「查詢合併原理」是存在相互衝突。**

範例　假設我們在進行正規化時，特別將「客戶資料表」中的「地址」分割成以下欄位：

1. 正規化關聯

客戶資料表 (編號，姓名，郵遞區號)

地址明細表 (郵遞區號、城市、路名)

【優點】可以直接從每一個欄位當作「關鍵字」來查詢。

【例如】查詢「高雄市」或查詢「806」或查詢「和平路」等。

【適用時機】租屋網站；可以讓使用者進行「進階」查詢。

【缺點】如果要查詢的資訊是要合併多個資料表時，將會影響執行效率。

因此，一般的做法還是讓地址「反正規化」。

2. 反正規化關聯

客戶資料表 (編號，姓名，郵遞區號、城市、路名)

課後評量

📖 選擇題

(　　) 1. 資料庫中將資料的重複降低到最少的過程稱為？
(A) 結構化　(B) 正規化　(C) 模組化　(D) 物件化。

(　　) 2. 若原始資料表，尚未經過正規化資料表時，則可能會產生以下哪一個情況？
(A) 易於進行更新資料　　　(B) 重複資料較多
(C) 比較容易提升工作效率　(D) 比較容易刪除資料。

(　　) 3. 下列哪一種是尚未經過正規化資料表的特徵呢？
(A) 沒有重複資料　　　(B) 不會浪費時間
(C) 輸入資料不易出錯　(D) 浪費記憶體空間。

(　　) 4. 在我們設計資料庫表格結構時，應該盡量避免或降低資料重複的過程稱為？
(A) 抽象化　(B) 正規化　(C) 模組化　(D) 結構化。

(　　) 5. 在進行資料庫設計時，應該減少資料重複、或不一致的異常錯誤，此種技術
稱之為資料庫的：
(A) 模組化　(B) 正規化　(C) 層次化　(D) 關聯化。

(　　) 6. 在進行資料庫設計時，若是設計不良將會造成異常發生，其中不包括下列哪
一個異常現象呢？
(A) 查詢異常　(B) 新增異常　(C) 刪除異常　(D) 修改異常。

(　　) 7. 關於「正規化」的目的，下列何者不正確？
(A) 除去重複性資料　　　　(B) 確保資料的相依關係
(C) 分割成數個不重複的資料表　(D) 全部的資料不分類別集中在一起。

(　　) 8. 在正規化時，將一個大資料表分割成數個小資料表後，再將這數個小資料表
建立關聯式資料庫，其優點，以下何者為非？
(A) 節省儲存空間　(B) 減少輸入錯誤
(C) 方便資料修改　(D) 省略軟體使用。

(　　) 9. 若同一筆記錄出現在同一個表格中或不同的表格中，請問此現象，稱為資料
的什麼呢？
(A) 分散性　(B) 重複性　(C) 相關性　(D) 聯結性。

( ) 10. 在進行資料庫設計時，如果設計不良時會產生異常現象，請問下列何者不是異常現象？

(A) 插入異常　(B) 查詢異常　(C) 刪除異常　(D) 更改異常。

( ) 11. 若 X→Y 時，則功能相依的左邊 X 與右邊 Y，稱為什麼呢？

(A)X 為決定因素，而 Y 為相依因素

(B)X 為相依因素，而 Y 為決定因素

(C)X 為部分相依因素，而 Y 為決定因素

(D)X 為遞移相依因素，而 Y 為決定因素。

( ) 12. 在選課資料表中，至少會有三個欄位，分別為學號、課號及成績，請問這三個欄位的相依關係為何？

(A) 成績部分功能相依於 { 學號，課號 }

(B){ 學號，課號 } 部分功能相依於成績

(C){ 學號，課號 } 完全功能相依於成績

(D) 成績完全功能相依於 { 學號，課號 }。

( ) 13. 在學籍資料表中，至少會有三個欄位，分別為學號、身份證字號及姓名，請問這三個欄位的相依關係為何？

(A) 姓名部分功能相依於 { 學號，身份證字號 }

(B){ 學號，身份證字號 } 部分功能相依於姓名

(C){ 學號，身份證字號 } 完全功能相依於姓名

(D) 姓名完全功能相依於 { 學號，身份證字號 }。

( ) 14. 假設「課程代號」決定「老師編號」，並且「老師編號」又可以決定「老師姓名」，則「課程代號」與「老師姓名」之間是什麼相依關係呢？

(A) 部分相依　(B) 部分獨立　(C) 直接相依　(D) 遞移相依。

( ) 15. 關於「正規化」的描述，下列何者不正確？

(A) 是指將一個大資料表分割成數位小資料表的過程

(B) 是指對一個「非正規化」的原始資料表，「分割」成數個「不重複」儲存的資料表

(C) 一連串的「分割」過程，將會使資料表越來越少

(D) 一連串的「分割」過程將會使得資料表的「重複性」降低或「沒有重複性」的資料表。

📖基本問答題

1. 請說明資料庫正規化 (Normalization) 的目的爲何？

2. 何謂「功能相依性」(Functional Dependence，簡稱 FD)，並舉例說明。

3. 何謂「遞移相依」？

4. 完全功能相依 (Full Functional Dependency) 與部分功能相依 (Partial Functional Dependency) 的差異爲何？

5. 何謂無損失分解 (Lossless decomposition) 呢？

6. 試說明 1NF 到 BCNF 各步驟的主要工作？

7. 請說明反正規化 (De-normalization) 的意義及使用時機？

📖進階問答題

1. 請說明以下之學生選課表之資料設計有何不妥？

學年	學期	姓名	學號	科系	住址	科目代碼	科目名稱	學分	成績
100	1	王二	9901003	資管	高雄市…	C001	資料結構	3	85
100	1	王二	9901003	資管	高雄市…	C003	程式設計	4	100
100	1	李四	9901005	資管	台南市…	C001	資料結構	3	88
100	1	李四	9901005	資管	台南市…	C003	程式設計	4	86
					⋮				

2. 請問下列符合第幾正規化？

   (1) 請問下列 A,B 兩個欄位的關係符合第幾正規化？

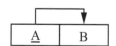

   (2) 請問下列 A,B,C 三個欄位的關係符合第幾正規化？

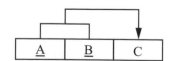

   (3) 請問下列 A,B,C,D 四個欄位的關係符合第幾正規化？

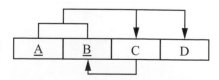

(1) 請問下列 A,B,C,D 四個欄位的關係符合第幾正規化？

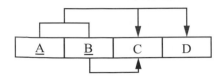

3. 有一已符合第一正規化的資料表，其欄位之間的函數相依關係如下所示。請將其分解成為符合第三正規化的資料表，資料表設計結果以表格標示法表示：資料表名稱(主鍵, 欄位 1, 欄位 2,……..)。

說明如下：

(1) (課程名稱，老師姓名，老師研究室)與(課程編號)為相依關係

(2) (學生姓名，地址)與(編號)為相依關係

(3) (分數)與(課程編號，編號)為相依關係

(4) (老師研究室)與(老師姓名)為相依關係

4. 假設有一已符合第一正規化的資料表，如下所示：

員工專案資料表(專案編號，專案名稱，員工編號，姓名，工作類別，時薪，工作時數)

請將以上資料表轉換成第二階正規化與第三階正規化。

5. 將下列的 1NF 關係正規化為 3NF

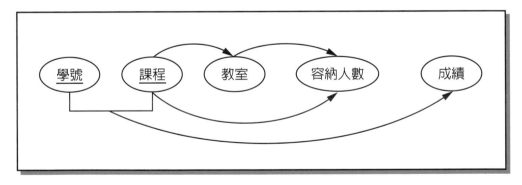

6. 將下列的 User View 正規化為 3NF

姓名：李春雄　　　　　　　主修：資管所
學號：D9309105
住址：台北市文山區基隆路

課程代號	課程名稱	教授	教授研究室	成績
C001	高等資料庫	李教授	IB301	90
C004	高等演算法	王教授	IB403	88
C006	分散式系統	陳教授	IB501	85

7. 假設現在有一套「選課系統」，其相關的欄位如下所示：

(學號、姓名、年級、科系代碼、科系名稱、系主任、課程代號、課程名稱、學分數、成績、老師編號、老師姓名)

請利用「正規化」方法論，來將「選課系統」中的相關欄位進行 3NF，並列出所有分割後的關聯表。

NOTE

Chapter

06 關聯式模式的資料運算

◆ **本章學習目標**

1. 讓讀者瞭解 SQL 語言與關聯式代數的關係。

2. 讓讀者瞭解關聯式代數的各種運算子及範例。

◆ **本章內容**

6-1 關聯式模式的資料運算

6-2 關聯式代數

6-3 限制 (Restrict)

6-4 投影 (Project)

6-5 聯集 (Union)

6-6 卡氏積 (Cartesian Product)

6-7 差集 (Difference)

6-8 合併 (Join)

6-9 交集 (Intersection)

6-10 除法 (Division)

6-11 非基本運算子的替代 (由基本運算子導出)

6-12 外部合併 (Outer Join)

6-1 | 關聯式模式的資料運算

基本上，關聯式模式的資料運算可分為二種分別為：

1. 關聯式代數 (Relational Algebra)
2. 關聯式計算 (Relational Calculus)

一、關聯式代數 (Relational Algebra)

定義 是一種較低階的、程序性的、規範性之抽象的查詢語言，它是來描述如何產生查詢結果的步驟。我們可以想像成「演算法」，亦即描述解決問題的步驟。

運算子 基本上，關聯式代數包括一些運算子

1. 聯集	5. 選擇 (限制)
2. 交集	6. 投影
3. 差集	7. 合併
4. 乘積	8. 除法

其關聯 (Relation) 運算之後的輸出仍為關聯 (Relation)。

二、關聯式計算 (Relational Calculus)

定義 關聯式計算是一種較高階的、非程序性的、問題導向的、描述性的查詢語言，它使用「邏輯方法」表示關聯模型。它是由 E.F. Codd 在 1972 年所定義的關聯式系統的查詢語言。

如果一種語言具有與關聯式計算一樣的功能時，則稱該語言具有關聯完全性。例如：QUEL 及 SQL 查詢語言具有關聯完全性。其關聯式代數與關聯式計算的比較，如表 6-1 所示。

表 6-1 「關聯式代數」與「關聯式計算」的比較

關聯式代數	關聯式計算
為一程序式的查詢語言	為一非程序式查詢語言
必須明白地指出運算的順序	不需要明白地指出運算的順序
如何（"How"）	什麼（"What"）
具有基本運算：聯集、交集等運算	沒有提供基本運算
可直接實作	透過關聯式代數來實作
具關聯完全性	具關聯完全性

註：SQL(Structured Query Language) 是關聯式代數與關聯式計算兩者的綜合體。SQL 語言與關聯式代數的關係

　　當我們利用 SQL 指令來查詢時，資料庫管理系統 (DBMS) 的查詢處理模組 (Query Processor) 會將「SQL 指令」轉換成「關聯式代數運算式」，其處理步驟。如下圖所示：

步驟 1：使用者下所需的「SQL 指令」。

步驟 2：資料庫管理系統會利用「查詢處理模組」將「SQL 指令」轉換成「關聯式代數運算式」。

步驟 3：利用「關聯式代數」來實際執行。

步驟 4：查詢後「顯示結果」。

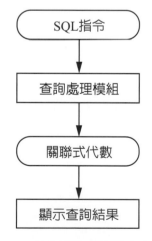

圖 6-1 SQL 指令轉換成關聯式代數的步驟

6-2 | 關聯式代數

關聯式資料庫的 SQL 語法是以「關聯式代數」作為它的理論基礎，而在「關聯式資料模型」中，根據 E.F.Codd 所提出的「關聯式代數」有八種基本運算子。如表 6-2 所示：

表 6-2　關聯式代數運算子

運算子		意義	運算子		意義
基本運算子	σ π $\cup$ $\times$ $-$	限制 (Restrict) 投影 (Project) 聯集 (Union) 卡氏積 (Cartesian Product) 差集 (Difference)	比較運算子	$>$ $\geqq$ $<$ $\leqq$ $=$ $\neq$	大於 大於等於 小於 小於等於 等於 不等於
非基本運算子	$\bowtie$ $\cap$ $\div$	合併 (Join) 交集 (Intersection) 除法 (Division)	邏輯運算子	$\neg$ $\wedge$ $\vee$	NO AND OR

一、基本運算子：意指不能由其他運算子導出的運算子

1. 限制 (Restrict)，代表符號：σ

2. 投影 (Project)，代表符號：π

3. 聯集 (Union)，代表符號：$\cup$

4. 卡氏積 (Cartesian Product)，代表符號：$\times$

5. 差集 (Difference)，代表符號：$-$

　　以上五種運算子所成的集合稱為「完整集合」(Complete set)。

二、非基本運算子：可以由基本運算子導出

1. 合併 (Join)，代表符號：$\bowtie$

2. 交集 (Intersection)，代表符號：$\cap$

3. 除法 (Division)，代表符號：$\div$

6-2-1　關聯式代數的「基本運算子」

定義　是指不能由其他「運算子」導出的運算子。

運算子種類

    1. 限制 (Restrict)，代表符號：σ

    2. 投影 (Project)，代表符號：π

    3. 聯集 (Union)，代表符號：$\cup$

    4. 卡氏積 (Cartesian Product)，代表符號：$\times$

    5. 差集 (Difference)，代表符號：$-$

以上五種運算子所成的集合稱爲「完整集合」(Complete set)。

6-2-2　關聯式代數的「非基本運算子」

定義　是指可以由「基本運算子」導出的運算子。

運算子種類

    1. 合併 (Join)，代表符號：$\bowtie$

    2. 交集 (Intersection)，代表符號：$\cap$

    3. 除法 (Division)，代表符號：$\div$

6-3 | 限制 (Restrict)

定義　1. 限制又稱爲選擇操作 (Select Operation)

    2. 「選擇運算子」含有兩個參數

      (1) 選取條件 (Predicate) P

      (2) 關聯表名稱 R

    3. 從 R 中選出符合條件 P 的值組

    是指在關聯 R 中選擇滿足條件 P 的所有值組。

代表符號　σ (唸成 sigma)

關聯式代數　$\sigma_P(R)$

概念圖　從關聯表 R 中選取符合條件 (Predicate) P 的值組，其結果為原關聯表 R 記錄的「水平」子集合。如下圖所示：

R

A	B
a1	b1
a2	b2
a3	b3
a4	b4

P
=

$\sigma_p(R)$

A	B
a1	b1
a3	b3

圖 6-2

範例　$\sigma_{\,身高<170\ AND\ 體重<60}$ (員工資料表)

則：(1) 選取條件 (Predicate) P ➜ 身高 <170 AND 體重 <60

(2) 關聯表名稱 R ➜ 員工資料表

範例 1　請利用限制 (Restrict) 來查詢員工資料表

	編號	姓名	性別	身高	體重
#1	S0001	張三	男	175	75
#2	S0002	李四	男	169	65
#3	S0003	王五	男	172	80
#4	S0004	林六	女	158	45
#5	S0005	陳靜	女	163	50

Q：請問 $\sigma_{\,體重>70}$ (員工資料表)=?

A：

	編號	姓名	性別	身高	體重
#1	S0001	張三	男	175	75
#2	S0003	王五	男	172	80

範例 2 請利用限制 (Restrict) 來查詢員工資料表

	編號	姓名	性別	身高	體重
#1	S0001	張三	男	175	75
#2	S0002	李四	男	169	65
#3	S0003	王五	男	172	80
#4	S0004	林六	女	158	45
#5	S0005	陳靜	女	163	50

Q：請利用關聯代數來表示身高小於 170 公分及體重小於 60 公斤的員工記錄。

	編號	姓名	性別	身高	體重
#1	S0004	林六	女	158	45
#2	S0005	陳靜	女	163	50

A：$\sigma_{身高<170\ AND\ 體重<60}$ (員工資料表)

分析

1：$\sigma_{身高<170\ AND\ 體重<60}$ (員工資料表) 可以用別兩種方式表示

　　(1) $\sigma_{身高<170}$ ($\sigma_{體重<60}$ (員工資料表))

　　(2) $\sigma_{體重<60}$ ($\sigma_{身高<170}$ (員工資料表))

2：運算所產生的結果關聯，其值組的數目會少於或等於原有關聯的值組數目。

隨堂練習 1

請利用限制 (Restrict) 來查詢員工資料表

編號	姓名	性別	部門
S0001	張三	男	銷售部
S0002	李四	男	生產部
S0003	王五	男	銷售部
S0004	李崴	女	人事部
S0005	李安	女	生產部

Q：請撰寫關聯式代數來查詢性別為「男」的名單？

Q1 解答

$\sigma_{性別='男'}$ (員工資料表)

 隨堂練習？

請利用限制 (Restrict) 來查詢員工資料表

編號	姓名	性別	部門
S0001	張三	男	銷售部
S0002	李四	男	生產部
S0003	王五	男	銷售部
S0004	李崴	女	人事部
S0005	李安	女	生產部

Q：請撰寫關聯式代數來查詢性別為「男」且部門為「銷售部」的名單？

Q1 解答

σ 性別 = '男' and 部門 = '銷售部' (員工資料表)

6-4 | 投影 (Project)

定義　是指從關聯 R 上的投影，亦即從關聯 R 中選擇出許多「欄位」後，再重新組成一個新的關聯。

代表符號　π (唸成 pai)

關聯式代數　$\pi_A(R)$，其中：A 為 R 中的屬性欄位。

概念圖　從關聯表 R 中選取想要的欄位。其結果為原關聯表 R 記錄的「垂直」子集合。如下圖所示：

R

A	B	C
a1	b1	c1
a2	b2	c2
a3	b3	c3
a4	b4	c4

$\pi_{欄位}(R)$

A	C
a1	c1
a2	c2
a3	c3
a4	c4

圖 6-3

範例 1 請利用「關聯式代數」來撰寫下列的查詢。

員工資料表

編號	姓名	性別	部門
S0001	張三	男	銷售部
S0002	李四	男	生產部
S0003	王五	男	銷售部
S0004	李崴	女	人事部
S0005	李安	女	生產部

Q：請找出「銷售部」員工的編號、姓名？

A：有三種不同方法

第一種方法：$\pi_{編號,姓名}(\sigma_{部門='銷售部'}(員工資料表))$　　　　→ 一般作法

第二種方法：銷售部員工 ← $\sigma_{部門='銷售部'}(員工資料表)$　　　→ 暫存表格作法

　　　　查詢結果 ← $\pi_{編號,姓名}(銷售部員工)$

　　　或：暫存員工 ← $\pi_{編號,姓名}(員工資料表)$

　　　　查詢結果 ← $\sigma_{部門='銷售部'}(暫存員工)$

範例 2 請利用「關聯式代數」來撰寫下列的查詢。

員工資料表

編號	姓名	性別	部門
S0001	張三	男	銷售部
S0002	李四	男	生產部
S0003	王五	男	銷售部
S0004	李崴	女	人事部
S0005	李安	女	生產部

Q：請找出「銷售部」員工的編號、姓名？

A：第三種方法：重新命名欄位作法 (少用)

銷售部員工 ← $\sigma_{部門='銷售部'}(員工資料表)$

Result(stu,name) ← $\pi_{編號,姓名}(銷售部員工)$

至於以上三種表達方式，哪一種較好，沒有定論。

一般認為只要能夠正確的寫出來，其表達方式一樣好。

6-5 | 聯集 (Unlon)

定義　是指關聯表 R 與關聯表 S 做「聯集」時，會重新組合成一個新的關聯表，而新的關聯表中的記錄為原來兩關聯表的所有記錄，若有重複的記錄，則只會出現一次。

關聯式代數　R∪S

概念圖

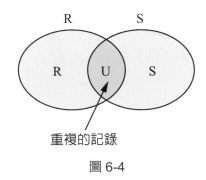

圖 6-4

概念分析

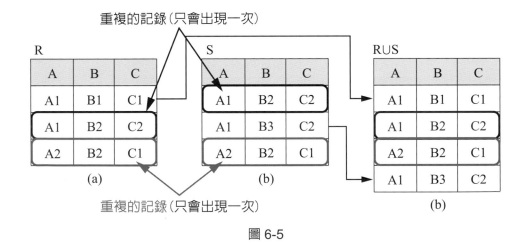

圖 6-5

範例 請利用「聯集 (Union)」來查詢學生資料表

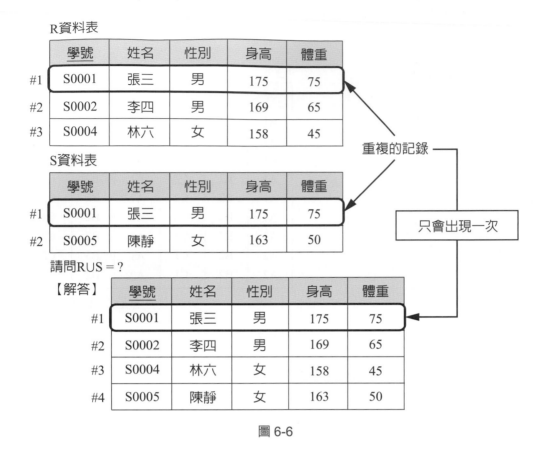

圖 6-6

6-6 | 卡氏積 (Cartesian Product)

定義 是指將兩關聯表 R 與 S 的記錄利用集合運算中的乘積運算形成新的關聯表。

作法 1. 關聯 R 和關聯 S 分別為 n 欄和 m 欄，其笛卡爾乘積是一個 **(n+m) 欄**的值組的集合，其前 n 欄是關聯 R 的，後 m 欄是關聯 S 的。

2. 關聯 R 有 X 個值組，關聯 S 有 Y 個值組，則關聯 R 和關聯 S 的廣義笛卡爾乘積有 **X*Y 個值組**。

關聯式代數 R×S

概念分析

1. 假如關聯 R 中 n=3(欄)，關聯 S 中 m=3(欄)，在笛卡爾乘積之後，變成一個 (n+m) 欄，所以 R×S 共有 6 欄。

2. 假如關聯 R 中 X=3 個值組，關聯 S 中 Y=3 個值組，則關聯 R 和關聯 S 在笛卡爾乘積有 X*Y 個值組，所以 R×S 共有 9 筆值組。

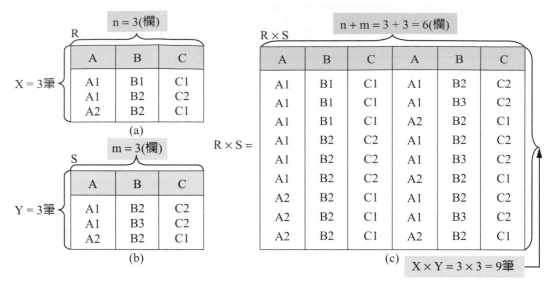

圖 6-7

範例　請利用卡氏積 (Cartesian Product) 來查詢學生資料表

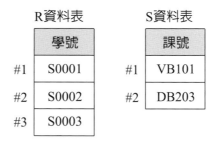

圖 6-8

Q：請問 R×S=?

A：

	學號	課號
#1	S0001	VB101
#2	S0001	DB203
#3	S0002	VB101
#4	S0002	DB203
#5	S0003	VB101
#6	S0003	DB203

圖 6-9

說明　若關聯 R 有 X 筆值組 (記錄)，關聯 S 有 Y 筆值組 (記錄)，則 R × S 共有 X*Y 筆記錄。

6-7 | 差集 (Difference)

定義　是指關聯 R 差集關聯 S 之後的結果，則為關聯 R 減掉 RS 兩關聯共同的值組。

關聯式代數　R – S

概念圖

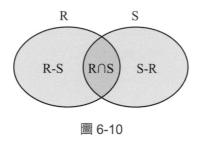

圖 6-10

註：R – S 代表：屬於 R，但不屬於 S

　　S – R 代表：屬於 S，但不屬於 R

概念分析

R – S 代表：屬於 R，但不屬於 S，亦即 R-R ∩ S

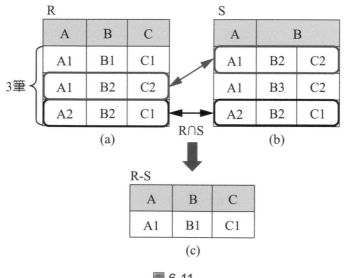

圖 6-11

R – S = R-R ∩ S = 3 筆 -2 筆 = 1 筆

範例　請利用差集 (Difference) 來查詢學生資料表。

R資料表

	學號	姓名	性別	身高	體重
#1	S0001	張三	男	175	75
#2	S0002	李四	男	169	65
#3	S0004	林六	女	158	45

S資料表

	學號	姓名	性別	身高	體重
#1	S0001	張三	男	175	75
#2	S0002	陳靜	女	163	50

1筆相同（亦即R∩S）

圖 6-12

Q：請問 R – S=?

A：

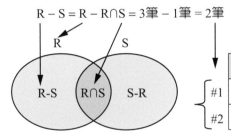

R – S = R – R∩S = 3筆 – 1筆 = 2筆

	學號	姓名	性別	身高	體重
#1	S0002	李四	男	169	65
#2	S0004	林六	女	158	45

圖 6-13

隨堂練習

Q1　若 A={1,2,3,4}，B={3,4,5,6}，則 A – B

　　請問 A – B=?

Q1 解答

　　A – B={1,2}

Q2　若 A={1,2,3,4}，B={3,4,5,6}，則 B – A

　　請問 B – A=?

Q2 解答

　　B – A={5,6}

6-8 | 合併 (Join)

定義　是指將兩關聯表 R 與 S 依合併條件合併成一個新的關聯表 R_3，假設 P 為合併條件，以 $R \bowtie_p S$ 表示此合併運算。

作法　從兩個關聯的「卡氏積」中選取屬性間滿足一定條件的值組。

關聯式代數　　$R \bowtie_p S$

合併 (Join) 有三種型態

1. 自然合併 (Natural Join)；又稱為內部合併 (Inner Join)。

2. θ - 合併 (Theta Join)。

3. 對等合併 (Equi-Join)：是 θ - 合併的特例。

6-8-1　自然合併 (Natural Join)

定義　自然合併 (Natural Join) 又稱為內部合併 (Inner Join)，它必須在左右兩邊的關聯中找到對應值組才行，而外部合併 (Outer join) 則無此規定。

一般的結合 (Join) 都是屬於此種方法。

概念分析

重複欄位，只會出現一次

R

A	B	C
A1	B1	C1
A2	B2	C1
A3	B3	C2

(a)

S

C	D	E
C1	D1	E1
C2	D2	E2

(b)

$R \bowtie_p S$

R.A	R.B	R.C	S.D	S.E
A1	B1	C1	D1	E1
A2	B2	C1	D1	E1
A3	B3	C2	D2	E2

(c)

圖 6-14

作邊　媽媽 SELECT 指令 FROM 部分的 Natural Join。

範例　From A Natural Join B

學生

學號	姓名	班級代號
#1 S0001	張三	1
#2 S0002	李四	2
#3 S0003	王五	5
#4 S0004	林六	NULL

班級

班級代號	學號	姓名
1	60	李春雄
2	55	李碩安
3	50	王靜旻
4	50	葉小宏
5	45	陳靜華

圖 6-15

Q：請問 學生 ($\bowtie$ 學生.班級代號 = 班級.班級代號) 班級 =?

A：

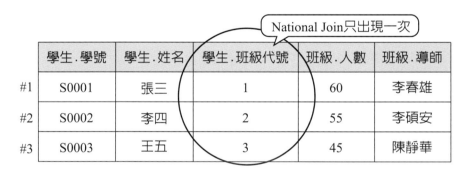

National Join只出現一次

學生.學號	學生.姓名	學生.班級代號	班級.人數	班級.導師
#1 S0001	張三	1	60	李春雄
#2 S0002	李四	2	55	李碩安
#3 S0003	王五	3	45	陳靜華

圖 6-16

註：事實上對自然合併以 (學生 $\bowtie$ 班級) 來代表即可，不必列出條件。

6-8-2　θ - 合併 (Theta Join)

定義　以「等於」以外的條件為基礎來合併兩個關聯的運算。

語法　(A×B) WHERE A.X θ B.Y

其中 A,B 為無共同屬性的關聯，A 具有屬性 X, 而 B 具有屬性 Y。

θ 合併的運算子　=、<、≦、>、≧、≠

注意　相同名稱的欄位會同時出現在運算結果的表格中。亦即重複欄位，會出現兩次。

範例

學生

	學號	姓名	年級
#1	S0001	張三	4
#2	S0002	李四	3
#3	S0003	王五	1

課程

	課程代碼	課程名稱	開課年級	學分數
#1	C001	程式語言	2	2
#2	C002	資訊庫系統	3	2
#3	C004	計算機概論	1	4
#4	C005	演算法	4	2

圖 6-17

Q：若學生的選修，必須是學生年級高於或等於課程開課年級。亦即不能「高」修。請輸出所有學生姓名及其所能選修的課程名稱。

A：

$$\pi_{\text{姓名, 課程名稱}}(\sigma_{\text{年級} >= \text{開課年級}}(\text{學生} \times \text{課程}))$$

	姓名	課程名稱
#1	張三	程式語言
#2	張三	資訊庫系統
#3	張三	計算機概論
#4	張三	演算法
#5	李四	程式語言
#6	李四	資訊庫系統
#7	李四	計算機概論
#8	王五	計算機概論

圖 6-18

6-8-3 對等合併 (Equi-Join)

定義 若 θ 為「等於比較」的狀況時，θ-Join 稱為對等合併 (Equi-Join)。

目前都是 Equi-Join 為主 (因為 Join 放在 Where 中)Equi-Join。

在本書中，都是以此合併為主。

作法　它是從關聯 R 與 S 的卡氏積中，分別選取關聯 R 的 C 屬性值等於與關聯 S 的 C 屬性值，即等位合併為：$R_{R.c=S.c} S$

對應 SQL 指令

透過 SELECT 指令 WHERE 部分的等式。

例如：From R ,S

　　　Where (R.c=S.c)

概念分析

R

A	B	C
A1	B1	11
A1	B2	21
A2	B3	33
A2	B4	54

(a)

S

B	D
B1	1
B2	3
B3	4
B3	3
B5	5

(b)

重複欄位

$R \bowtie_p S$

A	R.B	C	S.B	D
A1	B1	11	B1	1
A1	B2	21	B2	3
A2	B3	33	B3	4
A2	B3	33	B3	3

(c)

圖 6-19

範例 1

學生　　　　　　　　　班級

	學號	姓名	班級代號
#1	S0001	張三	1
#2	S0002	李四	2
#3	S0003	王五	5
#4	S0004	林六	NULL

班級代號	人數	姓名
1	60	李春雄
2	55	李碩安
3	50	王靜旻
4	50	葉小宏
5	45	陳靜華

圖 6-20

Q：請問學生 Equi-Join $_{(學生 . 班級代號 = 班級 . 班級代號)}$ 班級 =?

A：

出現兩次

學生.學號	學生.姓名	學生.班級代號	班級.班級代號	班級.人數	班級.導師
S0001	張三	1	1	60	李春雄
S0002	李四	2	2	55	李碩安
S0003	王五	5	5	45	陳靜華

圖 6-21

範例 2　請利用關聯式代數來撰寫下列的查詢

學生資料表　　　　　　　科系代碼表

	學號	姓名	系碼(FK)
#1	S0001	張三	D001
#2	S0002	李四	D001
#3	S0003	王五	D002

系碼	系名	導師
D001	資工系	李春雄
D002	資管系	李碩安

圖 6-22

Q：請找出所有學生的全部資訊？

A：

第一種方法：

步驟一： 利用卡氏積　學生資訊 ←(學生資料表 × 科系代碼表)

學號	姓名	系碼(FK)	系碼	系名	導師
S0001	張三	D001	D001	資工系	李春雄
S0001	張三	D001	D002	資管系	李碩安
S0002	李四	D001	D001	資工系	李春雄
S0002	李四	D001	D002	資管系	李碩安
S0003	王五	D002	D001	資工系	李春雄
S0003	王五	D002	D002	資管系	李碩安

圖 6-23

步驟二： 利用合併　Result← $\sigma_{\text{學生資料表．系碼}=\text{科系代碼表．系碼}}$ (學生資訊)

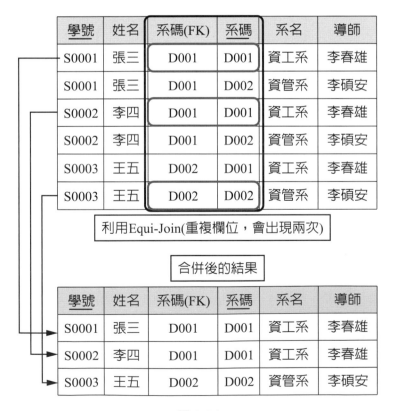

圖 6-24

第二種方法

Result ← (學生資料表 _{學生資料表.系碼=科系代碼表.系碼} 科系代碼表)

Join 的比較

表 6-3　Join 的比較

Join 的比較	
θ -Join	條件式中不限等號 (重複欄位，會出現兩次)
Equi-Join	條件式中只能用等號 (重複欄位，會出現兩次)
Outer Join	沒有匹配的資料也要選入
Natural Join	要有匹配的資料才能被選入 (重複欄位，只出現一次)

6-9 │ 交集 (Intersection)

定義　是指關聯 R 與關聯 S 做「交集」時，將原來在兩個關聯式中都有出現的值組 (記錄) 組合在一起，成為新的關聯式。

關聯式代數

　　R ∩ S 代表既屬於 R 又屬於 S 的值組組成。

　　關聯的「交集」可以用「差集」來表示，即 R ∩ S = R − (R − S)

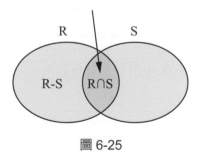

圖 6-25

概念圖

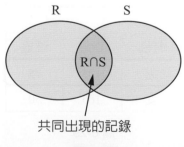

共同出現的記錄

圖 6-26

概念分析

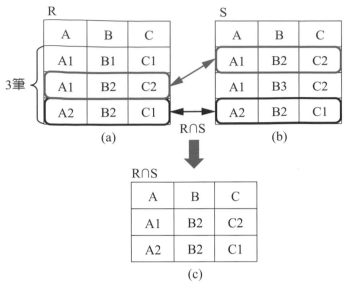

圖 6-27

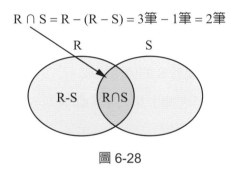

圖 6-28

範例 請利用交集 (Intersection) 來查詢學生資料表

R資料表

學號	姓名	性別	身高	體重
S0001	張三	男	175	75
S0002	李四	男	169	65
S0004	林六	女	158	45

#1 #2 #3

S資料表

學號	姓名	性別	身高	體重
S0001	張三	男	175	75
S0002	陳靜	女	163	50

#1 #2

1筆共同出現的記錄
(亦即R∩S)

圖 6-29

請問 R ∩ S=?

解答

	學號	姓名	性別	身高	體重
#1	S0001	張三	男	175	75

圖 6-30

 隨堂練習 1

Q 若 A={1,2,3,4}，B={3,4,5,6}，則 A ∩ B

請問 A ∩ B =?

Q 解答

A ∩ B ={3,4}

6-10 │ 除法 (Division)

定義 此種運算如同數學上的除法一般，有二個運算元：第一個關聯表 R 當作「被除表格」，第二個關聯表 S 當作「除表格」。

關聯式代數 R ÷ S

概念圖

關聯 R 與關聯 S 作「除法」運算時，只作用在兩個關聯中相同的部份。

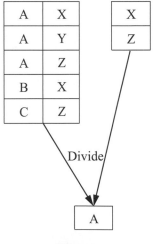

圖 6-31

簡易作法

關聯 R「除以」關聯 S 時，則分兩個步驟來處理。

步驟一：檢查關聯 R 中的每一列資料，若有包含關聯 S 中的某一列時，則將該列資料取出。

步驟二：將步驟一取出資料列，再刪掉關聯 S 之資料行。

範例 假設現在有關聯 R 與關聯 S，如下圖所示：

關聯R	
A	X
A	Y
A	Z
B	X
C	Z

關聯S
X
Z

圖 6-32

Q：現在欲做 R ÷ S 時，則其執行過程為何？

A：

步驟一：檢查關聯 R 中的每一列資料，若有包含關聯 S 中的每一列時，則將該列資料取出。

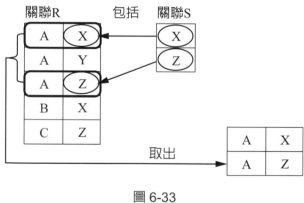

圖 6-33

步驟二：從步驟一取出資料列，再刪掉 S 關聯之資料行。

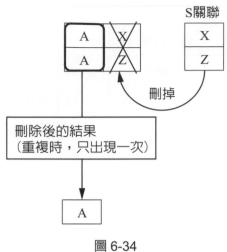

圖 6-34

數學正統作法

利用 1 個卡氏積、2 個差集及 3 個投影運算來實現。

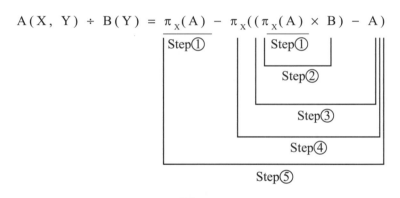

圖 6-35

範例　請利用除法 (Division) 來查詢學生資料表。

學生專長表(A)			助教所需資訊技能表(B)	
	姓名(X)	資訊技能(Y)		資訊技能(Y)
#1	張三	ASP.NET	#1	ASP.NET
#2	張三	SQL SERVER	#2	SQL SERVER
#3	張三	VB.NET	#3	VB.NET
#4	李四	VB.NET		
#5	李四	SQL SERVER		
#6	王五	ASP.NET		

圖 6-36

Q：請問 A÷B=?

A：

步驟一：$\pi_X(A) = \pi_{姓名}($ 學生專長表 $)$

	姓名
#1	張三
#2	李四
#3	王五

圖 6-37

步驟二：$\pi_X(A) \times B = \pi_{\text{姓名}}($學生專長表$) \times$ 助教所需資訊技能表

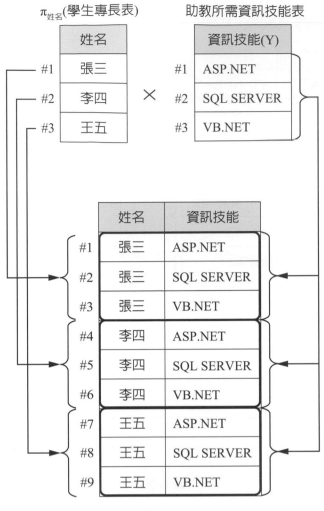

圖 6-38

在驟三：$\pi_W(A) \times B - A = \pi_{\text{姓名}}(\text{學生專長表}) \times \text{助教所需資訊技能表} - \text{學生專長表}$

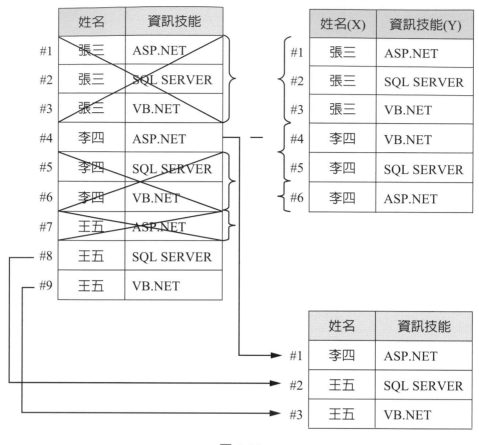

$\pi_{\text{姓名}}(\text{學生專長表}) \times \text{助教所需資訊技能表} - \text{學生專長表}$

圖 6-39

步驟四：$\pi_X[\pi_X(A) \times B - A] = \pi_{\text{姓名}}[\pi_{\text{姓名}}(\text{學生專長表}) \times \text{助教所需資訊技能表} - \text{學生專長表}]$

	姓名	資訊技能
#1	李四	ASP.NET
#2	王五	SQL SERVER
#3	王五	VB.NET

$\pi_{\text{姓名}}$【步驟三】=

	姓名
#1	李四
#2	王五

圖 6-40

步驟五： $\pi_X(A) - \pi_X[\pi_X(A) \times B - A] = \pi_{姓名}($ 學生專長表 $) - [\pi_{姓名}($ 學生專長表 $) \times$ 助教所需資訊技能表 $-$ 學生專長表 $]$

將「學生專長表」與「助教所需資訊技能表」做 Divide 運算的結果如下：

$\pi_X(A) -$ 【步驟四後的結果】

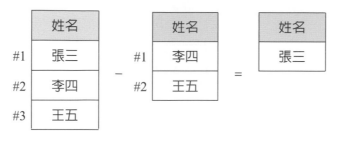

圖 6-41

6-11 │ 非基本運算子的替代 (由基本運算子導出)

一、合併 (Join)，代表符號：$\bowtie_P$

　　由乘積衍生而得。將其視為乘積運算後，再依合併條件 P 來去除不符合條件的記錄。
(P：指 A 與 B 的共同屬性內含值時)

公式

$$A \bowtie_p B = \underset{Step②}{\sigma_p} \underset{Step①}{(A \times B)}$$

圖 6-42

註：一個合併的運算，可由一個乘積和一個選擇 (限制) 運算來替代。

二、交集 (Intersection)，代表符號：∩

由差集 (Difference) 衍生而得。

公式　　$A \cap B = A-(A-B) = B-(B-A)$

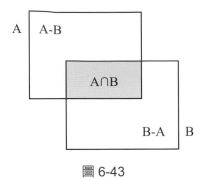

圖 6-43

若 A 與 B 是型態相容的，則 $A \cap B = A$ Join B

註：由 2 個差集來替代

三、除法 (Division)，代表符號：÷

由 **1** 個卡氏積、**2** 個差集及 **3** 個投影運算來實現。

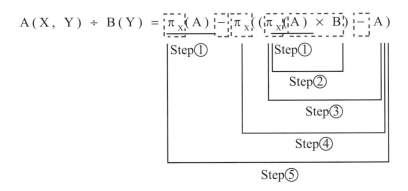

圖 6-44

6-12 | 外部合併 (Outer Join)

定義 當在進行合併 (Join) 時不管紀錄是否符合條件，都會被列出某一個資料表的所有記錄時，則稱為「外部合併」。因此，其合併結果中會保留第一個關聯 (Left Outer-Join) 或保留第二個關聯 (Right Outer-Join) 或保留兩個關聯 (Full Outer-Join) 中的所有值組。

作法 進行合併 (Join) 時，如果不符合條件的紀錄就會被預設為 NULL 值。即左右兩邊的關聯表，不一定要有對應值組。

使用時機 應用在異質性分散式資料庫上的整合運算，其好處是不會遺漏資訊。

範例

情況一：使用內部合併

學校的選課作業中，如果只利用「內部合併」時，則只有已選課的同學會收到一張選課清單 (學生表與課程表「內部合併」的結果。但如果尚未選課者，則連一張個人資料都沒有。

情況二：使用外部合併

學校的選課作業中，如果使用「外部合併」時，則不管是否已選課都可以收到一張選課清單。只是尚未選課者，會收到一個有個人資料而未選課的清單。

分類

基本上，外部合併可分為以下三種合併

1. 左外部合併 (Left Outer Join，以 ⟧⋈ 表示)
2. 右外部合併 (Right Outer Join，以 ⋈⟦ 表示)
3. 全外部合併 (Full Outer Join，以 ⟧⋈⟦ 表示)

一、左外部結合 (Left Outer Join)

定義 是指以**左邊的關聯表為主**，**右邊的關聯表為輔**，因此，左右兩個關聯表在運算時，則會保留左邊關聯表中的所有值組 (Tuples)。找不到相匹配的值組時，必須填入 NULL(空值)。

舉例 列出全班同學的選課記錄（以「學生表」為主，「課程表」為輔）。

	學號	姓名	學生.課號	課程表.課號	課名	學分數
#1	S0001	張三	C001	C001	資料結構	3
#2	S0002	李四	C002	C002	資料管理	3
#3	S0003	王五	C005	C005	資料庫系統	4
#4	S0004	林六	NULL	NULL	NULL	NULL

學生表

範例

學生表　　　　　　　　　課程表

	學號	姓名	課號
#1	S0001	張三	C001
#2	S0002	李四	C002
#3	S0003	王五	C005
#4	S0004	林六	NULL

課號	課名	學分數
C001	資料結構	3
C002	資料管理	3
C003	系統分析	3
C004	程式設計	4
C005	資料庫系統	4

Q：請問學生表 ⋈ 課程表 =?

A：

	學號	姓名	學生.課號	課程表.課號	課名	學分數
#1	S0001	張三	C001	C001	資料結構	3
#2	S0002	李四	C002	C002	資訊管理	3
#3	S0003	王五	C005	C005	資料庫系統	4
#4	S0004	林六	NULL	NULL	NULL	NULL

二、右外部結合 (Right Outer Join)

定義 是指以**右邊的關聯表為主，左邊的關聯表為輔**，因此，左右兩個關聯表在運算時，則會保留右邊關聯表中的所有值組 (Tuples)。找不到相匹配的值組時，必須填入 NULL(空值)。

舉例 列出本學期開課科目被同學選課情況。

以學生表為輔，課程表為主

	學號	姓名	學生.課號	課程表.課號	課名	學分數
#1	S0001	張三	C001	C001	資料結構	3
#2	S0002	李四	C002	C002	資料管理	3
#3	NULL	NULL	NULL	C003	系統分析	3
#4	NULL	NULL	NULL	C004	程式設計	4
#5	S0003	王五	C005	C005	資料庫系統	4

課程表

範例

學生表

	學號	姓名	課號
#1	S0001	張三	C001
#2	S0002	李四	C002
#3	S0003	王五	C005
#4	S0004	林六	NULL

課程表

課號	課名	學分數
C001	資料結構	3
C002	資料管理	3
C003	系統分析	3
C004	程式設計	4
C005	資料庫系統	4

Q：請問學生 ⋈ 班級 =?

A：

	學號	姓名	學生.課號	課程表.課號	課名	學分數
#1	S0001	張三	C001	C001	資料結構	3
#2	S0002	李四	C002	C002	資訊管理	3
#3	NULL	NULL	NULL	C003	系統分析	3
#4	NULL	NULL	NULL	C004	程式設計	4
#5	S0003	王五	C005	C005	資料庫系統	4

三、全外部結合 (Full Outer Join)

定義　是指以**左、右邊的關聯表為主**，因此，左右兩個關聯表在運算時，則會進行左、右邊關聯表中的聯集。找不到相匹配的值組時，必須填入 NULL(空值)。

舉例　請同時列出全班同學的選課紀錄，及本學期開課科目被同學選課情況。

	學號	姓名	學生.課號	課程表.課號	課名	學分數
#1	S0001	張三	C001	C001	資料結構	3
#2	S0002	李四	C002	C002	資訊管理	3
#3	NULL	NULL	NULL	C003	系統分析	3
#4	NULL	NULL	NULL	C004	程式設計	4
#5	S0003	王五	C005	C005	資料庫系統	4
#6	S0004	林六	NULL	NULL	NULL	NULL

範例

學生表

	學號	姓名	課號
#1	S0001	張三	C001
#2	S0002	李四	C002
#3	S0003	王五	C005
#4	S0004	林六	NULL

課程表

課號	課名	學分數
C001	資料結構	3
C002	資料管理	3
C003	系統分析	3
C004	程式設計	4
C005	資料庫系統	4

Q：請問學生 ⋈ 班級 =?

A：

	學號	姓名	學生.課號	課程表.課號	課名	學分數
#1	S0001	張三	C001	C001	資料結構	3
#2	S0002	李四	C002	C002	資訊管理	3
#3	NULL	NULL	NULL	C003	系統分析	3
#4	NULL	NULL	NULL	C004	程式設計	4
#5	S0003	王五	C005	C005	資料庫系統	4
#6	S0004	林六	NULL	NULL	NULL	NULL

課後評量

📖選擇題

( ) 1. 關於「關聯式代數」的敘述，下列何者正確？

(A) 較低階的、程序性的、規範性之抽象的查詢語言

(B) 用來描述如何產生查詢結果的步驟

(C) 強調如何取得資料的過程

(D) 以上皆是。

( ) 2. 關於「關聯式計算」的敘述，下列何者正確？

(A) 較高階的，非程序性的、問題導向的、描述性的查詢語言

(B) 不需明白地指出運算的順序

(C) 沒有提供基本運算

(D) 以上皆是。

( ) 3. 請問下列哪一個是關聯式代數的非基本運算子？

(A) 聯集　(B) 差集　(C) 交集　(D) 卡氏積。

( ) 4. 請問下列哪一個是關聯式代數的基本運算子？

(A) 投影　(B) 聯集　(C) 差集　(D) 以上皆是。

( ) 5. 下列何者不屬於關聯式代數的運算子？

(A) 合併　(B) 連結　(C) 投射　(D) 交集。

( ) 6. 請問下列哪一個關聯式代數運算子是用來從資料表中選出符合條件的值組？

(A) 選取　(B) 差集　(C) 合併　(D) 投影。

( ) 7. 下列何者為「選擇操作」的符號呢？

(A) σ　(B) ρ　(C) π　(D) θ。

( ) 8. 若在關聯 R 中選擇滿足條件 P 的所有值組，請問如何利用關聯式代數來撰寫呢？

(A) $R_P(\sigma)$　(B) $\sigma_R(P)$　(C) $P\sigma(R)$　(D) $\sigma_P(R)$。

(　　) 9. 若在「學生資料表」中選擇「性別」爲「男」的所有記錄，請問如何利用關聯式代數來撰寫呢？

(A) 學生資料表$_{性別='男'}$(σ)

(B) σ 學生資料表$_{(性別='男')}$

(C) $_{性別='男'}\sigma$(學生資料表)

(D) $\sigma_{性別='男'}$(學生資料表)。

(　　) 10. 請問下列哪一個關聯式代數運算子是用來從資料表中選選擇出許多「欄位」後，再重新組成一個新的關聯？

(A) 選取　(B) 差集　(C) 合併　(D) 投影。

(　　) 11. 下列何者爲『投影操作』的符號呢？

(A) σ　(B) ρ　(C) π　(D) θ。

(　　) 12. 若在關聯 R 中選取想要的欄位 A，請問如何利用關聯式代數來撰寫呢？

(A) $A_R(\pi)$　(B) $R_A(\pi)$　(C) $A\pi(R)$　(D) $\pi_A(R)$。

(　　) 13. 在「關聯式代數運算子」中，「投影操作」與「選擇操作」的敘述，下列何者正確？

(A)「投影操作」是用來取得原關聯表 R 記錄的「垂直」子集合。

(B)「選擇操作」是用來取得原關聯表 R 記錄的「平水」子集合。

(C)「選擇操作」會使得值組的數目會少於或等於原有關聯的值組數目。

(D) 以上皆是。

(　　) 14. 若 A={1,2,3,4}，B={3,4,5,6}，則 A ∪ B=

(A){3,4}　(B){1,2,5,6}　(C){1,2,3,4,5,6}　(D){1,2,3,4}。

(　　) 15. 請問如果關聯表 R 的值組有 3 個，關聯表 S 的值組有 2 個，則這兩個關聯表進行卡氏積運算 (Cartesian Product)R X S，則結果的關聯表擁有幾個值組？

(A)2　(B)3　(C)5　(D)6。

📖基本問答題

1. 請撰寫關聯式代數來查詢「員工資料表」中，性別為「女」且部門為「生產部」的名單？

員工資料表

編號	姓名	性別	部門
S0001	張三	男	銷售部
S0002	李四	男	生產部
S0003	王五	男	銷售部
S0004	李崴	女	人事部
S0005	李安	女	生產部

2. 承上一題，請撰寫關聯式代數來查詢「員工資料表」中，「生產部」員工的編號、姓名及性別？

3. 假設現在有 R,S 兩個關聯表，分別為 $R(A_1 、 A_2 、 \cdots 、 A_n)$ 與 $S(B_1 、 B_2 、 \cdots 、 B_m)$，並且在 R 關聯表中有 X 筆值組，而 S 關聯表中有 Y 筆值組。

   請問 R 與 S 兩個關聯表在進行卡氏積之後，其卡式積的結果共會產生多少個欄位，以及多少個值組 (記錄)。

📖進階問答題

1. 比較內部合併 (Inner Join) 與外部合併 (Outer Join) 的不同情況：

員工	姓名	部門編號
	張三	01
	李四	02
	王五	

部門	編號	部門編號
	01	生產部
	02	行銷部
	03	會計部

請問下列 5 小題的執行結果為何？

(1)　RESULT1 ← 員工 × 部門

(2)　RESULT2 ← 員工 ⋈ $_{部門編號 = 編號}$ 部門

(3)　RESULT3 ← 員工 ⟖ $_{部門編號 = 編號}$ 部門

(4)　RESULT4 ← 員工 ⟕ $_{部門編號 = 編號}$ 部門

(5)　RESULT5 ← 員工 ⟗ $_{部門編號 = 編號}$ 部門

2. 有下面員工及成績兩個關聯表 (Relations Table)：

<table>
<tr><td colspan="3">學生資料表</td><td colspan="2">成績資料表</td></tr>
<tr><td>學號</td><td>姓名</td><td>生日</td><td>學號</td><td>分數</td></tr>
<tr><td>S0001</td><td>李四</td><td>70.1.10</td><td>S0001</td><td>90</td></tr>
<tr><td>S0002</td><td>姜太公</td><td>70.3.11</td><td>S0003</td><td>80</td></tr>
<tr><td>S0003</td><td>陳明</td><td>71.4.5</td><td>S0004</td><td>60</td></tr>
<tr><td>S0004</td><td>梁山伯</td><td>71.7.8</td><td></td><td></td></tr>
</table>

請問下面查詢的結果是什麼？

(1)　$R \leftarrow \pi_{學號}$ (學生資料表)

(2)　$S \leftarrow \pi_{學號}$ (成績資料表)

(3)　$T \leftarrow R \cap S$

(4)　$R - T$

07 結構化查詢語言 SQL (異動處理)

◆ **本章學習目標**

1. 讓讀者瞭解結構化查詢語言 SQL 所提供的三種語言 (DDL、DML、DCL)。

2. 讓讀者瞭解 SQL 語言的基本查詢。

◆ **本章內容**

7-1 SQL 語言簡介

7-2 SQL 提供三種語言

7-3 SQL 的 DDL 指令介紹

7-4 SQL 的 DML 指令介紹

7-5 SQL 的 DCL 指令介紹

7-1 | SQL 語言簡介

定義 　SQL(Structured Query Language, 結構化查詢語言)，它是一種與「資料庫」溝通的共通語言，並且它是為「資料庫處理」而設計的第四代「非程序性」查詢語言。

唸法 　一般而言，它有兩種不同的唸法

1. 三個字母獨立唸出來 S-Q-L

2. 唸成 sequel (西擴)

制定標準機構

　　目前 SQL 語言已經被美國標準局 (ANSI) 與國際標準組織 (ISO) 制定為 SQL 標準，因此，目前各家資料庫廠商都必須要符合此標準。

目前使用的標準 　ANSI　SQL92 (1992 年制定的版本)。

▣ SQL 語言提供三種語言

1. 第一種為資料定義語言 (Data Definition Language, DDL)

　➜ 用來「定義」資料庫的結構、欄位型態及長度。

2. 第二種為資料操作語言 (Data Manipulation Language, DML)

　➜ 用來「操作」資料庫的新增資料、修改資料、刪除資料、查詢資料等功能。

3. 第三種為資料控制語言 (Data Control Language, DCL)

　➜ 用來「控制」使用者對「資料庫內容」的存取權利。

　因此，SQL 語言透過 DDL、DML 及 DCL 來建立各種複雜的表格關聯，成為一個查詢資料庫的標準語言。

7-2 | SQL 提供三種語言

　　一般而言，用來處理資料庫的語言稱為資料庫語言 (SQL)。 資料庫語言大致上具備了三項功能：

1. 資料「定義」語言 (Data Definition Language, DDL)

2. 資料「操作」語言 (Data Manipulation Language, DML)

3. 資料「控制」語言 (Data Control Language, DCL)

以上三種語言在整個「資料庫設計」中所扮演的角色如下圖所示：

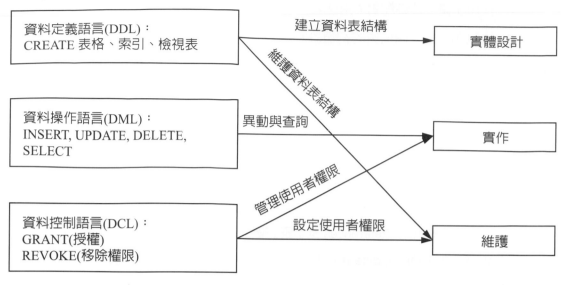

圖 7-1　SQL 之三種語言所扮演的角色關係圖

7-3 │ SQL 的 DDL 指令介紹

定義　資料定義語言 (Data Definition Language, DDL)。

功能　用來定義資料庫、資料表 (含欄位名稱、資料型態及設定完整性限制)。

表 7-1　DDL 語言提供的三種指令表

Database	Table	View
(1)Create Database	(1)Create Table	(1)Create View
(2)Alter Database	(2)Alter Table	(2)Alter View
(3)Drop Database	(3)Drop Table	(3)Drop View

7-3-1　CREATE TABLE(建立資料表)

定義　用來讓使用者定義一個新的資料表，並設定表格名稱、屬性及限制條件。

建立新資料表的步驟

1. 決定資料表名稱與相關欄位。

2. 決定欄位的資料型態。

3. 決定欄位的限制 (指定值域)。

4. 決定那些欄位可以 NULL(空值) 與不可 NULL 的欄位。

5. 找出必須具有唯一值的欄位 (主鍵)。

6. 找出主鍵 - 外鍵配對 (兩個表格)。

7. 決定預設值 (欄位值的初值設定)。

格式

Create Table 資料表

(欄位 { 資料型態 | 定義域 }[NULL|NOT NULL][預設值][定義整合限制]

Primary Key(欄位集合)　　← 當主鍵

Unique(欄位集合)　　　← 當候選鍵

Foreign Key(欄位集合)　　References 基本表 (屬性集合)← 當外鍵

　[ON Delete 選項] [ON Update 選項]

)

符號說明

✧ { | } 代表在大括號內的項目是必要項，但可以擇一。

✧ [ ] 代表在中括號內的項目是非必要項，依實際情況來選擇。

關鍵字說明

1. PRIMARY KEY：用來定義某一欄位為主鍵，不可為空值。

2. UNIQUE：用來定義某一欄位具有唯一的索引值，可以為空值。

3. NULL/NOT NULL：可以為空值 / 不可為空值。

4. FOREIGN KEY：用來定義某一欄位為外部鍵。

範例　　請利用 Create Table 來建立「員工銷售管理系統」的關聯式資料庫，其相關的資料表有三個，如下所示：

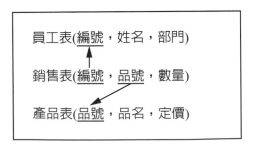

分析 1　辨別「父關聯表」與「子關聯表」

在利用 Create Table 來建立資料表時，必須要先了解哪些資料表是屬於父關聯表（一對多，一的那方；亦即箭頭被指的方向）與子關聯表（一對多，多的那方）。

例如：上表中的「員工表」與「產品表」都屬於「父關聯表」。

分析 2　先建立「父關聯表」之後，再建立「子關聯表」

例如：上表中的「銷售表」屬於「子關聯表」。

利用 SQL 實作　先建立「父關聯表」

建立「員工表」
CREATE TABLE 員工表 (編號　　CHAR(5) , 姓名　　NVARCHAR(10) NOT NULL, 部門　　NVARCHAR (10) NULL, PRIMARY　KEY(編號))

❖ 執行結果 ❖

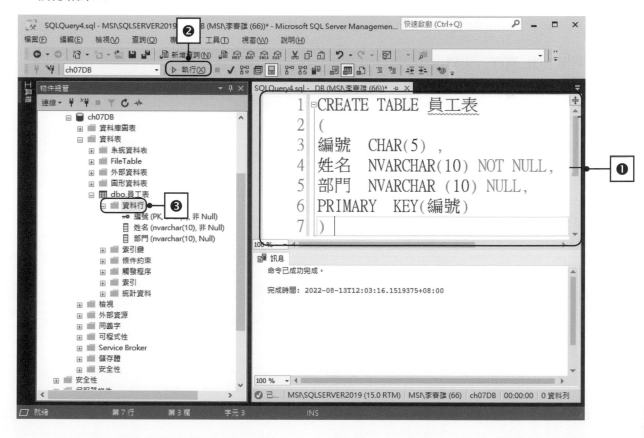

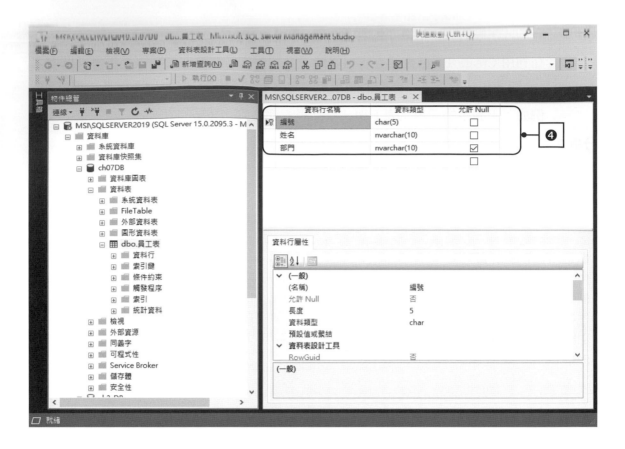

利用 **SQL** 實作　先建立「父關聯表」

建立「產品表」
CREATE TABLE 產品表 (品號　CHAR(5), 品名　NVARCHAR (10) NOT NULL, 定價　INT, PRIMARY KEY(品號) 　)

❖ 執行結果 ❖

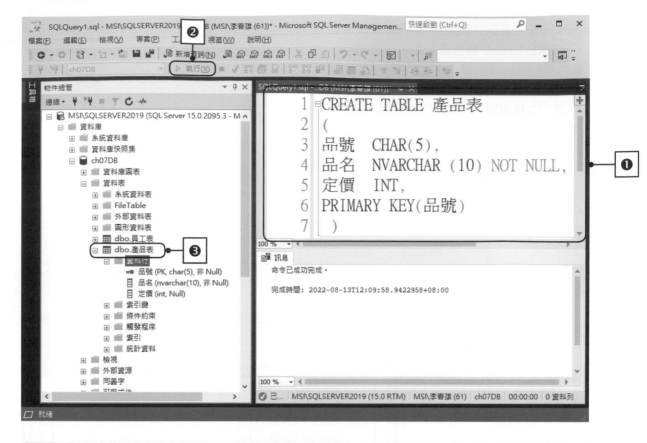

利用 SQL 實作 再建立「子關聯表」

建立「銷售表」
CREATE TABLE 銷售表 (編號　CHAR(5), 品號　CHAR(5), 數量　INT NOT NULL, PRIMARY KEY(編號 , 品號), FOREIGN KEY(編號) REFERENCES 員工表 (編號) ON UPDATE CASCADE ON DELETE CASCADE, FOREIGN KEY(品號) REFERENCES 產品表 (品號))

❖ 執行結果 ❖

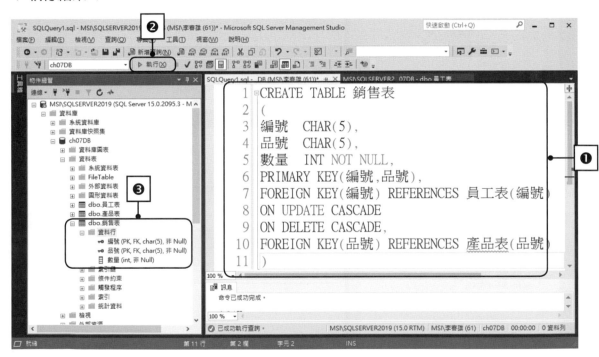

說明 1 在上圖中，「銷售表」的編號參考「員工表」的編號，如果加入選項 ON UPDATE CASCADE 與 ON DELETE CASCADE 則代表當「員工表」的資料更新與刪除時，「銷售表」中被對應的記錄也會一併被異動。

說明 2 在上圖中，「銷售表」的品號雖然參考「產品表」的品號，但是沒有加入選項 ON UPDATE CASCADE 與 ON DELETE CASCADE，因此，「產品表」中有被「銷售表」參考時，則無法進行更新與刪除動作。

建立三個資料表

隨堂練習

請說明利用 Create Table 來建立以下三個資料表之優先順序？

1.　員工表 (編號 , 姓名 , 部門)

2.　銷售表 (編號 , 品號 , 數量)

3.　產品表 (品號 , 品名 , 定價)

Q1 解答 ---

員工表 (編號 , 姓名 , 部門)	建立順序：1
產品表 (品號 , 品名 , 定價)	建立順序：1
銷售表 (編號 , 品號 , 數量)	建立順序：2

7-3-2　ALTER TABLE(修改資料表)

定義　ALTER　TABLE 命令是用來對已存在的資料表，修改資料表名稱及增加欄位。

語法

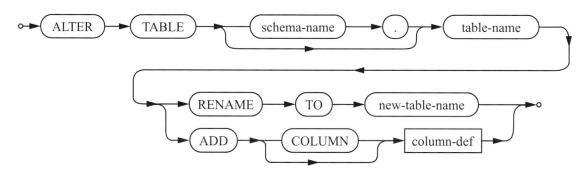

資料來源：https://www.sqlite.org/syntax/alter-table-stmt.html

實作　新增「性別」欄位

題目：原來的員工表中，再增加一個「性別」欄位，並且預設值為 ' 男 '
ALTER　TABLE 員工表 ADD　性別 NCHAR(1) Default ' 男 ',

❖ 執行結果 ❖

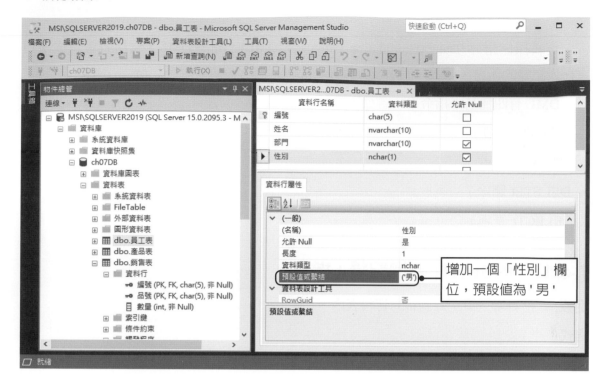

增加一個「性別」欄位，預設值為 '男'

7-3-3   DROP TABLE(刪除資料表)

DROP TABLE 是用來刪除資料表結構，當然，如果一個資料表內還有剩餘的紀錄，則這些紀錄會一併被刪除，因為如果資料表定義被刪除，則資料表的紀錄就沒有存在的意義了。

當資料表與資料表之間可能存在參考關係，例如「銷售表」參考到「員工表」，因此若一個資料表定義 (員工表) 被刪除，則另一資料表 (銷售表) 中參考到該資料表的部分就變成沒有意義了。因此，產生所謂的「孤鳥」。

格式

```
DROP   TABLE   資料表名稱
```

範例   刪除「員工表」

```
DROP   TABLE   員工表
```

7-4 | SQL 的 DML 指令介紹

資料操作語言 (Data Manipulation Language, DML)，利用 DML，使用者可以從事對資料表記錄的新增、修改、刪除及查詢等功能。

DML 有四種基本指令：

1. INSERT(新增)
2. UPDATE(修改)
3. DELETE(刪除)
4. SELECT(查詢)

7-4-1　INSERT(新增記錄) 指令

定義　指新增一筆記錄到新的資料表內。

格式

INSERT　INTO 資料表名稱 < 欄位串列 >

VALUES(< 欄位值串列 > | <SELECT 指令 >)

範例 1　未指定欄位串列的新增

(但是欲新增資料值必須能夠配合欄位型態及個數)

假設現在想要新增第一筆記錄到「員工表」中。其記錄內容如下：

編號	姓名	部門	性別
S0001	一心	銷售部	男

解答

步驟一：撰寫 SQL 指令

「新增記錄」Insert
INSERT INTO 員工表 VALUES ('S0001', ' 一心 ',' 銷售部 ',' 男 ')

步驟二：執行結果

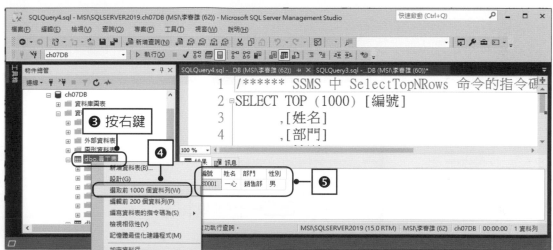

注意：如果相同的資料，再新增一次時，則會產生錯誤，因為主鍵不可以重複。

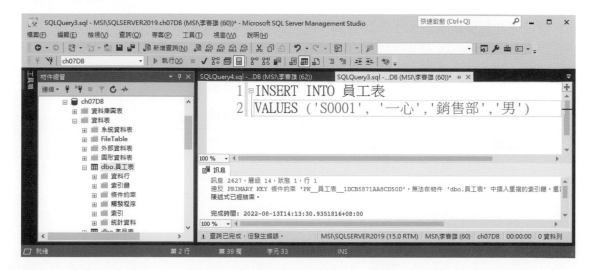

範例 2　指定欄位串列

假設現在想要新增第二筆記錄到「員工表」中。其記錄內容如下：

編號	姓名	部門	性別
S002	二聖	生產部	男

解答

步驟一：撰寫 SQL 指令

「新增記錄」Insert
INSERT INTO 員工表 (編號 , 姓名 , 部門) VALUES ('S0002', ' 二聖 ',' 生產部 ');

步驟二：執行結果

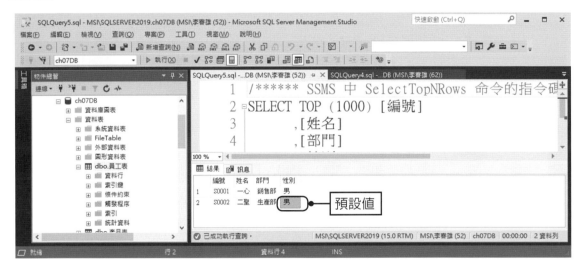

範例 3　同時新增多筆不同記錄

假設現在想要新增第 3~5 筆記錄到「員工表」中。其記錄內容如下：

編號	姓名	部門	性別
S0003	三多	銷售部	女
S0004	四維	生產部	男
S0005	五福	銷售部	女

解答

步驟一：撰寫 SQL 指令

「新增記錄」Insert

INSERT INTO 員工表
VALUES ('S0003',' 三多 ',' 銷售部 ',' 女 '),
        ('S0004',' 四維 ',' 生產部 ',' 男 '),
        ('S0005',' 五福 ',' 銷售部 ',' 女 ')

步驟二：執行結果

	編號	姓名	部門	性別
1	S0001	一心	銷售部	男
2	S0002	二聖	生產部	男
3	S0003	三多	銷售部	女
4	S0004	四維	生產部	男
5	S0005	五福	銷售部	女

範例 4 新增來源為另一個資料表

解答

步驟一：首先再建立一個資料表 (員工表 OLD)

資料表名稱：員工表 OLD
CREATE TABLE 員工表 OLD (編號　CHAR(5) , 姓名　NVARCHAR(10) NOT NULL, 部門　NVARCHAR (10) NULL, 性別 NCHAR(1) PRIMARY　KEY(編號))

步驟二：再輸入 5 位員工的資料，如下所示：

INSERT INTO 員工表 OLD
VALUES ('S0006',' 六合 ',' 銷售部 ',' 女 '),
        ('S0007',' 七賢 ',' 銷售部 ',' 女 '),
        ('S0008',' 八德 ',' 生產部 ',' 男 '),
        ('S0009',' 九如 ',' 生產部 ',' 女 '),
        ('S0010',' 十全 ',' 生產部 ',' 男 ')

❖ 執行結果 ❖

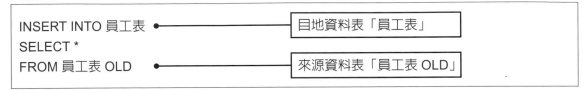

步驟三：將從「員工表 OLD」資料表中 5 筆記錄新增到「員工表」中。

```
INSERT INTO 員工表  ●────────  目地資料表「員工表」
SELECT *
FROM 員工表 OLD  ●────────  來源資料表「員工表 OLD」
```

❖ 執行結果 ❖

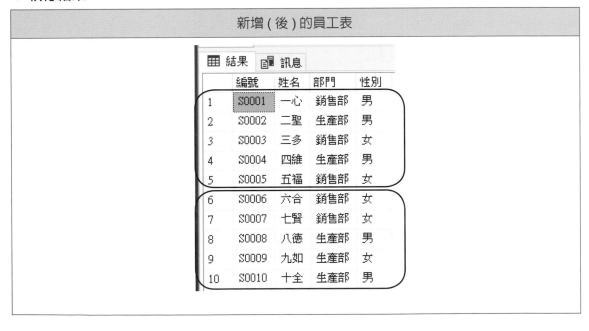

7-4-2　UPDATE(修改記錄) 指令

定義　指修改一個資料表中某些值組 (記錄) 之屬性值。

格式

UPDATE 資料表名稱

SET {< 欄位名稱 1>=< 欄位值 1>,…, < 欄位名稱 n>=< 欄位值 n>}

[WHERE < 條件子句 >]

範例 1　條件式更新

假設六合員工想從「銷售部」調到「生產部」，其 SQL 程式撰寫如下：

SQL 指令
UPDATE 員工表 SET 部門 = ' 生產部 ' WHERE 姓名 =' 六合 '

❖ 執行結果 ❖

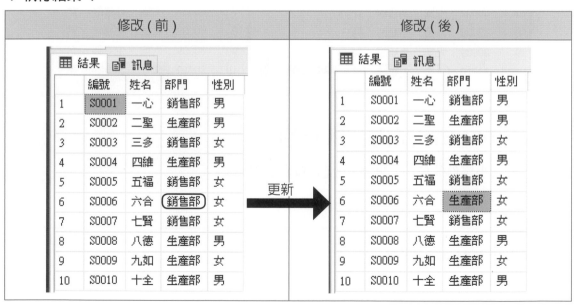

修改 (前)	修改 (後)

範例 2 同時更新多個欄位資料

假設編號 S0010 員工想從「生產部」調到「銷售部」，並且姓名想改為「李安」其 SQL 程式撰寫如下：

SQL 指令
UPDATE 員工表 SET 部門 = ' 銷售部 ', 姓名 =' 李安 ' WHERE 編號 ='S0010'

❖ 執行結果 ❖

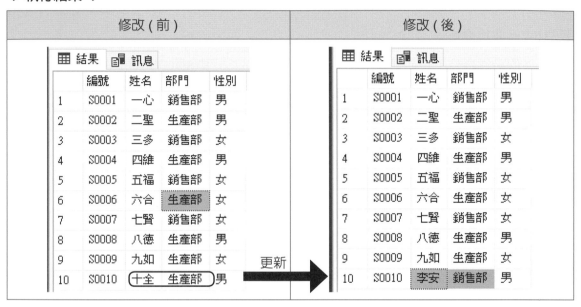

7-4-3 DELETE(刪除記錄) 指令

定義 把合乎條件的值組 (記錄)，從資料表中刪除。

格式

```
DELETE FROM 資料表名稱

[WHERE < 條件式 >]
```

範例　請將「員工表 old」中，姓名為「十全」的記錄刪除。

SQL 指令
DELETE FROM 員工表 old WHERE 姓名 =' 十全 '

❖ 執行結果 ❖

刪除 (前)	刪除 (後)

結果　訊息

刪除（前）

	編號	姓名	部門	性別
1	S0006	六合	銷售部	女
2	S0007	七賢	銷售部	女
3	S0008	八德	生產部	男
4	S0009	九如	生產部	女
5	S0010	十全	生產部	男

5 筆記錄

刪除（後）

	編號	姓名	部門	性別
1	S0006	六合	銷售部	女
2	S0007	七賢	銷售部	女
3	S0008	八德	生產部	男
4	S0009	九如	生產部	女

4 筆記錄

7-4-4　SELECT 指令簡介

定義　是指用來過濾資料表中符合條件的記錄。

格式

```
SELECT [DISTINCT] < 欄位串列 >

FROM ( 資料表名稱 {< 別名 >} | JOIN 資料表名稱 )

[WHERE < 條件式 >]

[GROUP BY < 群組欄位 > ]

[HAVING < 群組條件 >]

[ORDER BY < 欄位 > [ASC | DESC]]

[LIMIT 限制顯示筆數 ]
```

範例　請找出「員工表」表中，「性別」是「女」的員工記錄。

SQL 指令
SELECT * FROM 員工表 WHERE 性別 =' 女 '

❖ 執行結果 ❖

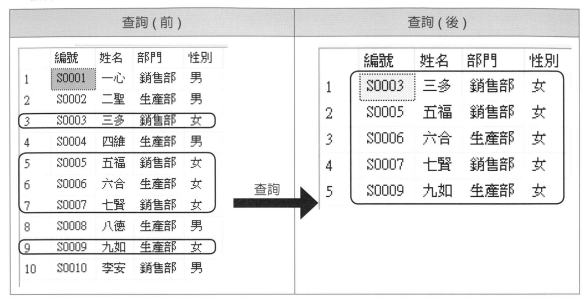

註：SELECT 指令的詳細介紹，請參考第八章。

7-5 | SQL 的 DCL 指令介紹

定義　資料控制語言 (Data Control Language, DCL)，DCL 控制使用者對資料庫內容的存取權利。

指令　1. GRANT(授權)。

　　　　2. REVOKE(移除權限)。

註：在 SQLite 資料庫中只提供 DDL 與 DML，而沒有 DCL 功能。

7-5-1 GRANT 指令

定義 GRANT 指令用來取得現有資料庫使用者帳號的權限。

格式

```
GRANT 權限 ON 資料表名稱

TO   使用者
```

其中，「權限」可分為四種：Insert、Update、Delete、Select

範例 1 對 USER1 提供 SELECT 與 INSERT 對客戶資料表的使用者權限功能。

SQL 語法
GRANT SELECT, INSERT ON 員工表 TO USER1

範例 2 對所有的使用者提供 Select 的功能權限。

SQL 語法
GRANT SELECT ON 員工表 TO PUBLIC

7-5-2 REVOKE 指令

定義 REVOKE 指令用來取消資料庫使用者已取得的權限。

格式

```
REVOKE   權限   ON 資料表名稱

FROM 使用者
```

範例 表示從 USER1 帳號移除對的 INSERT 權限。

SQL 語法
REVOKE   INSERT ON 員工表 FROM USER1

課後評量

選擇題

（　　）1. 有關「SQL」的敘述，下列何者錯誤？

(A)Structured Query Language 的簡稱

(B) 為資料庫標準語言

(C) 它是一種與「資料庫」溝通的共通語言

(D) 大部份的關聯式資料庫管理系統都沒有支援 SQL。

（　　）2. 下列何者是專門用來處理關聯式資料庫的資料庫語言？

(A)SQL　(B)C　(C)Visual Basic　(D)C#。

（　　）3. 下列何者不是結構化查詢語言 (Structured Query Language, SQL) 所提供的語言呢？

(A)DDL　(B)DCL　(C)DML　(D)DLL。

（　　）4. 下列何者是用來定義「定義」資料庫的結構、欄位型態及長度？

(A)DDL　(B)DCL　(C)DML　(D)DLL。

（　　）5. 下列何者是用來「操作」資料庫的新增資料、修改資料、刪除資料、查詢資料等功能。

(A)DDL　(B)DCL　(C)DML　(D)DLL。

（　　）6. 下列何者是用來「控制」使用者對「資料庫內容」的存取權利？

(A)DDL　(B)DCL　(C)DML　(D)DLL。

（　　）7. 有關「SQL」的敘述，下列何者不正確？

(A)SQL 語言 不一定要有主鍵

(B)SQL 語言屬性 (欄位) 有順序性

(C)SQL 語言沒有重複的值組

(D) 以上皆是。

（　　）8. 請問下列哪一個不是 DML 的資料表操作指令？

(A)INSERT　(B)Create　(C)UPDATE　(D)DELETE。

（　　）9. 請問下列哪一個 DML 指令可以更新資料表的記錄資料？

(A)INSERT　(B)UPDATE　(C)DELETE　(D)SELECT。

(   ) 10.請問下列哪一個 SQL 指令可以建立檢視表 (Views)？
(A)CREATE VIEW (B)CREATE TABLE (C)ALTER INDEX (D)DROP
VIEW。

(   ) 11.在撰寫 SQL 語言時，下列何者可以用來限制使用者輸入的範圍呢？
(A)NOT NULL (B)DEFAULT (C)CHECK (D)UNIQUE。

(   ) 12.在撰寫 SQL 語言時，下列何者表示某一欄位一定要輸入資料？
(A)NOT NULL (B)DEFAULT (C)CHECK (D)UNIQUE。

(   ) 13.在撰寫 SQL 語言時，下列何者表示某一欄位會自動輸入預設值的資料？
(A)NULL (B)DEFAULT (C)CHECK (D)UNIQUE。

(   ) 14.在 SQL 語言中，下列何者是屬於「資料定義語言 DDL」中的指令？
(A)SELECT (B)UPDATE (C)ALTER (D)GRANT。

(   ) 15.關於「DROP TABLE 指令」敘述，下列何者正確？
(A) 修改基本資料表 (B) 建立基本資料表
(C) 刪除基本資料表 (D) 以上皆非。

📖基本問答題

1. 何謂 SQL？它提供哪三種語言呢？

2. 請說明 SQL 提供三種語言所扮演的角色為何？

3. 請利用 DDL 語言來定義一個客戶訂購產品的關聯式如下所示：

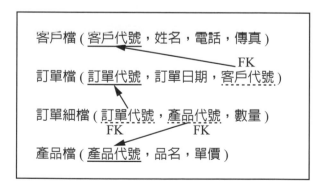

4. 請在下面的「產品資料表」中，新增一筆記錄。

產品資料表

產品代號	品名	單價
T001	桌球拍	2000
T002	桌球鞋	1500

請利用 DML 中的 INSERT 指令，來新增「產品代號」為 T003，「品名」為桌球衣及「單價」為 1200 的記錄到產品資料表中。

5. 承上題，請在下面的「產品資料表」中，再新增一筆記錄。

產品資料表

產品代號	品名	單價
T001	桌球拍	2000
T002	桌球鞋	1500

請利用 DML 中的 INSERT 指令，來新增「產品代號」為 T004，「品名」為桌球發球機及「單價」為未定的記錄到產品資料表中。

6. 請在下面的「產品資料表」中，針對某一品名之單價調升 20%。

產品資料表

產品代號	品名	單價
T001	桌球拍	2000
T002	桌球鞋	1500
T003	桌球衣	1200
B001	羽球拍	3000

請利用 DML 中的 UPDATE 指令，來針對桌球相關產品單價調升 20%。

7. 請在下面的「產品資料表」中，刪除某一筆記錄。

產品資料表

產品代號	品名	單價
T001	桌球拍	2000
T002	桌球鞋	1500
T003	桌球衣	1200
B001	羽球拍	3000

請利用 DML 中的 DELETE 指令，來刪除「非桌球相關產品」的記錄。

📖進階問答題

1. 假設現在有一套「選課系統」，其相關的欄位如下所示：

（編號、姓名、年級、科系代碼、科系名稱、系主任、課程代號、課程名稱、定價、成績、老師編號、老師姓名）

利用 SQL 之 DDL 來建立 3NF 後的所有資料表時，請列出建立的順序。（注意：要依照父關聯表與子關聯表的順序來建立）

2. 利用 SQL 之 DDL 來建立一個「選課系統」資料庫名稱。

3. 利用 SQL 之 DDL 來新增三筆記錄到「學生表」中。

第一位學生：編號：S0011, 姓名：一心 , 年級：碩班一甲 , 科系代碼：D001

第二位學生：編號：S0012, 姓名：二聖 , 年級：碩班一乙 , 科系代碼：D002

第三位學生：編號：S0013, 姓名：三多 , 年級：碩班一丙 , 科系代碼：D003

NOTE

Chapter

08

SQL 的查詢語言

◆ **本章學習目標**

1. 讓讀者瞭解 SQL 語言的各種使用方法。
2. 讓讀者瞭解 SQL 語言的進階查詢技巧。

◆ **本章內容**

8-1　單一資料表的查詢

8-2　使用 Select 子句

8-3　使用「比較運算子條件」

8-4　使用「邏輯比較運算子條件」

8-5　使用「模糊條件與範圍」

8-6　使用「算術運算子」

8-7　使用「聚合函數」

8-8　使用「排序及排名次」

8-9　使用「群組化」

8-10 使用「刪除重複」

8-1 │ 單一資料表的查詢

在 SQL 語言所提供三種語言 (DDL、DML、DCL) 中，其中第二種為資料操作語言 (Data Manipulation Language, DML)，主要是提供給使用者對資料庫進行異動 (新增、修改、刪除) 操作及「查詢」操作等功能。

而在異動操作方面比較單純，已經在第七章有詳細介紹了，但在「查詢」操作方面是屬於比較複雜且變化較大的作業，因此，筆者特別將資料庫的「查詢單元」，利用本章節介紹。

8-1-1　SQL 的基本語法

行號	SQL 語法
01	SELECT 欄位串列
02	FROM 資料表名稱
03	[WHERE < 條件式 >]
04	[GROUP BY < 群組欄位 >]
05	[HAVING < 群組條件 >]
06	[ORDER BY < 欄位 > [ASC	DESC]]
07	[LIMIT 限制顯示筆數]

❖ 說明 ❖

行號 01：Select 後面要接所要列出的欄位名稱。

行號 02：From 後面接資料表名稱，它可以接一個以上的資料表。

行號 03：Where 後面要接條件式 (它包括了各種運算子)

行號 04：Group By 欄位 1, 欄位 2,…, 欄位 n，它可單獨存在，用來將數個欄位組合起來，以作為每次動作的依據。

行號 05：Having 條件式，是用來將數個欄位加以有條件的組合。它不可以單獨存在，必須要搭配 Group By。

行號 06：Order By 欄位 1, 欄位 2,…, 欄位 n [Asc|Desc]，它是依照某一個欄位來進行排序。

　　　　　例如：(1) ORDER BY 數量 Asc ← 可以省略 (由小至大)

　　　　　　　　(2) ORDER BY 數量 Desc ← 不可以省略 (由大至小)

行號 07：LIMIT 是指用來限制顯示筆數。

8-1-2 建立員工銷售資料庫

在本單元中，為了方便撰寫 SQL 語法所需要的資料表，我們以「員工銷售管理系統」的資料庫系統為例，利用 SQL Server 資料庫管理工具，來建立三個資料表，分別為：員工表、產品表及銷售表。

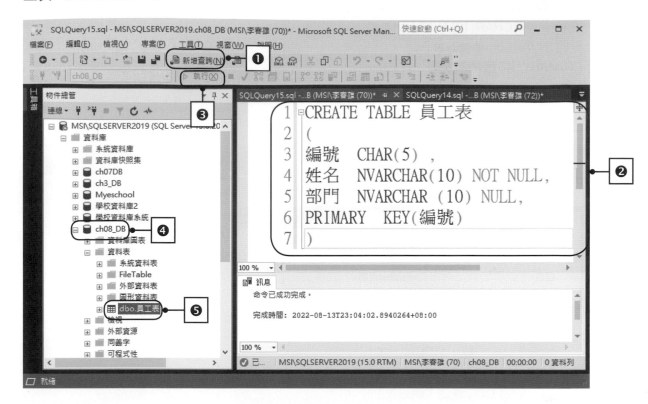

請用相同的方法，建立以下三個資料及記錄。

一、員工表

利用 DDL 建立「員工表」	利用 DML 新增「5 位員工記錄」

員工表資料行：

資料行名稱	資料類型	允許 Null
編號	char(5)	☐
姓名	nvarchar(10)	☐
部門	nvarchar(10)	☑

員工記錄：

	編號	姓名	部門
1	S0001	一心	銷售部
2	S0002	二聖	生產部
3	S0003	三多	銷售部
4	S0004	四維	生產部
5	S0005	五福	銷售部

撰寫 SQL 指令來實作

利用 DDL 建立「員工表」	利用 DML 新增「5 位員工記錄」
CREATE TABLE 員工表 (編號　CHAR(5) , 姓名　NVARCHAR(10) NOT NULL, 部門　NVARCHAR (10) NULL, PRIMARY　KEY(編號))	INSERT INTO 員工表 VALUES　('S0001',' 一心 ', ' 銷售部 '), 　　　　　　('S0002',' 二聖 ', ' 生產部 '), 　　　　　　('S0003',' 三多 ', ' 銷售部 '), 　　　　　　('S0004',' 四維 ', ' 生產部 '), 　　　　　　('S0005',' 五福 ', ' 銷售部 ')

二、產品表

利用 DDL 建立「產品表」	利用 DML 新增「產品記錄」

MSI\SQLSERVER2…8_DB - dbo.產品表*	SQLQuery17.sql -…B (			品號	品名	定價
資料行名稱	資料類型	允許 Null	1	P0001	筆電	30000
🔑 品號	char(5)	☐	2	P0002	滑鼠	1000
品名	nvarchar(10)	☐	3	P0003	手機	15000
定價	int	☑	4	P0004	硬碟	2500
			5	P0005	手錶	3000
			6	P0006	耳機	1200

撰寫 SQL 指令來實作

利用 DDL 建立「產品表」	利用 DML 新增「產品記錄」
CREATE TABLE 產品表 (品號　CHAR(5), 品名　NVARCHAR (10) NOT NULL, 定價　INT, PRIMARY KEY(品號) 　)	INSERT INTO 產品表 VALUES ('P0001',' 筆電 ','30000'), 　　　　　('P0002',' 滑鼠 ','1000'), 　　　　　('P0003',' 手機 ','15000'), 　　　　　('P0004',' 硬碟 ','2500'), 　　　　　('P0005',' 手錶 ','3000'), 　　　　　('P0006',' 耳機 ','1200')

三、銷售表

利用 DDL 建立「銷售表」	利用 DML 新增「10 筆銷售記錄」

撰寫 SQL 指令來實作

利用 DDL 建立「銷售表」	利用 DML 新增「10 筆銷售記錄」
CREATE TABLE 銷售表 (編號　CHAR(5), 品號　CHAR(5), 數量　INT NOT NULL, PRIMARY KEY(編號 , 品號), FOREIGN KEY(編號) REFERENCES 員工表 (編號) ON UPDATE CASCADE ON DELETE CASCADE, FOREIGN KEY(品號) REFERENCES 產品表 (品號))	INSERT INTO 銷售表 (編號 , 品號 , 數量) VALUES ('S0001','P0001','56'), 　　　　('S0001','P0005','73'), 　　　　('S0002','P0002','92'), 　　　　('S0002','P0005','63'), 　　　　('S0003','P0004','92'), 　　　　('S0003','P0005','70'), 　　　　('S0004','P0003','75'), 　　　　('S0004','P0004','88'), 　　　　('S0004','P0005','68'), 　　　　('S0005','P0005','95')

8-2 | 使用 Select 子句

定義　Select 是指在資料表中，選擇全部或部份欄位顯示出來，這就是所謂的「投影運算」。

格式

```
Select  欄位串列
From    資料表名稱
```

8-2-1　查詢全部欄位

定義　是指利用 SQL 語法來查詢資料表中的資料時，可以依照使用者的權限及需求來查詢所要看的資料。如果沒有指定欄位的話，我們可以直接利用星號「*」代表所有的欄位名稱。

優點　不需輸入全部的欄位名稱。

缺點　1. 無法隱藏私人資料。

　　　　2. 無法自行調整欄位順序。

　　　　3. 無法個別指定欄位的別名。

範例　在「員工表」中顯示「所有員工基本資料」(參見 8-1-2 節)。

解答

SQL 指令	查詢結果
SELECT * FROM 員工表	編號　姓名　部門 1　S0001　一心　銷售部 2　S0002　二聖　生產部 3　S0003　三多　銷售部 4　S0004　四維　生產部 5　S0005　五福　銷售部

8-2-2　查詢指定欄位 (垂直篩選)

定義　由於上一種方法，只能直接選擇全部的欄位資料，無法顧及隱藏私人資料及自行調整欄位順序的問題，因此，我們利用指定欄位來查詢資料。

優點　1. 顧及私人資料。

　　　　2. 可自行調整欄位順序。

　　　　3. 可以個別指定欄位的別名。

缺點　如果確定要顯示所有欄位，則必須花較多時間輸入。

範例　在「員工表」中查詢所有員工的「姓名及部門」(參見 8-1-2 節)。

解答

SQL 指令	查詢結果
SELECT 姓名 , 部門 FROM 員工表 欄位與欄位名稱之間，必須要以逗號「 , 」隔開	姓名　部門 1　一心　銷售部 2　二聖　生產部 3　三多　銷售部 4　四維　生產部 5　五福　銷售部

8-2-3　使用「別名」來顯示

定義　使用 AS 運算子之後，可以使用不同名稱顯示原本的欄位名稱。

表示式　原本的欄位名稱　AS 別名

　　　　(AS 可省略不寫，只寫「別名」)

舉例　品名 AS 產品名稱　或寫成 ➡　品名　產品名稱

注意　AS 只是暫時性地變更列名，並不是真的會把原本的名稱覆蓋過去。

適用時機

　　　　1. 欲「合併」的資料表較多並且名稱較長時。

　　　　2. 一個資料表扮演多種不同角色 (自我合併)。

　　　　3. 暫時性地取代某個欄位名稱 (品名　AS　產品名稱)

替代欄位名稱字串

替代字元	功能	語法
AS	設定別名	Select 品名 AS 產品名稱

範例　在「產品表」中將所有產品的「品名」設定別名為「產品名稱」之後，再顯示「產品名稱、定價」(參見 8-1-2 節)。

解答

SQL 指令	查詢結果
SELECT 品名 AS 產品名稱 , 定價 FROM 產品表 利用 AS 來設定欄位的別名		產品名稱	定價 | 1 筆電 30000 2 滑鼠 1000 3 手機 15000 4 硬碟 2500 5 手錶 3000 6 耳機 1200

8-3 | 使用「比較運算子條件」

　　如果我們所想要的資料是要符合某些條件，而不是全部的資料時，那就必須要在 Select 子句中再使用 Where 條件式即可。並且也可以配合使用「比較運算子條件」來搜尋資料。若條件式成立的話，則會傳回「True(真)」，若不成立的話則會傳回「False(假)」。

語法

SQL 指令
Select 欄位集合 From 資料表名稱 Where 條件式

比較運算子表

運算子	功能	例子	條件式說明
= （等於）	判斷 A 與 B 是否相等	A=B	定價 =1000
<> （不等於）	判斷 A 是否不等於 B	A<>B	定價 <>1000
< （小於）	判斷 A 是否小於 B	A<B	定價 <1000
<= （小於等於）	判斷 A 是否小於等於 B	A<=B	定價 <=1000
> （大於）	判斷 A 是否大於 B	A>B	定價 >1000
>= （大於等於）	判斷 A 是否大於等於 B	A>=B	定價 >=1000

註：設 A 代表「數量欄位名稱」，B 代表「字串或數值資料」。

8-3-1 查詢滿足條件的值組 (水平篩選)

定義 當我們所想要的資料是要符合某些條件，而不是全部的資料時，那就必須要在 Select 子句中再使用 Where 條件式即可。

優點 1. 可以依照使用者的需求來查詢。

　　　 2. 資訊較為集中。

範例 在「銷售表」中查詢品號為「P0005」的員工的「編號及數量」。

解答

SQL 指令	查詢結果
SELECT 編號 , 數量 AS 銷售數量 FROM 銷售表 WHERE 品號 ='P0005'	<table><tr><th></th><th>編號</th><th>銷售數量</th></tr><tr><td>1</td><td>S0001</td><td>73</td></tr><tr><td>2</td><td>S0002</td><td>63</td></tr><tr><td>3</td><td>S0003</td><td>70</td></tr><tr><td>4</td><td>S0004</td><td>68</td></tr><tr><td>5</td><td>S0005</td><td>95</td></tr></table>

8-3-2　查詢比較大小的條件

定義　當我們所想要的資料是要符合某些條件。此時，我們就必須要在 Where 條件式中使用「比較運算子」來篩選。

範例　在「銷售表」中查詢任何銷售數量「小於 70」的員工的「編號、品號及數量」。

解答

SQL 指令	查詢結果
SELECT 編號 , 品號 , 數量 AS 銷售數量 FROM 銷售表 WHERE 數量 <70	

「70」是數值資料不需要加「左右單引號」

	編號	品號	銷售數量
1	S0001	P0001	56
2	S0002	P0005	63
3	S0004	P0005	68

8-4 │ 使用「邏輯比較運算子條件」

在 Where 條件式中除了可以設定「比較運算子」之外，還可以設定「邏輯運算子」來將數個「比較運算子」條件組合起來，成為較複雜的條件式。其常用的邏輯運算子如下表所示。

邏輯運算子表

運算子	功能	條件式說明
And(且)	判斷 A 且 B 兩個條件式是否皆成立	數量 >=70 And 品號 ='P0005'
Or(或)	判斷 A 或 B 兩個條件式是否有一個成立	品號 ='P0004' Or 品號 ='P0005'
Not(反)	非 A 的條件式	Not 數量 >=70

註：設 A 代表「左邊條件式」，B 代表「右邊條件式」

8-4-1　And(且)

定義　判斷 A 且 B 兩個條件式是否皆成立。

範例　在「銷售表」中查詢品號為「P0005」且數量「大於 70」的員工的「編號及數量」。

解答

SQL 指令	查詢結果
SELECT 編號 , 數量 AS 銷售數量 FROM 銷售表 WHERE 數量 >70 And 品號 ='P0005'	編號　銷售數量 1　S0001　73 2　S0005　95

8-4-2　Or(或)

定義　判斷 A 或 B 兩個條件式是否至少有一個成立。

範例　在「銷售表」中查詢員工任銷售一種產品之「品號為 P0001 或 品號為 P0005」的員工的「編號、品號及數量」(參見 8-1-2 節)。

解答

SQL 指令	查詢結果
SELECT 編號 , 品號 , 數量 AS 銷售數量 FROM 銷售表 WHERE 品號 ='P0001' Or 品號 ='P0005'	編號　品號　銷售數量 1　S0001　P0001　56 2　S0001　P0005　73 3　S0002　P0005　63 4　S0003　P0005　70 5　S0004　P0005　68 6　S0005　P0005　95

8-4-3　Not(反)

定義　當判斷結果成立時，則變成不成立。而判斷結果不成立時，則變成成立。

範例　在「銷售表」中，查詢有銷售品號為 P0001 且數量未達 70 個的員工的「編號及數量」。

解答

SQL 指令	查詢結果
SELECT 編號 , 數量 AS 銷售數量 FROM 銷售表 WHERE 品號 ='P0001' And Not　數量 >=70	編號　銷售數量 1　S0001　56

8-4-4　IS NULL(空值)

定義　NULL 值是表示沒有任何的值 (空值)，在一般的資料表中有些欄位並沒有輸入任何的值。例如：員工尚未出勤，使用該員工的出勤記錄就是空值。

範例 1　在「銷售表」中查詢哪些員工完全沒有去銷售產品的「編號、品號及數量」。

解答　注意：這裡的「IS」不能用等號 (=) 代替它。

SQL 指令	查詢結果
SELECT 編號 , 品號 , 數量 FROM 銷售表 WHERE 數量 IS NULL	沒有任何記錄

> 設定 IS NULL 條件，其回傳的值 True 或 False

範例 2　在「銷售表」中查詢哪些員工至少都有去銷售產品的「編號、品號及數量」。

解答

SQL 指令	查詢結果		
SELECT 編號 , 品號 , 數量 FROM 銷售表 WHERE 數量 IS NOT NULL	編號	品號	銷售數量
	1　S0001	P0001	56
	2　S0001	P0005	73
設定 IS NOT NULL 條件	3　S0002	P0002	92
	4　S0002	P0005	63
	5　S0003	P0004	92
	6　S0003	P0005	70
	7　S0004	P0003	75
	8　S0004	P0004	88
	9　S0004	P0005	68
	10　S0005	P0005	95

8-5 | 使用「模糊條件與範圍」

定義　在 Where 條件式中除了可以設定「比較運算子」與「邏輯運算子」之外，還可以設定「模糊或範圍條件」來查詢。

例如　奇摩的搜尋網站，使用者只要輸入某些關鍵字，就可以即時查詢出相關的資料。其常用的模糊或範圍運算子如下表所示：

模糊或範圍運算子表

運算子	功能	條件式
Like	模糊相似條件	Where 部門 LIKE ' 銷 %'
IN	集合條件	Where 品號 IN('P0001','P0002')
Between……And	範圍條件	Where 數量 Between 60 And 80

8-5-1　Like 模糊相似條件

定義　LIKE 運算子利用萬用字元 (% 及 _) 來比較相同的內容值。

　　1. 萬用字元 (%) 百分比符號代表零個或一個以上的任意字元。

　　2. 萬用字元 (_) 底線符號代表單一個數的任意字元。

注意事項　Like 模糊相似條件的萬用字元之比較

撰寫 SQL 語法環境	SQL SERVER
比對一個字元	「_」
比對多個字元	「%」

以 SQLite 的環境為例

1. Select *

   意義：「*」代表在資料表中的所有欄位

2. WHERE 姓名 Like ' 王 %'

   意義：查詢姓名**開頭**為 ' 王 ' 的所有員工資料

3. WHERE 姓名 Like '% 王 '

   意義：查詢姓名**結尾**為 ' 王 ' 的所有員工資料

4. WHERE 姓名 Like '% 王 %'

   意義：查詢姓名**含有**為 ' 王 ' 的所有員工資料

5. WHERE 姓名 Like ' 王 __'

   意義：查詢姓名中姓 ' 王 ' 且 3 個字的員工資料

範例　在「員工表」中查詢「部門」開頭為「生」的員工基本資料。

解答

SQL 指令	查詢結果
SELECT * FROM 員工表 WHERE 部門 Like ' 生 %'	<table><tr><td></td><td>編號</td><td>姓名</td><td>部門</td></tr><tr><td>1</td><td>S0002</td><td>二聖</td><td>生產部</td></tr><tr><td>2</td><td>S0004</td><td>四維</td><td>生產部</td></tr></table>

8-5-2　IN 集合條件

定義　IN 為集合運算子，只要符合集合之其中一個元素，將會被選取。

使用時機　篩選的對象是兩個或兩個以上。

範例 1　在「銷售表」中查詢員工任銷售一種「品號為 P0001 或 品號為 P0005」的員工的「編號、品號及數量」

解答

SQL 指令	查詢結果
SELECT 編號 , 品號 , 數量 AS 銷售數量 FROM 銷售表 WHERE 品號 In ('P0001','P0005') 使用 IN 時可以在括號 中設定好幾個值	<table><tr><th></th><th>編號</th><th>品號</th><th>銷售數量</th></tr><tr><td>1</td><td>S0001</td><td>P0001</td><td>56</td></tr><tr><td>2</td><td>S0001</td><td>P0005</td><td>73</td></tr><tr><td>3</td><td>S0002</td><td>P0005</td><td>63</td></tr><tr><td>4</td><td>S0003</td><td>P0005</td><td>70</td></tr><tr><td>5</td><td>S0004</td><td>P0005</td><td>68</td></tr><tr><td>6</td><td>S0005</td><td>P0005</td><td>95</td></tr></table>

註　以上的 WHERE 品號 In ('P0001','P0005') 亦可寫成如下：

WHERE 品號 ='P0001' OR　品號 ='P0005'

範例 2　請在「員工表」中，列出編號為 S001~S003 的員工之「編號，姓名」

解答

SQL 指令	查詢結果
SELECT 編號 , 姓名 FROM　員工表 WHERE 編號 In ('S0001', 'S0002', 'S0003')	<table><tr><th></th><th>編號</th><th>姓名</th></tr><tr><td>1</td><td>S0001</td><td>一心</td></tr><tr><td>2</td><td>S0002</td><td>二聖</td></tr><tr><td>3</td><td>S0003</td><td>三多</td></tr></table>

8-5-3　Between ╱ And 範圍條件

定義　Between/And 是用來指定一個範圍，表示資料值必須在最小值 (含) 與最大值 (含) 之間的範圍資料。註：等同於「≧最小值 And　最大值≦」。

範例　在「銷售表」中查詢數量 60 到 90 之間的員工的「編號、品號及數量」。

解答

SQL 指令	查詢結果
SELECT 編號 , 品號 , 數量 FROM 銷售表 WHERE 數量 Between 60 And 90 等同於　數量 >=60 And 數量 <=90	編號　品號　數量 1　S0001　P0005　73 2　S0002　P0005　63 3　S0003　P0005　70 4　S0004　P0003　75 5　S0004　P0004　88 6　S0004　P0005　68

 隨堂練習 1

在「銷售表」中查詢，品號為 P0001 或 P0005 的數量 60 到 90 之間的員工的「編號、品號及數量」
< 利用 Between/And>

解答

SQL 指令	查詢結果
SELECT 編號 , 品號 , 數量 FROM 銷售表 WHERE 品號 In ('P0001','P0005') AND 數量 Between 60 And 90	編號　品號　數量 1　S0001　P0005　73 2　S0002　P0005　63 3　S0003　P0005　70 4　S0004　P0005　68

 隨堂練習 2

在「銷售表」中查詢，品號為 P0001 或 P0005 的數量 60 到 90 之間的員工的「編號、品號及數量」
< 利用比較運算式 >

解答

SQL 指令
SELECT 編號 , 品號 , 數量 FROM 銷售表 WHERE 品號 In ('P0001','P0005') AND　數量 >=60 And 數量 <=90;

8-6 │ 使用「算術運算子」

定義　在 Where 條件式中還提供算術運算的功能，讓使用者可以設定某些欄位的數值做四則運算。其常用的算術運算子如下表所示。

算術運算子表

運算子	功能	例子	執行結果
＋ （加）	A 與 B 兩數相加	14+28	42
－ （減）	A 與 B 兩數相減	28-14	14
* （乘）	A 與 B 兩數相乘	5*8	40
/ （除）	A 與 B 兩數相除	10/3	3.33333333….
% （餘除）	A 與 B 兩數相除後，取餘數	10 % 3	1

範例　在「銷售表」中查詢員工之產品銷售數量乘 1.2 倍後，還尚未達 70 個的員工顯示「編號、品號及數量」。

解答

SQL 指令	查詢結果
SELECT 編號 , 品號 , 數量 FROM 銷售表 WHERE 數量 *1.2<70	編號　品號　數量 1　S0001　P0001　56

8-7 │ 使用「聚合函數」

定義　在 SQL 中提供聚合函數來讓使用者統計資料表中數值資料的最大值、最小值、平均值及合計值等。其常用的聚合函數的種類如下表所示。

聚合函數表

聚合函數	說明
Count(*)	計算個數函數
Count(欄位名稱)	計算該欄位名稱之不具 NULL 值列的總數
Avg	計算平均函數
Sum	計算總合函數
Max	計算最大值函數
Min	計算最小值函數

8-7-1 記錄筆數 (Count)

定義 COUNT 函數是用來計算橫列記錄的筆數。

範例 在「員工表」中查詢目前公司總人數。

解答

SQL 指令	查詢結果
SELECT Count(*) AS 公司總人數 FROM 員工表	公司總人數 1　5

📝 隨堂練習

在「銷售表」中查詢員工銷售產品的「筆數」

解答

SQL 指令	查詢結果
SELECT Count(*) AS 銷售筆數 FROM 銷售表 ;	銷售筆數 1　10

8-7-2 平均數 (AVG)

定義 AVG 函數是用來傳回一組記錄在某欄位內容值中的平均值。

範例 在「銷售表」中查詢員工有銷售產品之「品號為 P0005」的平均數量。

解答

SQL 指令	查詢結果
SELECT AVG(數量) AS 手錶平均數量 FROM 銷售表 WHERE 品號 ='P0005'	手錶平均數量 1　73

 隨堂練習 1

在「銷售表」中查詢「員工編號為 S0001」的各種產品的平均銷售數量

解答

SQL 指令	查詢結果
SELECT AVG(數量) AS 平均數量 FROM 銷售表 WHERE 編號 ='S0001';	平均數量 1　　64

 隨堂練習 2

在「銷售表」中計算每一位員工所銷售產品的平均數量

解答

SQL 指令	查詢結果	
SELECT 編號 , AVG(數量) AS 平均數量 FROM 銷售表 GROUP BY 編號	編號	平均數量
	1　S0001	64
	2　S0002	77
	3　S0003	81
	4　S0004	77
	5　S0005	95

8-7-3　總和 (Sum)

定義　SUM 函數是用來傳回一組記錄在某欄位內容值的總和。

範例　在「銷售表」中查詢有銷售產品之「品號為 P0005」的總數量。

解答

SQL 指令	查詢結果
SELECT SUM(數量) AS 手錶總數量 FROM 銷售表 WHERE 品號 ='P0005'	手錶總數量 1　　369

 隨堂練習 1

範例

　在「銷售表」中查詢員工之「編號為 S0001」銷售各種產品之總數量。

解答

SQL 指令	查詢結果
SELECT SUM(數量) AS 總數量 FROM 銷售表 WHERE 編號 ='S0001';	總數量 1　129

8-7-4　最大值 (Max)

定義　MAX 函數是用來傳回一組記錄在某欄位內容值中的最大值。

範例　在「銷售表」中查詢有銷售產品之「品號為 P0005」的最高數量。

解答

SQL 指令	查詢結果
SELECT MAX(數量) AS 手錶最高數量 FROM 銷售表 WHERE 品號 ='P0005'	手錶最高數量 1　95

8-7-5　最小值 (Min)

定義　MIN 函數是用來傳回一組記錄在某欄位內容值中的最小值。

範例　在「銷售表」中查詢有銷售產品之「品號為 P0005」的最低數量。

解答

SQL 指令	查詢結果
SELECT MIN(數量) AS 手錶最低數量 FROM 銷售表 WHERE 品號 ='P0005'	AS手錶最低數量 1　63

8-8 | 使用「排序及排名次」

定義　雖然撰寫 SQL 指令來查詢所需的資料非常容易，但如果顯示的結果筆數非常龐大而沒有按照某一順序及規則來顯示，可能會顯得非常混亂。還好 SQL 指令還有提供排序的功能。其常用的排序及排名次的子句種類如下表所示。

排序及排名次函數表

排序及排名次指令	說明
ORDER BY 數量 Asc	<u>Asc</u> ← 可以省略 (由小至大)
ORDER BY 數量 Desc	<u>Desc</u> ← 不可以省略 (由大至小)

註：ASC：Ascending(遞增)　DESC：Descending(遞減)

8-8-1　Asc 遞增排序

定義　資料記錄的排序方式是由小至大排列。

範例　在「銷售表」中查詢全部銷售數量，由低到高排序。

解答

SQL 指令	查詢結果
SELECT 編號 , 品號 , 數量 AS 銷售數量排序 FROM 銷售表 ORDER BY 數量 Asc	見下表

	編號	品號	銷售數量排序
1	S0001	P0001	56
2	S0002	P0005	63
3	S0004	P0005	68
4	S0003	P0005	70
5	S0001	P0005	73
6	S0004	P0003	75
7	S0004	P0004	88
8	S0002	P0002	92
9	S0003	P0004	92
10	S0005	P0005	95

8-8-2 Desc 遞減排序

定義 資料記錄的排序方式是由大至小排列。

範例 在「銷售表」中查詢全部銷售數量，由高到低排序。

解答

SQL 指令	查詢結果
SELECT 編號 , 品號 , 數量 AS 銷售數量排序 _ 高到低 FROM 銷售表 ORDER BY 數量 DESC	

	編號	品號	銷售數量排序_高到低
1	S0005	P0005	95
2	S0002	P0002	92
3	S0003	P0004	92
4	S0004	P0004	88
5	S0004	P0003	75
6	S0001	P0005	73
7	S0003	P0005	70
8	S0004	P0005	68
9	S0002	P0005	63
10	S0001	P0001	56

8-8-3 比較複雜的排序

定義 指定一個欄位以上來做排序時，先以第一個欄位優先排序；當資料相同時，則再以第二個欄位進行排序，依此類推。

範例 在「銷售表」中查詢結果按照編號升冪排列之後，再依數量升冪排列。

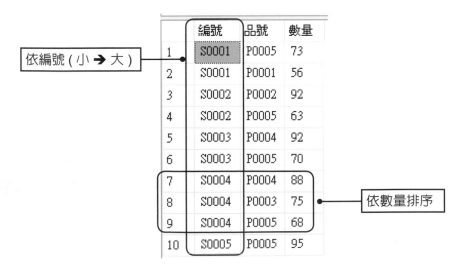

依編號 (小 → 大)

	編號	品號	數量
1	S0001	P0005	73
2	S0001	P0001	56
3	S0002	P0002	92
4	S0002	P0005	63
5	S0003	P0004	92
6	S0003	P0005	70
7	S0004	P0004	88
8	S0004	P0003	75
9	S0004	P0005	68
10	S0005	P0005	95

依數量排序

解答

SQL 指令	查詢結果
SELECT * FROM 銷售表 ORDER BY 編號 , 數量	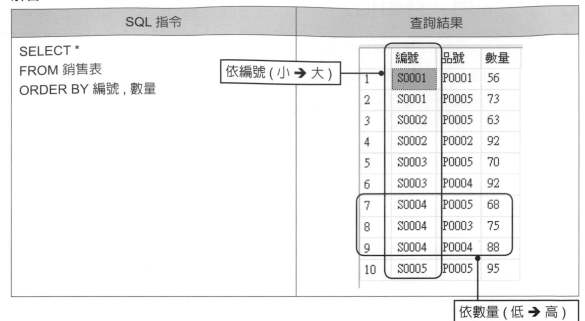

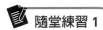

隨堂練習 1

在「銷售表」中查詢結果按照「編號」升冪排列之後，再依「數量」降冪排列 (亦即由高分到低分)

解答

SQL 指令	查詢結果
SELECT * FROM 銷售表 ORDER BY 編號 ASC, 數量 DESC;	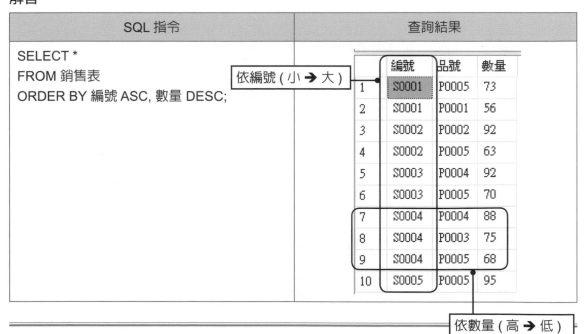

8-9 | 使用「群組化」

定義　利用 SQL 語言，我們可以將某些特定欄位的值，當有相同的記錄時全部組合起來，以進行群組化，接著就可以在這個群組內求出各種統計分析。

語法　Group By 欄位 1, 欄位 2,…, 欄位 n [Having 條件式]

1. Group By 可單獨存在，它是將數個欄位組合起來，以作為每次動作的依據。

2. [Having 條件式] 是將數個欄位以特定條件組合起來。它不可以單獨存在。

3. WHERE 子句與 HAVING 子句之差別

	WHERE 子句	HAVING 子句
執行順序	GROUP BY 之前	GROUP BY 之後
聚合函數	不能使用聚合函數	可以使用

4. SQL 的執行順序

SQL的執行順序	
① FROM	指定所需表格，如兩個表格以上(含) 先卡氏積，再JOIN
↓	
② ON	資料表JOIN的條件
↓	
③ [Inner | Left | Right]	Join 資料表
↓	
④ WHERE	找出符合指定條件的所有列，一般不含聚合函數
↓	
⑤ GROUP BY	根據指定欄位來分群
↓	
⑥ HAVING	找出符合指定條件的所有群組，都是利用聚合函數
↓	
⑦ SELECT	指定欄位並輸出結果
↓	
⑧ DISTINCT	列出不重複的記錄
↓	
⑨ ORDER BY	排序

8-9-1　Group By 欄位

定義　Group By 可單獨存在，它是將數個欄位組合起來，以作為每次動作的依據。

語法

```
Select 欄位 1，欄位 2，聚合函數運算
From 資料表
Where 過濾條件
Group By 欄位 1，欄位 2
```

說明：在 Select 的非聚合函數內容一定要出現在 Group By 中，因為先群組化才能 Select。

範例 1　在「銷售表」中，查詢每一位員工各銷售幾種產品。(參見 8-1-2)

解答

SQL 指令	查詢結果
SELECT 編號 , Count(*) AS 銷售產品種類數 FROM 銷售表 GROUP BY 編號	編號　銷售產品種類數 1　S0001　2 2　S0002　2 3　S0003　2 4　S0004　3 5　S0005　1

註：在 Select 所篩選的非聚合函數。例如：編號，一定會在 Group By 後出現。

範例 2　在「銷售表」中計算每一位員工銷售之產品的平均數量

解答

SQL 指令	查詢結果
SELECT 編號 , AVG(數量) AS 平均數量 FROM 銷售表 GROUP BY 編號	編號　平均數量 1　S0001　64 2　S0002　77 3　S0003　81 4　S0004　77 5　S0005　95

範例 3 在「銷售表」中，統計出每一種產品被多少員工來銷售，印出之結果並按「品號」由大到小排序。

解答

SQL 指令	查詢結果
SELECT 品號 , Count(*) AS 銷售員工數 FROM 銷售表 GROUP BY 品號 ORDER BY 品號 DESC	<table><tr><td></td><td>品號</td><td>銷售員工數</td></tr><tr><td>1</td><td>P0005</td><td>5</td></tr><tr><td>2</td><td>P0004</td><td>2</td></tr><tr><td>3</td><td>P0003</td><td>1</td></tr><tr><td>4</td><td>P0002</td><td>1</td></tr><tr><td>5</td><td>P0001</td><td>1</td></tr></table>

範例 4 在「銷售表」中，統計出每一種產品被多少員工來銷售及該產品最高數量印出來，印出之結果並按「品號」由小到大排序

解答

SQL 指令	查詢結果
SELECT 品號 , Count(*) AS 銷售員工數 , MAX(數量) AS 最高數量 FROM 銷售表 GROUP BY 品號 ORDER BY 品號	<table><tr><td></td><td>品號</td><td>銷售員工數</td><td>最高數量</td></tr><tr><td>1</td><td>P0001</td><td>1</td><td>56</td></tr><tr><td>2</td><td>P0002</td><td>1</td><td>92</td></tr><tr><td>3</td><td>P0003</td><td>1</td><td>75</td></tr><tr><td>4</td><td>P0004</td><td>2</td><td>92</td></tr><tr><td>5</td><td>P0005</td><td>5</td><td>95</td></tr></table>

範例 5 在「銷售表」中，統計出每一種產品被多少員工來銷售及該產品平均數量印出來，印出之結果並按「品號」由小到大排序

解答

SQL 指令	查詢結果
SELECT 品號 , Count(*) AS 銷售員工數 , AVG(數量) AS 平均數量 FROM 銷售表 GROUP BY 品號 ORDER BY 品號	<table><tr><td></td><td>品號</td><td>銷售員工數</td><td>平均數量</td></tr><tr><td>1</td><td>P0001</td><td>1</td><td>56</td></tr><tr><td>2</td><td>P0002</td><td>1</td><td>92</td></tr><tr><td>3</td><td>P0003</td><td>1</td><td>75</td></tr><tr><td>4</td><td>P0004</td><td>2</td><td>90</td></tr><tr><td>5</td><td>P0005</td><td>5</td><td>73</td></tr></table>

8-9-2 Having 條件式

定義　Having 條件式是將數個欄位中以特定條件組合起來。它不可以單獨存在。

範例 1　在「銷售表」中，計算銷售產品的平均數量，大於等於 70 者顯示出來。

解答

SQL 指令	查詢結果
SELECT 編號 , AVG(數量) AS 平均數量 FROM 銷售表 GROUP BY 編號 HAVING AVG(數量)>=70	<table><tr><th></th><th>編號</th><th>平均數量</th></tr><tr><td>1</td><td>S0002</td><td>77</td></tr><tr><td>2</td><td>S0003</td><td>81</td></tr><tr><td>3</td><td>S0004</td><td>77</td></tr><tr><td>4</td><td>S0005</td><td>95</td></tr></table>

範例 2　在「銷售表」中，將銷售產品種類在二種及二種以上的員工編號資料列出來。

解答

SQL 指令	查詢結果
SELECT 編號 , Count(*) AS 銷售產品種類 FROM 銷售表 GROUP BY 編號 HAVING COUNT(*)>=2	<table><tr><th></th><th>編號</th><th>銷售產品種類</th></tr><tr><td>1</td><td>S0001</td><td>2</td></tr><tr><td>2</td><td>S0002</td><td>2</td></tr><tr><td>3</td><td>S0003</td><td>2</td></tr><tr><td>4</td><td>S0004</td><td>3</td></tr></table>

☑ Where 子句與 HAVING 子句之差異

1. Where 子句是針對尚未群組化的欄位來進行篩選。

2. HAVING 子句則是針對已經群組化的欄位來取出符合條件的列。

8-10 │ 使用「刪除重複」

定義　利用 Distinct 指令來將所得結果有重複者，去除重複。若有一員工銷售了 3 項產品，其編號只能出現一次。

8-10-1 ALL(預設) 使查詢結果的記錄可能重複

定義　沒有利用 Distinct 指令。

範例　在「銷售表」中，將有銷售產品的員工之編號、品號印出來。

註：沒有利用 Distinct 指令時，產生重複出現的現象。

解答

SQL 指令	查詢結果
SELECT 編號 , 品號 FROM 銷售表	<table><tr><td></td><td>編號</td><td>品號</td></tr><tr><td>1</td><td>S0001</td><td>P0001</td></tr><tr><td>2</td><td>S0001</td><td>P0005</td></tr><tr><td>3</td><td>S0002</td><td>P0002</td></tr><tr><td>4</td><td>S0002</td><td>P0005</td></tr><tr><td>5</td><td>S0003</td><td>P0004</td></tr><tr><td>6</td><td>S0003</td><td>P0005</td></tr><tr><td>7</td><td>S0004</td><td>P0003</td></tr><tr><td>8</td><td>S0004</td><td>P0004</td></tr><tr><td>9</td><td>S0004</td><td>P0005</td></tr><tr><td>10</td><td>S0005</td><td>P0005</td></tr></table>

8-10-2 DISTINCT 使查詢結果的記錄不重複出現

定義　如果使用 DISTINCT 子句，則可以將所指定欄位中重複的資料去除掉之後再顯示。指定欄位的時候，可以指定一個以上的欄位，但是必須使用「,(逗點)」來區隔欄位名稱。

DISTINCT 的注意事項

1. 不允許配合 COUNT(*) 使用。

2. 允許配合 COUNT(屬性) 使用。

3. 對於 MIN() 與 MAX() 是沒有作用的。

範例　在「銷售表」中，將有銷售產品的員工之「編號」印出來。

解答

SQL 指令	查詢結果
SELECT DISTINCT 編號 FROM 銷售表 　　　　　　　↕ 相同 　SELECT 編號 FROM 銷售表 GROUP BY 編號；	編號 1　S0001 2　S0002 3　S0003 4　S0004 5　S0005

註：利用 Distinct 指令時，刪除重複的現象。

　　如果沒有指定 Distinct 指令時，則預設值為 ALL，其查詢結果會重複。

課後評量

📖選擇題

( ) 1. 在 SQL 語言中，對於 SELECT 指令之敘述，何者正確？

(A) "*" 表示列印出所有的欄位

(B)From 後面接資料表名稱

(C)Where 後面要接條件式 (它包括了各種運算子)

(D) 以上皆是。

( ) 2. 在 SQL 語言中，對於 SELECT 指令之敘述，何者正確？

(A)Distinct 代表從資料表中選擇不重複的資料

(B)Top n 指在資料表中取出名次排序在前的 n 筆記錄

(C)Group By 可單獨存在

(D) 以上皆是。

( ) 3. 在 SQL 語言中，ORDER BY 成績 Asc 代表為何？

(A) 成績分數轉換 Ascii 碼　(B) 成績由大至小排序　(C) 成績由小至大排序

(D) 以上皆非。

( ) 4. 在 SQL 語言中，ORDER BY 成績 Desc 代表為何？

(A) 成績分數轉換 Ascii 碼

(B) 成績由大至小排序

(C) 成績由小至大排序

(D) 以上皆非。

( ) 5. 請問下列哪一個是 SQL 語言的查詢指令？

(A) SELECT　(B)UPDATE　(C)DELETE　(D)INSERT。

( ) 6. 在 SQL 語言中，ORDER BY 可以進行排序，請問下列哪一個指令可以讓欄位由大到小排序？

(A)ASC　(B)DESC　(C)DISTINCT　(D)SORTING。

(　　) 7. 在 SQL 語言中，直接利用星號「*」查詢所有的欄位名稱，請問下列何者是它的優點？

(A) 隱藏私人資料　　　　　　(B) 自行調整欄位順序

(C) 不需輸入全部的欄位名稱　(D) 還可以各別指定欄位的別名。

(　　) 8. 在 SQL 語言中，直接利用星號「*」查詢所有的欄位名稱，請問下列何者是它的缺點？

(A) 無法隱藏私人資料　　　　(B) 無法自行調整欄位順序

(C) 無法各別指定欄位的別名　(D) 以上皆是。

(　　) 9. 在 SQL 語言中，請問下列哪一個符號可以代表資料表的所有欄位名稱？

(A)？　(B) *　(C) %　(D) #。

(　　) 10. 在 SQL 語言中，如果撰寫「SELECT 學號, 姓名, 性別, 科系名稱 AS 系名 FROM 學生資料表」此一連串指令時，其執行之投影結果為何？

(A) 學號 姓名 性別　科系名稱

(B) 學號 姓名 性別　科系名稱　系名

(C) 學號　姓名　性別　系名

(D) 學號 姓名 性別。

(　　) 11. 在 SQL 語言中，SELECT...FROM...WHERE 之 WHERE，其主要的用途為何？

(A) 選擇資料庫名稱　(B) 選擇資料表名稱

(C) 選擇欄位串列　　(D) 選擇資料記錄。

(　　) 12. 在 SQL 語言中，請問是使用那一個子句來過濾資料表中的記錄是否符合某一條件呢？

(A)SELECT　(B)FROM　(C)WHERE　(D)ORDER BY。

(　　) 13. 在 SQL 語言中，如果想查詢「學生成績表」中，「成績」不及格的名單，請問下列何者是正確撰寫指令？

(A)SELECT * FROM 學生成績表 WHERE 成績 <=60

(B)SELECT * FROM 學生成績表 WHERE 成績 <'60'

(C)SELECT * FROM 學生成績表 WHERE 成績 <60

(D)SELECT * FROM 學生成績表 WHERE 成績 <>60。

(　　　) 14. 下列何者是可以在「學生成績表」中查詢那些學生「沒有缺考」的「學號及
　　　　　 成績」？

　　　　　 (A)SELECT 學號 , 成績 FROM 學生成績表 WHERE 成績 <>0

　　　　　 (B)SELECT 學號 , 成績 FROM 學生成績表 WHERE 成績 NOT IS NULL

　　　　　 (C)SELECT 學號 , 成績 FROM 學生成績表 WHERE 成績 IS NOT 0

　　　　　 (D)SELECT 學號 , 成績 FROM 學生成績表 WHERE 成績 IS NOT NULL。

(　　　) 15. 在 SQL 語言中，如果想查詢「學生資料表」中，姓名開頭姓「李」或「王」
　　　　　 的全部學生基本資料，請問下列何者是正確撰寫指令？

　　　　　 (A)SELECT * FROM 學生資料表 WHERE 姓名 Like ' 李 *'　　　OR ' 王 *'

　　　　　 (B)SELECT * FROM 學生資料表 WHERE 姓名 Like '* 李 ' OR Like ' 王 *'

　　　　　 (C)SELECT * FROM 學生資料表 WHERE 姓名 Like '[李王]*';

　　　　　 (D)SELECT * FROM 學生資料表 WHERE 姓名 Like '[李 OR 王]*';。

📖問答題

1. 在利用 SQL 語言的 SELECT 來查詢資料時，如果沒有指定欄位的話，我們可以直接
　 利用星號「*」代表所有的欄位名稱。請問其優缺點為何？

2. 在利用 SQL 語言的 SELECT 來查詢資料時，如果直接指定欄位的話，而不使用星號
　 「*」代表所有的欄位名稱。請問其優缺點為何？

3. 在利用 SQL 語言的 SELECT 來查詢資料時，使用「別名」來取代原本的欄位名稱。
　 此種作法之適用時機為何呢？

4. 在「員工資料表」中，若利用「Like 模糊相似條件」來查詢編號為「S1005」的員工
　 詳細資料。請撰寫 SQL 指令來查詢此功能。

5. 在「員工資料表」中，若利用「Like 模糊相似條件」查詢姓名不是姓 " 李 " 的員工基
　 本資料。請撰寫 SQL 指令來查詢此功能。

6. 在「銷售資料表」中，若利用「IN 集合條件」來查詢員工沒有銷售一個「品號為
　 P0001 或 品號為 P0005」的員工的「編號、品號及數量」。請撰寫 SQL 指令來查詢此
　 功能。

7. 輸出產品檔的產品代號及單價,而且單價由小到大排序。

產品檔

	產品代號	品名	單價
#1	P12	羽球拍	780
#2	P23	桌球鞋	520
#3	P44	桌球衣	250
#4	P52	桌球皮	990

請撰寫 SQL 指令來查詢此功能。

8. 請利用 SQL 語言的 DML 來查詢「銷售資料表」中,數量各加 15 之後,介於 60 到 90 之間的員工之「編號」及「數量」資料。

NOTE

Chapter

09 合併理論與實作

◆ **本章學習目標**

1. 讓讀者瞭解關聯式代數運算子的種類及各種
   實作應用。
2. 讓讀者瞭解巢狀結構查詢的撰寫方式及應用
   時機。

◆ **本章內容**

9-1　關聯式代數運算子

9-2　限制 (Restrict)

9-3　投影 (Project)

9-4　卡氏積 (Cartesian Product)

9-5　合併 (Join)

9-6　除法 (Division)

9-7　巢狀結構查詢

9-1 | 關聯式代數運算子

在第六章中，我們已經學會利用關聯式代數來表示一些集合運算子，例如聯集、差集、交集及比較複雜的卡氏積、合併及除法。如下表所示。

關聯式代數運算子

運算子	意義
σ	限制 (Restrict)
π	投影 (Project)
×	卡氏積 (Cartesian Product)
⋈	合併 (Join)
÷	除法 (Division)

因此，我們在本章節將介紹如何將關聯式代數的理論基礎轉換成 SQL 來實作。

在第七、八章，我們介紹了基本 SQL 指令的撰寫方法，這對一般的學習者而言應該足夠了，但是，對一個專業程式設計師而言，可能尚嫌不足，因為在一個企業中，資訊系統所使用的資料庫系統可能是由許多個資料表所組成，並且每一個資料表的關聯程度，並非初學者可以想像的，因此，讀者想變成一位專業資料庫程式設計師，就必須要再學習進階的 SQL 指令的撰寫方法。

9-2 | 限制 (Restrict)

定義 是指在關聯表中選取符合某些條件的值組 (記錄)，然後另成一個新的關聯表。

代表符號 σ (唸成 sigma)

假設 P 為選取的條件，則以 $\sigma_P(R)$ 代表此運算。其結果為原關聯表 R 記錄的「水平」子集合。

關聯式代數 $\sigma_{條件}$ (關聯表)

SQL 語法

關聯表 Where 條件

其中「條件」可用邏輯運算子 (AND、OR、NOT) 來組成。

概念圖 從關聯表 R 中選取符合條件 (Predicate) P 的值組。其結果為原關聯表 R 記錄的「水平」子集合。如圖 9-1 所示：

R

A	B
a1	b1
a2	b2
a3	b3
a4	b4

P
=

$\sigma_p(R)$

A	B
a1	b1
a3	b3

圖 9-1

對應 SQL 語法

SELECT	屬性集合
FROM	關聯表 R
WHERE	選取符合條件 P // 水平篩選

範例 請在下列的員工銷售表中，請找出產品銷售數量為 3 的記錄？

	編號	姓名	品號	品名	銷售數量
#1	S0001	一心	P0001	筆電	3
#2	S0002	二聖	P0005	手錶	2
#3	S0003	三多	P0002	滑鼠	3
#4	S0004	四維	P0004	硬碟	3

解答

關聯式代數	SQL
$\sigma_{銷售數量=3}$(員工銷售表) 相當於	SELECT * FROM 員工銷售表 WHERE 銷售數量='3'

圖 9-2

✣ 執行結果 ✣

	編號	姓名	品號	品名	銷售數量
#1	S0001	一心	P0001	筆電	3
#2	S0003	三多	P0002	滑鼠	3
#3	S0004	四維	P0004	硬碟	3

9-3 投影 (Project)

定義 是指在關聯 (表格) 中選取想要的欄位 (屬性)，然後另成一個新的關聯表 。

代表符號 π (唸成 pai)

假設 關聯表 R 中選取想要的欄位為 A1，A2，A3，…An，則以 $\pi_{A1,A2,A3\cdots An}(R)$ 表示此投影運算。其結果為原關聯表 R 的「垂直」子集合。

關聯式代數 $\pi_{欄位}$ (關聯)

SQL 語法 Select 欄位 From 關聯

其中欄位可以由數個欄位所組成。

概念圖 從關聯表 R 中選取想要的欄位。其結果為原關聯表 R 記錄的「垂直」子集合。如下圖所示：

R

A	B	C
a1	b1	c1
a2	b2	c2
a3	b3	c3
a4	b4	c4

=

$\pi_{欄位}(R)$

A	C
a1	c1
a2	c2
a3	c3
a4	c4

圖 9-3

格式

```
SELECT  屬性集合      // 垂直篩選
FROM  資料表名稱
```

範例 請在下列的員工銷售表中，請找出員工「姓名」與「品名」？

	編號	姓名	品號	品名	銷售數量
#1	S0001	一心	P0001	筆電	3
#2	S0002	二聖	P0005	手錶	2
#3	S0003	三多	P0002	滑鼠	3
#4	S0004	四維	P0004	硬碟	3

解答

關聯式代數	SQL
$\pi_{姓名,品名}$(員工銷售表) 相當於	SELECT 姓名,品名 FROM 員工銷售表

圖 9-4

❖ 執行結果 ❖

	姓名	品名
#1	一心	筆電
#2	二聖	手錶
#3	三多	滑鼠
#4	四維	硬碟

9-4 | 卡氏積 (Cartesian Product)

定義 是指將兩關聯表 R_1 與 R_2 的記錄利用集合運算中的乘積運算形成新的關聯表 R_3。卡氏積 (Cartesian Product)；也稱交叉乘積 (Cross Product)；或稱交叉合併 (Cross Join)。

代表符號 ×

假設 R_1 有 r_1 個屬性，m 筆記錄；R_2 有 r_2 個屬性，n 筆記錄；R_3 會有 $(r_1 + r_2)$ 個屬性，(m × n) 筆記錄。

關聯式代數 $R_3 = R_1 \times R_2$

SQL 語法

```
SELECT *
FROM  A 表格 ,B 表格
```

概念圖 R_1 有 r_1 個屬性，m 筆記錄，R_2 有 r_2 個屬性，n 筆記錄，R_3 會有 $(r_1 + r_2)$ 個屬性，$(m \times n)$ 筆記錄。如下圖所示：

R_1

A	B
a1	b1
a2	b2
a3	b3

R_2

X	Y
x1	y1
x2	y2

$R_3 = R_1 \times R_2$

A	B	X	Y
a1	b1	x1	y1
a2	b2	x1	y1
a3	b3	x1	y1
a1	b1	x2	y2
a2	b2	x2	y2
a3	b3	x2	y2

圖 9-5

格式 1	格式 2
SELECT * FROM A 表格 ,B 表格	SELECT * FROM A 表格 CROSS JOIN B 表格

範例 請在下列的「員工表」與「產品表」中，找出員工表與銷售表所有可能配對的集合？

員工表

	編號	姓名	品號
#1	S0001	一心	P0001
#2	S0002	二聖	P0002

銷售表

品號	品名	銷售數量
P0001	筆電	3
P0002	滑鼠	3
P0003	手機	2

解答

1. 分析：

　　已知：員工表 R_1 (編號，姓名，品號)

　　　　　銷售表 R_2 (品號，品名，銷售數量)

　　　　　兩個資料表的「卡氏積」，可以表示為：

員工表 R_1 (編號，姓名，品號) × 銷售表 R_2 (品號，品名，銷售數量)= 新資料表 R_3

　　R_1 有 (r_1=3) 個屬性，(m=2) 筆記錄；R_2 有 (r_2=3) 個屬性，(n=3) 筆記錄；

　　R_3 會有 (r_1 + r_2) 個屬性 = 6 個屬性

　　新資料表 R_3(編號，姓名，員工表.品號，銷售表.品號，品名，銷售數量)，會有 (m×n)
　　筆記錄 = 6 筆記錄

　　在資料記錄方面，每一位員工 (2 位) 均會對應到每一種銷售資料 (3 種)，亦即二位員
　　工資料，產生 (2×3) = 6 筆記錄。如下所示：

員工表

	編號	姓名	品號
#1	S0001	一心	P0001
#2	S0002	二聖	P0002

銷售表

品號	品名	銷售數量
P0001	筆電	3
P0002	滑鼠	3
P0003	手機	2

　　因此，「員工表」與「銷售表」在經過「卡氏積」之後，共會產生 6 筆記錄，如下圖所示：

「員工表」的屬性　　　　　　　　　　「銷售表」的屬性

	編號	姓名	員工表.品號	銷售表.品號	品名	銷售數量
#1	S0001	一心	P0001	P0001	筆電	3
#2	S0001	一心	P0001	P0002	滑鼠	3
#3	S0001	一心	P0001	P0003	手機	2
#4	S0002	二聖	P0002	P0001	筆電	3
#5	S0002	二聖	P0002	P0002	滑鼠	3
#6	S0002	二聖	P0002	P0003	手機	2

（#1~#3：每一位員工對應三種產品）

圖 9-6

以上所產生的六筆記錄中，不知您是否有發現，有一些不太合理的記錄。

例如：「一心」只銷售品號為 P0001，但是卻多出了兩筆不相關的紀錄 (P0002,P0003)。因此，如何從「卡氏積」所展開的全部組合中，挑選出合理的記錄，就必須要再透過下一章節所要介紹的「內部合併 (Inner Join)」來完成。

2. 撰寫「關聯式代數」與「SQL」

關聯式代數	SQL
1. 員工表 × 銷售表 ➡	1. 第一種方法 SELECT * FROM 員工表 , 銷售表
2. 員工表 　CROSS JOIN 銷售表 ➡	2. 第二種方法 SELECT * FROM 員工表 　CROSS JOIN 銷售表

9-5 | 合併 (Join)

定義　是指將兩關聯表 R_1 與 R_2 依合併條件合併成一個新的關聯表 R_3。

表示符號　$\bowtie$

假設　假設 P 為合併條件，以 $R_1 \bowtie_p R_2$ 表示此合併運算。

關聯式代數　$R_3 = R_1 \bowtie_p R_2$

SQL 語法

```
SELECT *
FROM A 表格 ,B 表格
WHERE 條件 P
```

概念圖　由兩個或兩個以上的關聯 (表格)，透過某一欄位的共同值域所組合而成的，以建立出一個新的資料表。如下圖所示：

R_1

A	B	C
A1	B1	C1
A2	B2	C1
A3	B3	C2

(a)

R_2

C	D	E
C1	D1	E1
C2	D2	E2

(b)

$R_1 \bowtie R_2 = R_3$

R1.A	R1.B	R1.C	R2.D	R2.E
A1	B1	C1	D1	E1
A2	B2	C1	D1	E1
A3	B3	C2	D2	E2

(c)

圖 9-7

合併的分類　廣義而言，合併可分為「來源合併」與「結果合併」兩種。

一、來源合併：(需要 FK→PK)

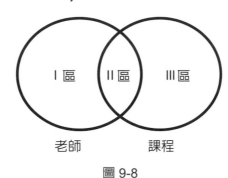

圖 9-8

(一)Inner Join(內部合併)

如果查詢目前老師有開設的課程，則會使用到「內部合併」。如上圖中的II區。

(二)Outer Join(外部合併)

1. 如果要查詢尚未開課的老師，則會使用到「左外部合併」。如上圖中的 I 區。

2. 如果查詢有那些課程尚未被老師開課，則會使用到「右外部合併」。如上圖中的III區。

(三)Join Itself(自我合併)

二、結果合併：(不需要 FK→PK)

（一）　Cross Join(卡氏積)

（二）　Union(聯集)

（三）　Intersect(交集)

（四）　Except(差集)

9-5-1 內部合併 (Inner Join)

定義 內部合併 (Inner Join) 又稱為「條件式合併 (Condition Join)」，也就是說，將「卡氏積」展開後的結果，在兩個資料表之間加上「限制條件」，亦即在兩個資料表之間找到「對應值組」才行，而 Outer join 則無此規定。

這裡所指的「限制條件」是指兩個資料表之間的某一欄位值的「關係比較」。如下表所示：

運算子	條件式說明
= （等於）	員工表 . 品號 = 銷售表 . 品號
<> （不等於）	銷售表 . 銷售數量 <>10
< （小於）	銷售表 . 銷售數量 <10
<= （小於等於）	銷售表 . 銷售數量 <=10
> （大於）	銷售表 . 銷售數量 >10
>= （大於等於）	銷售表 . 銷售數量 >=10

兩種作法

1. 透過 SELECT 指令 WHERE 部分的等式，即對等合併 (Equi-Join)。

```
From A ,B
Where (A.c=B.c)
```

2. 透過 SELECT 指令 FROM 部分的 INNER　JOIN。即自然合併 (Natural Join)；又稱為內部合併 (Inner Join)

```
From A INNER JOIN B
ON A.c=B.c
```

範例 假設有兩個資料表，分別是「員工表」與「銷售表」，現在欲將這兩個資料表進行「內部合併」，因此，我們必須要透過相同的欄位值來進行關聯，亦即「員工表」的「品號」對應到「銷售表」的「品號」，如下圖所示：

員工表   銷售表

編號	姓名	品號
#1 S0001	一心	P0001
#2 S0002	二聖	P0002

品號	品名	銷售數量
P0001	筆電	3
P0002	滑鼠	3
P0003	手機	2

圖 9-9

前置工作 1

利用 DDL 建立員工表	利用 DDL 建立銷售表
CREATE TABLE 員工表 (編號 CHAR(5), 姓名 NVARCHAR(10) NOT NULL, 品號 CHAR(5), PRIMARY KEY(編號))	CREATE TABLE 銷售表 (品號 CHAR(5), 品名 NVARCHAR(10) NOT NULL, 銷售數量 INT, PRIMARY KEY(品號))

前置工作 2

利用 DML 新增員工記錄	利用 DML 新增銷售記錄
Insert Into 員工表 Values ('S0001',' 一心 ','P0001'), ('S0002',' 二聖 ','P0002')	Insert Into 銷售表 Values ('P0001',' 筆電 ',3), ('P0002',' 滑鼠 ',3), ('P0003',' 手機 ',2)

1. 分析

從上圖中，我們就可以將此條關聯性寫成：

員工表 . 品號 = 銷售表 . 品號

因此，我們將這兩個資料表進行「卡氏積」運算，其結果如圖 9-10 所示，接下來，從展開後的記錄中，找尋哪幾筆記錄具有符合「員工表 . 品號 = 銷售表 . 品號」的條件，亦即「員工表」的「品號」等於「銷售表」的「品號」。

「員工表」的屬性　　　　　　　　　　　「銷售表」的屬性

編號	姓名	員工表.品號	銷售表.品號	品名	銷售數量
#1　S0001	一心	P0001	P0001	筆電	3
#2　S0001	一心	P0001	P0002	滑鼠	3
#3　S0001	一心	P0001	P0003	手機	2
#4　S0002	二聖	P0002	P0001	筆電	3
#5　S0002	二聖	P0002	P0002	滑鼠	3
#6　S0002	二聖	P0002	P0003	手機	2

每一位員工對應三種產品

圖 9-10

2. 撰寫 SQL 程式碼

(1) 第一種做法：(Equi-Join 最常用)

```
Select 編號, 姓名, 銷售表.品號, 品名, 銷售數量
From 員工表, 銷售表
Where 員工表.品號 = 銷售表.品號
```

(2) 第二種做法：INNER JOIN

```
Select 編號, 姓名, 銷售表.品號, 品名, 銷售數量
FROM 員工表 INNER JOIN 銷售表
ON 員工表.品號 = 銷售表.品號
```

❖ 執行結果 ❖

	編號	姓名	品號	品名	銷售數量
1	S0001	一心	P0001	筆電	3
2	S0002	二聖	P0002	滑鼠	3

圖 9-11

3. 綜合分析：

　　當我們欲查詢的欄位名稱是來源於兩個或兩個以上的資料表時，如下表所示：

員工資料表	銷售資料表

	編號	姓名	部門
1	S0001	一心	銷售部
2	S0002	二聖	生產部
3	S0003	三多	銷售部
4	S0004	四維	生產部

	編號	品號	數量
1	S0001	P0001	67
2	S0001	P0002	85
3	S0001	P0003	100
4	S0002	P0004	89
5	S0003	P0002	90

前置工作 1

利用 DDL 建立員工資料表	利用 DDL 建立銷售資料表
CREATE TABLE 員工資料表 (編號　CHAR(5), 姓名　NVARCHAR(10) NOT NULL, 部門　NVARCHAR(10), PRIMARY　KEY(編號))	CREATE TABLE 銷售資料表 (編號　CHAR(5), 品號　CHAR(5) NOT NULL, 數量　INT, PRIMARY　KEY(編號 , 品號), Foreign key(編號) References 員工資料表 (編號))

前置工作 2

利用 DML 新增員工記錄	利用 DML 新增銷售記錄
Insert Into 員工資料表 Values ('S0001',' 一心 ',' 銷售部 '), 　　　　('S0002',' 二聖 ',' 生產部 '), 　　　　('S0003',' 三多 ',' 銷售部 '), 　　　　('S0004',' 四維 ',' 生產部 ')	Insert Into 銷售資料表 Values ('S0001','P0001','67'), 　　　　('S0001','P0002','85'), 　　　　('S0001','P0003','100'), 　　　　('S0002','P0004','89'), 　　　　('S0003','P0002','90')

則必須要進行以下的分析：

步驟一：辨識「目標屬性」及「相關表格」

員工資料表(<u>編號</u>，姓名，部門)

? ↑ ?

銷售資料表(<u>編號，品號</u>，數量)

?

1. 目標屬性：編號 , 姓名 , 數量

2. 相關表格：員工資料表 , 銷售資料表

步驟二：將相關表格進行「卡氏積」

SELECT *

FROM 員工資料表 AS A, 銷售資料表 AS B

執行結果　總共產生 20 筆記錄及 6 個欄位數

	編號	姓名	部門	編號	品號	數量
1	S0001	一心	銷售部	S0001	P0001	67
2	S0001	一心	銷售部	S0001	P0002	85
3	S0001	一心	銷售部	S0001	P0003	100
4	S0001	一心	銷售部	S0002	P0004	89
5	S0001	一心	銷售部	S0003	P0002	90
6	S0002	二聖	生產部	S0001	P0001	67
7	S0002	二聖	生產部	S0001	P0002	85
8	S0002	二聖	生產部	S0001	P0003	100
9	S0002	二聖	生產部	S0002	P0004	89
10	S0002	二聖	生產部	S0003	P0002	90
11	S0003	三多	銷售部	S0001	P0001	67
12	S0003	三多	銷售部	S0001	P0002	85
13	S0003	三多	銷售部	S0001	P0003	100
14	S0003	三多	銷售部	S0002	P0004	89
15	S0003	三多	銷售部	S0003	P0002	90
16	S0004	四維	生產部	S0001	P0001	67
17	S0004	四維	生產部	S0001	P0002	85
18	S0004	四維	生產部	S0001	P0003	100
19	S0004	四維	生產部	S0002	P0004	89
20	S0004	四維	生產部	S0003	P0002	90

圖 9-12

步驟三：進行合併 (Join)；本題以「內部合併」為例，亦即在 Where 中加入「相關表格」的關聯性

```
SELECT *
FROM 員工資料表 AS A, 銷售資料表 AS B
WHERE A. 編號 =B. 編號
```

執行結果 產生 5 筆記錄

	編號	姓名	部門	編號	品號	數量
1	S0001	一心	銷售部	S0001	P0001	67
2	S0001	一心	銷售部	S0001	P0002	85
3	S0001	一心	銷售部	S0001	P0003	100
4	S0002	二聖	生產部	S0002	P0004	89
5	S0003	三多	銷售部	S0003	P0002	90

圖 9-13

步驟四：加入限制條件 (數量大於或等於 70)

```
SELECT *
FROM 員工資料表 AS A, 銷售資料表 AS B
WHERE A. 編號 =B. 編號
And B. 數量 >=70
```

執行結果 產生 4 筆記錄

	編號	姓名	部門	編號	品號	數量
1	S0001	一心	銷售部	S0001	P0002	85
2	S0001	一心	銷售部	S0001	P0003	100
3	S0002	二聖	生產部	S0002	P0004	89
4	S0003	三多	銷售部	S0003	P0002	90

圖 9-14

步驟五： 顯示使用書欵「幅山的闆位名稱」

```
SELECT A. 編號 , 姓名 , 品號 , 數量
FROM 員工資料表 AS A, 銷售資料表 AS B
WHERE A. 編號 =B. 編號
And B. 數量 >=70
```

執行結果

	編號	姓名	品號	數量
1	S0001	一心	P0002	85
2	S0001	一心	P0003	100
3	S0002	二聖	P0004	89
4	S0003	三多	P0002	90

圖 9-15

步驟六： 使用群組化及聚合函數

```
SELECT   A. 編號 , 姓名 , AVG( 數量 ) AS 平均數量
FROM 員工資料表 AS A, 銷售資料表 AS B
WHERE A. 編號 =B. 編號
And B. 數量 >=70
GROUP BY A. 編號 , 姓名
```

執行結果

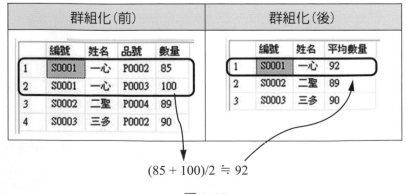

$$(85 + 100)/2 \fallingdotseq 92$$

圖 9-16

步驟七：使用「聚合函數」之後，再進行篩選條件 (個人平均數量大於或等於 90)

```
SELECT　A. 編號 , 姓名 , AVG( 數量 ) AS 平均數量
FROM 員工資料表 AS A, 銷售資料表 AS B
WHERE A. 編號 =B. 編號
And B. 數量 >=70
GROUP BY A. 編號 , 姓名
HAVING AVG( 數量 )>=90
```

執行結果

圖 9-17

步驟八：依照某一欄位或「聚合函數」結果，來進行「排序」(由低分到高)

```
SELECT　A. 編號 , 姓名 , AVG( 數量 ) AS 平均數量
FROM 員工資料表 AS A, 銷售資料表 AS B
WHERE A. 編號 =B. 編號
And B. 數量 >=70
GROUP BY A. 編號 , 姓名
HAVING AVG( 數量 )>=90
ORDER BY AVG( 數量 )  ASC
```

執行結果

圖 9-18

1. 結論

「員工表」與「銷售表」在經過「卡氏積」之後，會展開成各種組合，並產生龐大記錄，但大部份都是不太合理的配對組合。

所以，我們就必須要再透過「內部合併 (Inner Join)」來取出符合「限制條件」的記錄。因此，從上面的結果，可以清楚得知「內部合併」的結果就是「卡氏積」的子集合。如下圖所示：

圖 9-19

9-5-2 外部合併 (Outer Join)

定義 當在進行合併 (Join) 時不管記錄是否符合條件，都會被列出其中一個資料表的所有記錄時，則稱為「外部合併」。此時不符合條件的記錄就會被預設為 NULL 值。即左右兩邊的關聯表，不一定要有對應值組。

用途 是應用在異質性分散式資料庫上的整合運算，其好處是不會讓資訊遺漏。

分類 可分為三種：

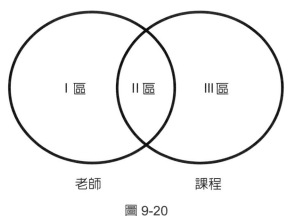

圖 9-20

1. 左外部合併 (Left Outer Join，以 ⟋⋈ 表示)。

   舉例：如果要查詢尚未開課的老師，則會使用到「左外部合併」。

   如上圖中的 I 區。

2. 右外部合併 (Right Outer Join，以 ⋈⟍ 表示)。

   舉例：如果查詢有那些課程尚未被老師開課，則會使用到「右外部合併」。

   如上圖中的III區。

格式

```
SELECT    *
FROM 表格 A [RIGHT | LEFT ] [OUTER ][JOIN] 表格 B
  ON   表格 A.PK= 表格 B.FK
```

範例 1　左外部合併

假設有兩個資料表，分別是「老師資料表」與「課程資料表」，現在欲查詢每一位老師開課資料，其中包括尚未開課的老師也要列出。如下圖所示：

老師資料表(A)

老師編號	老師姓名
T0001	一心
T0002	二聖
T0003	三多
T0004	李安

課程資料表(B)

課程代碼	課程名稱	老師編號
C0001	資料庫	T0001
C0002	資料結構	T0002
C0003	程式設計	NULL
C0004	系統分析	NULL

圖 9-21

前置工作 1

利用 DDL 建立老師資料表	利用 DDL 建立課程資料表
Create Table 老師資料表 (老師編號 char(5), 老師姓名 nvarchar(10) Not Null, Primary Key(老師編號))	Create Table 課程資料表 (課程代碼 char(5), 課程名稱 nvarchar(10) Not Null, 老師編號 char(5), Primary Key(課程代碼))

前置工作 2

利用 DML 新增老師記錄	利用 DML 新增課程記錄
Insert Into 老師資料表 Values ('T0001',' 一心 '), ('T0002',' 二聖 '), ('T0003',' 三多 '), ('T0004',' 四維 ')	Insert Into 課程資料表 Values ('P0001',' 資料庫 ','T0001'), ('P0002',' 資料結構 ','T0002'), ('P0003',' 程式設計 ','), ('P0004',' 系統分析 ','')

解析 1. 分析

當兩個關聯做合併運算時，會保留第一個關聯 (左邊) 中的所有值組 (Tuples)。找不到相匹配的值組時，必須填入 NULL(空值)。

2. 撰寫 SQL 程式碼

SQL 指令
SELECT * FROM 老師資料表 AS A LEFT OUTER JOIN 課程資料表 AS B ON A. 老師編號 =B. 老師編號

3. 執行結果

	老師編號	老師姓名	課程代碼	課程名稱	老師編號
1	T0001	一心	P0001	資料庫	T0001
2	T0002	二聖	P0002	資料結構	T0002
3	T0003	三多	NULL	NULL	NULL
4	T0004	四維	NULL	NULL	NULL

圖 9-22

範例 2 左外部合併

承上一題,請撰寫出尚未開課的老師的 SQL 指令。

解析 1. 利用圖解說明

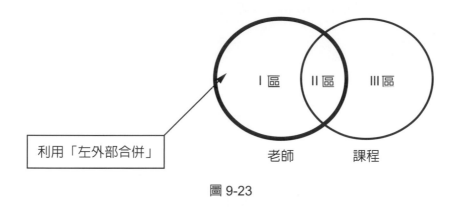

利用「左外部合併」

老師　　課程

圖 9-23

2. 撰寫 SQL 程式碼

```
SELECT A. 老師編號 ,A. 老師姓名

FROM 老師資料表 AS A LEFT OUTER JOIN 課程資料表 AS B

ON A. 老師編號 =B. 老師編號

WHERE　　B. 老師編號 IS NULL
```

3. 執行結果

	老師編號	老師姓名
1	T0003	三多
2	T0004	四維

圖 9-24

9-6 | 除法 (Division)

定義 此種運算如同數學上的除法一般,有二個運算元:第一個關聯表 R_1 當作「被除表格」,第二個關聯表 R_2 當作「除表格」。

代表符號 $R_1 \div R_2$

概念圖

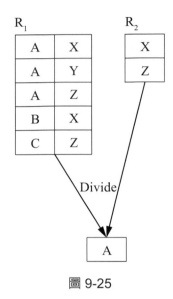

圖 9-25

基本型格式

```
SELECT 目標屬性
FROM 目標表格
WHERE NOT EXISTS
    (SELECT *
    FROM 除式表格
    WHERE NOT EXISTS
        (SELECT *
        FROM 被除式表格
        WHERE 目標表格 . 合併屬性 1= 被除式表格 . 合併屬性 1
        AND 除式表格 . 合併屬性 2= 被除式表格 . 合併屬性 2))
```

範例 假設有三個資料表,分別為:員工表、產品表及銷售表。請列出所有員工均有銷售的產品名稱?

一、員工表

利用 DDL 建立「員工表」	利用 DML 新增「5 位員工記錄」

撰寫 SQL 指令來實作

利用 DDL 建立「員工表」	利用 DML 新增「5 位員工記錄」
CREATE TABLE 員工表 (編號　CHAR(5) , 姓名　NVARCHAR(10) NOT NULL, 部門　NVARCHAR (10) NULL, PRIMARY　KEY(編號))	INSERT INTO 員工表 VALUES　('S0001',' 一心 ',' 銷售部 '), 　　　　　('S0002',' 二聖 ',' 生產部 '), 　　　　　('S0003',' 三多 ',' 銷售部 '), 　　　　　('S0004',' 四維 ',' 生產部 '), 　　　　　('S0005',' 五福 ',' 銷售部 ')

二、產品表

利用 DDL 建立「產品表」	利用 DML 新增「產品記錄」

撰寫 SQL 指令來實作

利用 DDL 建立「產品表」	利用 DML 新增「產品記錄」
CREATE TABLE 產品表 (品號　CHAR(5), 品名　NVARCHAR (10) NOT NULL, 定價　INT, PRIMARY KEY(品號))	INSERT INTO 產品表 VALUES ('P0001',' 筆電 ','30000'), 　　　　　('P0002',' 滑鼠 ','1000'), 　　　　　('P0003',' 手機 ','15000'), 　　　　　('P0004',' 硬碟 ','2500'), 　　　　　('P0005',' 手錶 ','3000'), 　　　　　('P0006',' 耳機 ','1200')

三、銷售表

利用 DDL 建立「銷售表」	利用 DML 新增「10 筆銷售記錄」
			編號	品號	數量
---	---	---	---
1	S0001	P0001	56
2	S0001	P0005	73
3	S0002	P0002	92
4	S0002	P0005	63
5	S0003	P0004	92
6	S0003	P0005	70
7	S0004	P0003	75
8	S0004	P0004	88
9	S0004	P0005	68
10	S0005	P0005	95	

撰寫 SQL 指令來實作

利用 DDL 建立「銷售表」	利用 DML 新增「10 筆銷售記錄」
CREATE TABLE 銷售表 (編號　CHAR(5), 品號　CHAR(5), 數量　INT NOT NULL, PRIMARY KEY(編號 , 品號), FOREIGN KEY(編號) REFERENCES 員工表 (編號) ON UPDATE CASCADE ON DELETE CASCADE, FOREIGN KEY(品號) REFERENCES 產品表 (品號))	INSERT INTO 銷售表 (編號 , 品號 , 數量) VALUES ('S0001','P0001','56'), 　　　　　('S0001','P0005','73'), 　　　　　('S0002','P0002','92'), 　　　　　('S0002','P0005','63'), 　　　　　('S0003','P0004','92'), 　　　　　('S0003','P0005','70'), 　　　　　('S0004','P0003','75'), 　　　　　('S0004','P0004','88'), 　　　　　('S0004','P0005','68'), 　　　　　('S0005','P0005','95')

解析　　分析的方法：

1. 辨識「目標屬性」及「相關表格」

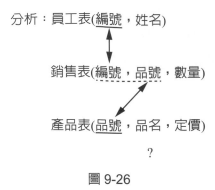

圖 9-26

2. 分析題型：屬於「間接合併」，指合併時必須要借助中間表格。

解答

```
SELECT 品名
FROM 產品表 As C
WHERE NOT EXISTS
(
SELECT *
FROM 員工表 As A
WHERE NOT EXISTS
(
SELECT *
FROM 銷售表 As B
WHERE C. 品號 =B. 品號 AND A. 編號 =B. 編號
)
)
```

執行結果

圖 9-27

9-7 巢狀結構查詢

定義 是指在 Where 敘述中再嵌入另一個查詢敘述，此查詢敘述稱爲「子查詢」。換言之，您可以將「子查詢」的結果拿來作爲另一個查詢的條件。

注意 「子查詢」是可以<u>獨立地被執行</u>，其執行結果稱爲「獨立子查詢」。

範例 1 第一種作法

利用子查詢來找出銷售「手錶」產品的員工編號及姓名。

解答 請參考前一單元中的三個資料表。

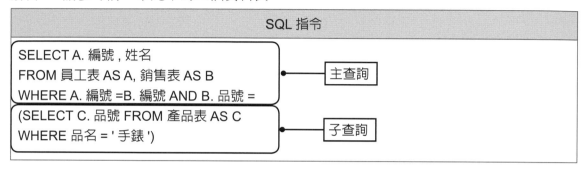

SQL 指令
SELECT A. 編號 , 姓名 FROM 員工表 AS A, 銷售表 AS B WHERE A. 編號 =B. 編號 AND B. 品號 =　　　　　●——— 主查詢 (SELECT C. 品號 FROM 產品表 AS C WHERE 品名 = ' 手錶 ')　　　　　●——— 子查詢

查詢結果

	編號	姓名
1	S0001	一心
2	S0002	二聖
3	S0003	三多
4	S0004	四維
5	S0005	五福

圖 9-28

範例 2 第二種作法

利用子查詢來找出銷售「品號為 P0005」的員工編號及姓名。

解答

SQL 指令
SELECT A. 編號 , 姓名 FROM 員工表 AS A WHERE A. 編號 =　　　　　　　　　　　　　主查詢 (SELECT 編號 FROM 銷售表 AS B WHERE A. 編號 =B. 編號 AND B. 品號 ='P0005')　子查詢

查詢結果

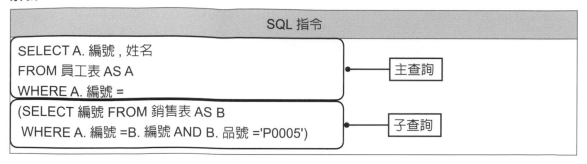

圖 9-29

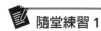 隨堂練習 1

假設有一個「學生成績表」，其目前的欄位名稱及內容如下所示：

	學號	姓名	資料庫	資料結構	程式設計
1	S0001	一心	100	85	80
2	S0002	二聖	70	75	90
3	S0003	三多	85	75	80
4	S0004	四維	95	100	100
5	S0005	五福	80	65	70
6	S0006	六合	60	55	80
7	S0007	七賢	45	45	70
8	S0008	八德	55	30	50
9	S0009	九如	70	65	70
10	S0010	十全	60	55	80

圖 9-30

前置工作　利用 DDL 與 DML 來建立及新增記錄。

DDL 來建立學生成績表	DML 來新增記錄
Create Table 學生成績表 (學號 char(5), 姓名 char(4) Not Null, 資料庫 Int, 資料結構 Int, 程式設計 Int, Primary Key(學號))	Insert Into 學生成績表 Values('S0001',' 一心 ',100,85,80), 　　　('S0002',' 二聖 ',70,75,90), 　　　('S0003',' 三多 ',85,75,80), 　　　('S0004',' 四維 ',95,100,100), 　　　('S0005',' 五福 ',80,65,70), 　　　('S0006',' 六合 ',60,55,80), 　　　('S0007',' 七賢 ',45,45,70), 　　　('S0008',' 八德 ',55,30,50), 　　　('S0009',' 九如 ',70,65,70), 　　　('S0010',' 十全 ',60,55,80)

　　請撰寫一段「子查詢」的 SQL 指令來查詢那些同學的「資料庫」成績高於平均成績。

解答

SQL 指令
SELECT * FROM 學生成績表 WHERE 資料庫 > (SELECT AVG(資料庫) FROM 學生成績表);

執行結果

	學號	姓名	資料庫	資料結構	程式設計
1	S0001	一心	100	85	80
2	S0003	三多	85	75	80
3	S0004	四維	95	100	100
4	S0005	五福	80	65	70

圖 9-31

隨堂練習 2

請撰寫一段「子查詢」的 SQL 指令來查詢哪些同學的「資料庫」成績是最高分。

解答

SQL 指令
SELECT * FROM 學生成績表 WHERE 資料庫 = (SELECT MAX(資料庫) 　　　　　FROM 學生成績表);

執行結果

	學號	姓名	資料庫	資料結構	程式設計
1	S0001	一心	100	85	80

圖 9-32

課後評量

📖 選擇題

(　　) 1. 關於「非集合運算子」的種類，下列何者正確？

(A) 限制 (Restrict)　(B) 投影 (Project)　(C) 合併 (Join)　(D) 以上皆是。

(　　) 2. 下列何者不是「集合運算子」的種類？

(A) 差集 (Difference)　(B) 投影 (Project)

(C) 聯集 (Union)　　　(D) 交集 (Intersection)。

(　　) 3. 在關聯式代數中，撰寫「$\sigma_{學分數=3}$(學生選課表)」時，請問此功能等同於下列何者 SQL 指令呢？

(A)SELECT 學分數 FROM 學生選課表 WHERE 學分數 ='3'

(B)SELECT 學號 FROM 學生選課表 WHERE 學分數 ='3'

(C)SELECT 學分數 ='3' FROM 學生選課表

(D)SELECT * FROM 學生選課表 WHERE 學分數 ='3'。

(　　) 4. 在關聯式代數中，撰寫「$\pi_{姓名,課程名稱}$(學生選課表)」時，請問此功能等同於下列何者 SQL 指令呢？

(A)SELECT * FROM 學生選課表

(B)SELECT 姓名 , 課程名稱 FROM 學生選課表

(C)SELECT 課程名稱 , 姓名 FROM 學生選課表

(D)SELECT 姓名 , 課程名稱 FROM 學生選課表 ORDER BY 姓名。

(　　) 5. 在關聯式代數中，撰寫「學生表 × 課程表」時，請問此功能等同於下列何者 SQL 指令呢？

(A)SELECT * FROM 學生表 × 課程表

(B)SELECT * FROM 學生表 , 課程表

(C)SELECT * FROM 學生表 * 課程表

(D)SELECT * FROM 學生表 ; 課程表。

(　) 6. 在關聯式代數中，撰寫「學生表 CROSS JOIN 課程表」時，請問此功能等同
於下列何者 SQL 指令呢？

(A)SELECT * FROM 學生表 CROSS JOIN 課程表

(B)SELECT * FROM 學生表 CROSS 課程表 JOIN

(C)SELECT * FROM CROSS 學生表 , 課程表 JOIN

(D)SELECT * FROM 學生表 JOIN CROSS 課程表。

(　) 7. 在合併 (Join) 的種類中，下列何者是不屬於「來源合併」呢？

(A)Inner Join(內部合併)　(B)Outer Join(外部合併)

(C)Cross Join(卡氏積)　　(D)Join Itself(自我合併)。

(　) 8. 在 SQL 語言中，撰寫「From A ,B Where (A.c=B.c)」時，請問此寫法是屬於
那一種合併方法呢？

(A) 對等合併 (Equi-Join)　(B) 自然合併 (Natural Join)

(C) 內部合併 (Inner Join)　(D) 外部合併 (Outer Join)。

(　) 9. 在 SQL 語言中，請問下列哪一個是自然合併 (Natural Join) 的查詢指令？

(A)OUTER JOIN　(B)INNER JOIN　(C)RIGHT JOIN　(D)LEFT JOIN。

(　) 10. 在 SQL 語言中，如果兩個資料表合併成另一個資料表，其合併條件是透過相
同的欄位值時，則此種合併稱為？

(A) 等值合併　(B) 加值合併　(C) 外部合併　(D) 自然合併。

(　) 11. 在 SQL 語言中，將兩個資料表合併成一個新的資料表，則稱此種合併運算為
何？

(A) 投影運算　(B) 選取運算　(C) 合併運算　(D) 除法運算。

(　) 12. 在 SQL 語言中，通常兩個資料表找到相同的欄位值，才能做合併運算。請問
下列哪一個合併運算，不必遵守這項規則？

(A) 內部合併　(B) 等值合併　(C) 自然合併　(D) 外部合併。

(　) 13. 在 SQL 語言中，在進行外部合併運算時，如果找不到對應的欄位，此欄位以
什麼來表示？

(A)0　(B) 空白字元　(C)null 值　(D) 以上皆是。

(   ) 14. 在 SQL 語言中，欲在「員工資料表」中，查詢員工及其主管的「姓名、主管姓名」(利用自我查詢)，請問下列的 SQL 撰寫方法何者正確呢？

(A)SELECT A. 姓名 AS 員工 , B. 姓名 AS 主管

FROM 員工資料表 AS A RIGHT JOIN 員工資料表 AS B

(B)SELECT A. 姓名 , B. 姓名

FROM 員工資料表 AS A LEFT JOIN 員工資料表 AS B ON A. 主管代號 =B. 編號 ;

(C)SELECT A. 姓名 AS 員工 , B. 姓名 AS 主管

FROM 員工資料表 AS A LEFT JOIN 員工資料表 AS B ON A. 主管代號 =B. 編號 ;

(D)SELECT A. 姓名 AS 員工 , B. 姓名 AS 主管

FROM 員工資料表 AS A FULL JOIN 員工資料表 AS B ON A. 主管代號 =B. 編號 ;。

(   ) 15. 若 R={10,20,30,40}，S={30,40,50,60}，則 R ∩ S=

(A){30,40}   (B){10,20}   (C){50,60}   (D){10,20,30,40,50,60}。

📖問答題

1. 比較內部合併 (Inner Join) 與外部合併 (Outer Join) 的不同情況：

員工	姓名	部門編號
	張三	01
	李四	02
	王五	

部門	編號	部門編號
	01	生產部
	02	行銷部
	03	會計部

圖 9-33

請問下列 5 小題的關聯式代數，利用 SQL 撰寫並執行結果為何？

(1)RESULT1 ← 員工 ╳ 部門

(2)RESULT2 ← 員工 ⋈ 部門編號 = 編號 部門

(3)RESULT3 ← 員工 ⊐⋈ 部門編號 = 編號 部門

(4)RESULT4 ← 員工 ⋈⊏ 部門編號 = 編號 部門

(5)RESULT5 ← 員工 ⊐⋈⊏ 部門編號 = 編號 部門

2. 在 SQL 語言中，要從「員工資料表」中，列出「薪資」大於平均薪資值的員工，請撰寫 SQL 指令來查詢此功能。

3. 請利用 SQL 語言的 DML 來查詢哪一位學生符合助教應該具備的能力。

學生資料表			學生專長表			助教所需資訊技能表	

學號	姓名	系碼
S0001	張三	D001
S0002	李四	D001
S0003	王五	D002
S0004	李安	D003

	學號	資訊技能
1	S0001	ASP.NET
2	S0001	SQLSERVER
3	S0001	VB.NET
4	S0002	VB.NET
5	S0002	SQLSERVER
6	S0003	ASP.NET

	資訊技能
1	ASP.NET
2	SQLSERVER
3	VB.NET

4. 承第 3 題，請利用 SQL 語言的 DML 來查詢哪些學生尚未繳交「學生專長表」。

5. 承第 3 題，請利用 SQL 語言的 DML 來查詢哪些學生「沒有完全」符合助教應該具備的能力。

VIEW 檢視表

◆ **本章學習目標**

1. 讓讀者瞭解 VIEW 的意義及如何建立、修改及刪除。
2. 讓讀者瞭解 VIEW 的種類及各種運用時機。

◆ **本章內容**

10-1 VIEW 檢視表

10-2 VIEW 的用途與優缺點

10-3 建立檢視表 (CREATE VIEW)

10-4 刪除檢視表 (DROP VIEW)

10-5 常見的檢視表 (VIEW Table)

10-6 檢視表與程式語言結合

10-1 │ VIEW 檢視表

　　VIEW 有人稱為「視界」、「檢視表」或「虛擬資料表」，事實上，不管稱為「視界」或「檢視表」，這些都是由 VIEW 翻譯過來的名詞，因此，VIEW 這個英文字還是最能傳達關聯式資料庫「過濾」的觀念。

定義　　檢視表 (VIEW) 其實只是基底表格 (Base Table) 的一個「小窗口」而已，因為**檢視表 (VIEW Table) 往往只是基底表格的一部分而非全部**。

作法　　我們可以利用 SQL 結構化查詢語言，將我們需要的資料從各個資料表中挑選出來，整合成一張新的資料表。

概念圖

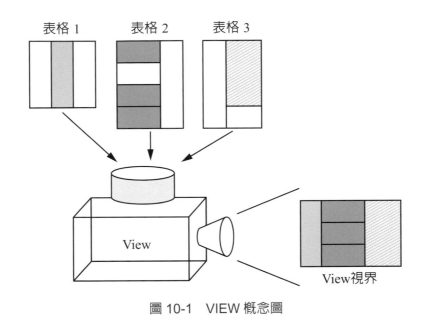

圖 10-1　VIEW 概念圖

VIEW 與 ANSI/SPARC 架構的關係

　　檢視表 (VIEW Table) 在關聯式系統中的地位相當於 ANSI/SPARC 資料庫的三層綱目架構上的外部層 (External Level)。因為它只是在實際資料表之外的一個虛擬資料表，實際上並沒有儲存資料。

「基底表格」與「虛擬資料表」的關係

假設現在有兩個基底表格 (Base Table)，分別為「課程資料表」及「老師資料表」，在透過 SQL 查詢之後，合併成一個使用者需求的資料表，即稱為虛擬資料表。如下圖所示：

基底表格(Base Table)

課程資料表

課程代碼	課程名稱	老師編號	學分數	必選修
A001	VB程式語言	T001	4	必
A002	互動式網頁程式設計	T001	3	選
A003	計算機概論	T003	2	必
A004	資料庫系統	T004	3	必
A005	網路教學概論	T005	4	選

老師資料表

老師編號	老師姓名	電子信箱	參考書目
T001	李春雄	t001@icemail.nknu.edu.tw	文京出版
T002	鄭忠煌	t002@icemail.nknu.edu.tw	松崗出版
T003	李慶章	t003@mail.tnssh.tn.edu.tw	文魁出版
T004	葉道明	t004@mail.ltsh.ilc.edu.tw	旗標出版
T005	溫嘉榮	t005@mail.ltsh.ilc.edu.tw	全華出版

View Select

視界表格(View Table)

虛擬資料表

老師姓名	課程名稱	參考書目
李春雄	VB程式語言	文京出版
李春雄	互動式網頁程式設計	文京出版
李慶章	計算機概論	文魁出版
葉道明	資料庫系統	旗標出版
溫嘉榮	網路教學概論	全華出版

圖 10-2 「基底表格」與「虛擬資料表」的關係示意圖

說明 檢視表 (VIEW Table) 的資料來源在於數個基底表格 (Base Table)，也就是說，透過 VIEW Select 語法的查詢，來建立一個新的虛擬資料表，使用者可以依不同的需求，來撰寫不同的 SQL 指令，進而查詢出使用者所需要的結果。

10-2 VIEW 的用途與優缺點

VIEW 檢視表的主要用途，就是可以提供不同的使用者不同的查詢資訊。因此，我們可以歸納為下列幾項用途：

1. 讓不同使用者對於資料有不同的觀點與使用範圍。

   例如：教務處是以學生的「學業成績」為主要觀點。

   學務處是以學生的「操行成績」為主要觀點。

2. 定義不同的檢視表，讓使用者看到的是資料過濾後的資訊。

   例如：一般使用者所看到的資訊只是管理者的部分子集合。

3. 有保密與資料隱藏的作用。

　　例如：個人可以看到個人全部資訊，但是，無法觀看他人的資料 (如：薪資、紅利、
　　　　　年終獎金等)。

4. 絕大部分的檢視表僅能做查詢，不能做更新。

VIEW 的優點

1. 降低複雜度

　　如果我們要查詢的資料是來自多個資料表時，利用 VIEW 檢視表就可以將所要查詢的
　　欄位資料集合成檢視表中的欄位。亦即把複雜的表格關係利用 VIEW 來表現，較能提
　　高閱讀性。

　　例如：公司老闆所需的摘要式資訊報表。

2. 提高保密性

　　如果我們不想公開整個資料表中的全部欄位資料時，則利用 VIEW 檢視表就可以有效
　　地隱藏個人的隱私資料，以達成保密措施。亦即針對不同使用者可產生不同權限設定
　　的 VIEW。

　　例如：公司員工只能查詢個人的薪資，無法查詢他人。

3. 提高程式維護性

　　當應用程式透過 VIEW 檢視表來存取資料表時，如果基底表格的架構改變時，無需改
　　變應用程式，只要修改 VIEW 檢視表即可。

　　例如：當公司員工升遷為經理時，則查詢的權限直接升級。

VIEW 的缺點

1. 執行效率差

　　因為 VIEW 檢視表每次都是經由多個資料表合併產生的，所以，必須花費較多時間。

2. 操作限制較多

　　因為 VIEW 檢視表在進行「刪除及修改」資料時，必須要符合某些特定的條件才能夠
　　更新，例如檢視表的建立指令不能包含 GROUP BY、DISTINCT、聚合函數。

10-3 | 建立檢視表 (CREATE VIEW)

定義　是指建立「檢視表」(或稱視界、虛擬資料表)。

格式

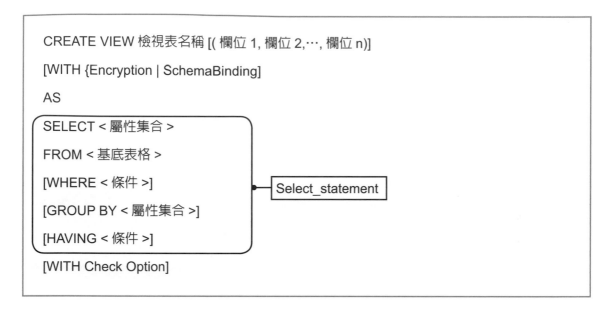

說明　1. WITH Encryption 關鍵字：

是指建立檢視表的同時設定「加密」之選項。但是，一旦被加密之後的檢視表，就無法再進行解密。因此，必須要再重寫。所以，一般的作法就是：製作二份檢視表，一份是沒有加密 (維護使用)，另一份則是已加密。

2. WITH SchemaBinding 關鍵字：

是指用來繫結檢視表底層表格的結構，亦即當檢視表所參考的來源資料表的結構有被異動時，DBMS 將會自動產生警告訊息。

3. WITH Check Option 關鍵字：

是指用來檢查異動資料項是否符合設定的限制條件。

注意　基本上，檢視表中的欄位名稱都是來自於 Select_statement 中的 < 屬性集合 >，因此，「檢視表」中的欄位名稱之資料型態會與「基底表格」中的欄位名稱相同。

建立來自「單一資料表」的檢視表

定義　是指檢視表中的欄位名稱是來自於「單一資料表」。

範例　建立一個「員工檢視表」，而資料來源是底層的「員工資料表」。

解答

步驟一：撰寫以下的 SQL 指令。

SQL 指令
use [MyDB] go CREATE VIEW　員工檢視表 AS 　　SELECT * 　　FROM　[dbo].[員工資料表]

步驟二：按「執行」鈕。

步驟三：查詢執行結果。

圖 10-3　查詢執行結果

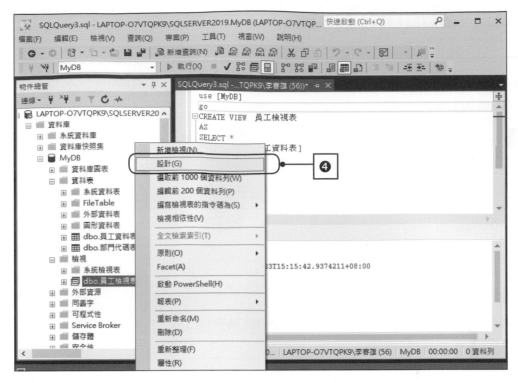

圖 10-4　點選設計

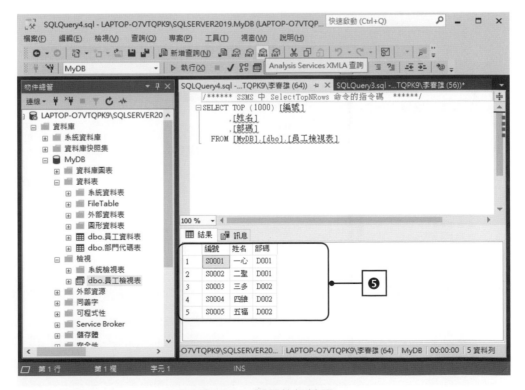

圖 10-5　顯示執行結果

建立來自「多個資料表」的檢視表

定義 是指檢視表中的欄位名稱是來自於「多個資料表」。

範例 建立一個「完整員工檢視表」，而資料來源是底層的「員工資料表」與「部門代碼表」。

解答

步驟一：撰寫以下的 SQL 指令。

SQL 指令

use [MyDB]
 go
 CREATE VIEW 完整員工檢視表
 AS
     SELECT A. 編號 , 姓名 , 部名
     FROM [dbo].[員工資料表] AS A,[dbo].[部門代碼表] AS B
     WHERE A. 部碼 =B. 部碼

步驟二：按「執行」鈕。

步驟三：查詢執行結果。

圖 10-6 執行結果

10-3-1　新增紀錄到檢視表 (INSERT VIEW)

定義　是指新增的資料到已經存在的虛擬表格內。

格式

INSERT　INTO 虛擬表格 < 屬性集合 >

VALUES(< 限制值集合 > | <SELECT 指令 >)

範例　新增一筆紀錄到員工檢視表中。

SQL 指令
INSERT INTO [dbo].[員工檢視表] VALUES('S0006', ' 六合 ','D001')

執行結果：

注意　「虛擬表格」新增資料時，「基底資料表」也會自動對映新增資料。

圖 10-7　執行結果

10-3-2　更改檢視表中的紀錄 (UPDATE VIEW)

定義　更改虛擬表格中的值組 (紀錄) 之屬性值。

格式

```
UPDATE 虛擬表格

SET {< 屬性 >=< 屬性值 >}

[WHERE < 選擇條件 >]
```

範例　修改員工檢視表中的屬性值。

SQL 指令
Update 員工檢視表 Set 部碼 ='D002' Where 編號 ='S0006'

❖ 執行結果 ❖

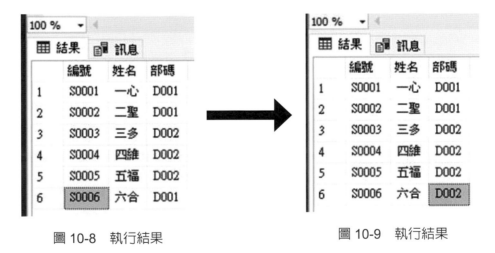

圖 10-8　執行結果　　　　　圖 10-9　執行結果

注意　虛擬表格修改資料時，基底資料表也會自動對映修改資料。

知識補給

檢視表重要觀念

基本上，我們也可以透過檢視表來「刪除及修改」資料，但是檢視表在進行操作時，必須符合下列條件，方能成為可更新：

1. 檢視表的來源資料表只能有一個資料表。
2. 檢視表的建立指令中不含 GROUP BY、DISTINCT、聚合函數。
3. 檢視表必須要包含原資料表的主鍵，否則無法異動。
4. SELECT 指令中不可直接含有 DISTINCT 關鍵字。
5. 不能有 GROUP BY 子句，也不能有 HAVING 子句。
6. 異動反應到基底資料表時，也必須符合基底資料表的條件約束。

10-4 | 刪除檢視表 (DROP VIEW)

定義　是指刪除已經存在的虛擬表格。

格式

```
DROP  VIEW  檢視表名稱
```

注意　DROP VIEW 並不會影響到該檢視表所參考的基底資料表。

範例　請刪除「員工檢視表」。

SQL 指令
use MyDB go DROP VIEW [dbo].[員工檢視表]

10-5 | 常見的檢視表 (VIEW Table)

在我們學會以上內容之後，接下來，我們來說明目前常用的檢視表種類，基本上常見有三種：

1. 行列子集檢視表 (Row-Column Subset VIEWs)
2. 合併多個關聯表檢視表 (Join VIEWs)
3. 統計彙總檢視表 (Statistic Summary VIEWs)

一、行列子集檢視表 (Row-Column Subset VIEWs)

定義 是指從單一個資料表或檢視表來過濾不必要的資料，所以在行或列的資料上，都會少於或等於原本資料表。

優點 1. 資料以更簡化的形式呈現。

2. 同時兼具保密的功能。

3. 將不願意開放的資料隱藏起來。

使用時機 對於安全性及保密性較高的情況。

範例 請在老師資料表中，隱藏教師的「薪資資料」。

原始的資料表：

	老師編號	老師姓名	研究領域	薪資
1	T0001	張三	數位學習	68000
2	T0002	李四	資料探勘	75000
3	T0003	王五	知識管理	85000
4	T0004	李安	軟體測試	100000

圖 10-10 老師資料表

SQL 指令
use MyDB go CREATE VIEW 隱藏薪資的老師資料表 AS SELECT 老師編號, 老師姓名, 研究領域 FROM dbo. 老師資料表

❖ 執行結果 ❖

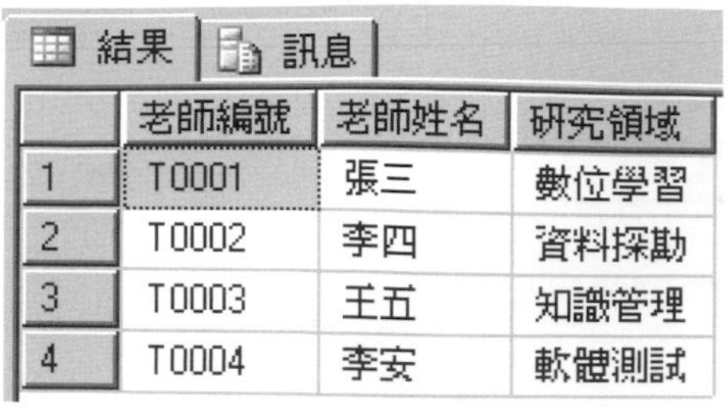

圖 10-11　執行結果

說明：只顯示老師的編號、姓名及研究領域，而看不到老師的薪資。

二、合併多個關聯表檢視表 (Join VIEWs)

定義　是指將兩個以上的資料表或檢視表在符合某條件合併後產生另一個新的檢視表。

優點　1. 讓使用者不必經過合併運算便取得相關表格的欄位資料。例如：是指利用「虛擬資料表」直接來查詢。

　　　2. 使用檢視表可以簡化繁雜的合併操作。

　　　3. 可以省去每次都要輸入一連串查詢敘述的困擾。

使用時機　對於常用的固定查詢。

範例 1　產生一個「資料庫系統」前三名成績單的學生之虛擬表格。

SQL 指令
use MyDB go CREATE VIEW DB 前三名成績單 AS SELECT TOP 3　姓名 , 課程名稱 , 成績 FROM　學生資料表 AS A, 選課資料表 AS B, 課程資料表 AS C WHERE　A. 學號 = B. 學號 AND C. 課程代號 = B. 課號 AND C. 課程代號 = 'C005' Order by 成績 Desc

❖ 執行結果 ❖

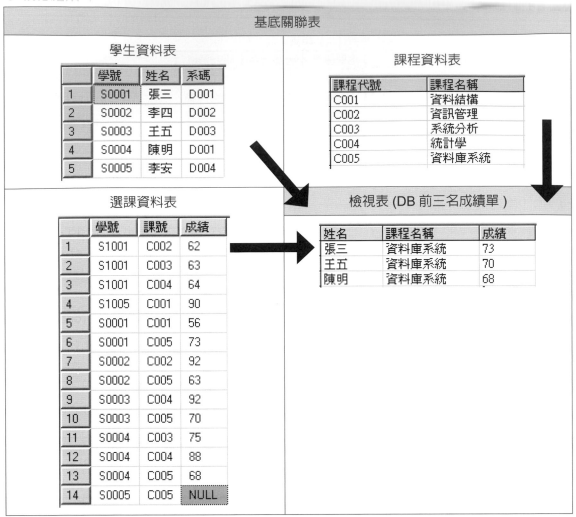

圖 10-12 執行結果

範例 2 承範例 1，再將「DB 前三名成績單」之虛擬表格中，再進一步查詢成績大於 (含)70 以上的學生資料。

SQL 指令
Select * From 前三名成績單 Where 成績 >=70

❖ 執行結果 ❖

姓名	課程名稱	成績
張三	資料庫系統	73
王五	資料庫系統	70

圖 10-13　執行結果

三、統計彙總檢視表 (Statistic Summary VIEWs)

定義　藉由一些聚合函數來做一些運算，產生新的資料欄位，例如：計算加總、平均等，放在一個新的欄位裡。

優點　檢視表僅顯示彙總後的資料，簡化複雜的操作過程。

使用時機　計算較複雜的數學運算。

範例　計算出每一位學生的學期總成績之虛擬表格。

SQL 指令
use MyDB go Create VIEW 學生成績加總 (學號 , 總成績) As Select 學號 ,Sum(成績) From 選課資料表 Group by 學號

❖ 執行結果 ❖

	學號	總成績
1	S0001	129
2	S0002	155
3	S0003	162
4	S0004	231
5	S0005	NULL
6	S1001	189
7	S1005	90

圖 10-14　執行結果

10-6 │ 檢視表與程式語言結合

在我們學會如何利用 SQL 語言來撰寫「View」之後，接下來，我們來介紹，如何利用應用程式來呼叫資料庫管理系統中的「檢視表」。在本書中，筆者以 Python 程式語言來呼叫。

實作　請利用 Python 呼叫 ch10-3 節所建立的「員工檢視表」之檢視表。

程式碼

```
import pyodbc
driver="{ODBC Driver 17 for SQL Server}"
server="LAPTOP-O7VTQPK9\SQLSERVER2019"
database="MyDB"
username="sa"
password="PWD"
conn=pyodbc.connect("DRIVER=" + driver
            + ";SERVER=" + server
            + ";DATABASE=" + database
            + ";UID=" + username
            + ";PWD=" + password)
SQLcmd="select * from 員工檢視表 "
Record=conn.execute(SQLcmd)
ListStaff=list(Record.fetchall())
print(" 編號　姓名　部門 ")
print("-----------------------")
for row in ListStaff:
    for col in row:
        print(col, end="   ")
    print()
Record.close()
conn.close()
```

❖ 執行結果 ❖

圖 10-15　執行結果

課後評量

選擇題

(　　) 1. 在 SQL 語言中，關於「VIEW 檢視表」之敘述，何者不正確？

　　　(A) 又稱爲「虛擬資料表」

　　　(B) 最能傳達關聯式資料庫「過濾」的觀念

　　　(C) 相當於 ANSI/SPARC 資料庫的三層綱目架構上的外部層 (External Level)

　　　(D) 實際上是用來儲存正規化後的資料。

(　　) 2. 在 SQL 語言中，請問下列哪一種關聯表是屬於「虛擬資料表」？

　　　(A) 基底關聯表　　(B) 具名關聯表　　(C) 檢視表　　(D) 查詢結果

(　　) 3. 在 SQL 語言中，請問下列哪一種關聯表不是透過合併查詢導出關聯表？

　　　(A) 基底關聯表　　(B) 瞬間關聯表　　(C) 檢視表　　(D) 查詢結果

(　　) 4. 下何者對檢視表 (VIEW) 的敘述是錯誤的？

　　　(A) 檢視表的最底層一定是基底關聯表

　　　(B) 虛擬資料表的最底層可以是檢視表

　　　(C) 檢視表也稱爲虛擬資料表

　　　(D) 檢視表的下一層可以是由資料表或檢視表所形成。

(　　) 5. 在 SQL 語言中，關於「檢視表 (VIEW Table)」之敘述何者錯誤？

　　　(A) 檢視表 (VIEW) 其實只是基底表格 (Base Table) 的一個「小窗口」而已

　　　(B) 檢視表和資料表均爲實際表格，長久儲存在硬碟裡

　　　(C) 檢視表 (VIEW Table) 往往只是基底表格的一部分而非全部

　　　(D) 檢視表較資料表有較佳的安全性。

(　　) 6. 在 SQL 語言中，有關「檢視表 (VIEW)」用途之敘述，何者錯誤？

　　　(A) 檢視表適用更新但不能查詢

　　　(B) 定義不同的檢視表，讓使用者看到的資料過濾後的資訊

　　　(C) 有保密與資料隱藏的作用

　　　(D) 讓不同使用者對於資料有不同的觀點與使用範圍。

(　　) 7. 在 SQL 語言中，有關「檢視表 (VIEW)」優點之敘述，何者錯誤？

　　　(A) 降低複雜度　　　　　(B) 提高保密性

　　　(C) 提高程式維護性　　　(D) 以上皆是。

(　　) 8. 在 SQL 語言中，有關「新增紀錄到檢視表」之敘述，何者錯誤？

(A) 可以新增的資料到尚未存在的虛擬表格內

(B) 只能新增的資料到已經存在的虛擬表格內

(C) 當虛擬表格新增一筆資料表時，則基底資料表也會自動對映新增資料。

(D) 新增紀錄到基底表格或檢視表的 SQL 指令撰寫語法相同。

(　　) 9. 在 SQL 語言中，有關「INSERT INTO 檢視表」之後，將會至少影響幾個資料表的紀錄呢？下列何者正確。

(A)1　(B)2　(C)3　(D)4。

(　　) 10.下列對於檢視表 (VIEW) 的更新之敘述，何者錯誤？

(A) 在 檢 視 表 的 Sqlt_statement 中 無 法 使 用 ORDER BY， 但 可 以 使 用 DISTINCT 子句

(B) 若檢視表沒有包含資料表的主鍵，則不能異動

(C) 異動反應到基底資料表時，也必須符合基底資料表的條件約束

(D) 以上皆非。

(　　) 11.在 SQL 語言中，有關「修改檢視表中的紀錄」之敘述，何者錯誤？

(A) 針對已經存在的虛擬表格之紀錄才能進行修改

(B) FROM 子句可以加入多個資料表

(C) 當虛擬表格修改一筆資料表時，則基底資料表也會自動被修改。

(D) 新增紀錄到基底表格或檢視表的 SQL 指令撰寫語法相同。

(　　) 12.在 SQL 語言中，有關檢視表 (VIEW) 之敘述，下列何者正確？

(A) 經過 Join 所產生的檢視表 (VIEW) 不可以進行更新

(B) 經過 Join 所產生的檢視表 (VIEW) 可以進行更新

(C) 經過 Group By 所產生的檢視表 (VIEW) 可以進行更新

(D) 經過 Aggregate 所產生的檢視表 (VIEW) 可以進行更新。

(　　) 13.在 SQL 語言中，請問下列哪一個關於檢視表 (VIEW) 異動資料內容的限制條件是錯誤的？

(A) 檢視表的來源資料表只能有一個資料表。

(B) 不可包含 DISTINCT 和聚合函數

(C) 需要遵守來源基底關聯表的完整性限制條件

(D) 可以包含 GROUP BY 和 Having 子句。

(　　) 14. 在 SQL 語言中，有關「檢視表 (VIEW)」之敘述，下列何者錯誤？

(A) 檢視表較資料表有較佳的安全性

(B) 並沒有真正將資料儲存在磁碟

(C) 檢視表的資料可以來自基底表格或其他的檢視表

(D) 檢視表只能從關聯表導出。

(　　) 15. 在 SQL 語言中，有關「DROP VIEW」之敘述，何者正確？

(A) 是指刪除已經存在的虛擬表格

(B) 並不會影響到該檢視表所參考的基底資料表

(C) 一次可以刪除多個檢視表

(D) 以上皆是。

📖問答題

1. 請說明檢視表 (VIEW) 的定義及與 ANSI/SPARC 架構的關係

2. 請列出檢視表 (VIEW) 的用途與優缺點

3. 當我們利用 VIEW 檢視表在進行「刪除及修改」資料時，必須要符合某些特定的條件才能夠更新。

4. 請列出目前常用的檢視表種類。

5. 請說明「行列子集檢視表」的定義、優點及使用時機。

6. 請說明「合併多個關聯表檢視表」的定義、優點及使用時機。

7. 請說明「統計彙總檢視表」的定義、優點及使用時機。

NOTE

11

預存程序

◆ **本章學習目標**

1. 讓讀者瞭解預存程序的意義、使用時機、優
   缺點及種類。

2. 讓讀者瞭解建立與維護預存程序。

◆ **本章內容**

11-1 何謂預存程序 (Stored Procedure)

11-2 預存程序的優點與缺點

11-3 預存程序的種類

11-4 建立與維護預存程序

11-5 建立具有傳入參數的預存程序

11-6 建立傳入參數具有「預設值」的預存程序

11-7 傳回值的預存程序

11-8 執行預存程序命令

11-1 | 何謂預存程序 (Stored Procedure)

定義 預存程序就像是程式語言中的副程式，我們可以<u>將常用的查詢或對資料庫進行複雜的操作指令預先寫好存放在資料庫裡</u>，這些預先儲存的整批指令就稱為「預存程序」。

作法 將整批 SQL 指令預先寫好，存放在資料庫裡面，然後在適當的時機以單一 SQL 指令執行它。

未使用與使用預儲程序之差異

撰寫 SQL 指令，基本上，有兩種方法：

1. 未使用預儲程序：是指將 T-SQL 程式儲存在用戶 (Client) 端。

2. 使用預儲程序：是指將 T-SQL 程式儲存為 SQL Server 的預存程序。

未使用預儲程序

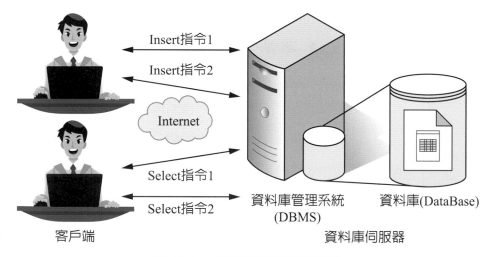

圖 11-1　未使用預存程序架構圖

說明 當使用者對資料庫有許多查詢需求時，客戶端的應用程式就必須每次都要發佈一連串的 SQL 指令。如此一來，將會導致「客戶端」與「資料庫伺服器」之間的**負荷提高**，並且降低**執行效率**。

使用預儲程序

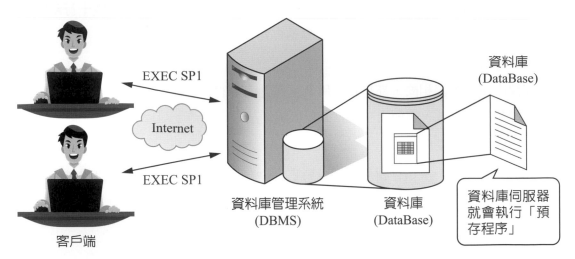

圖 11-2　使用預存程序架構圖

說明　當使用者對資料庫有許多查詢需求時，客戶端的應用程式只需要發佈呼叫「預儲程序」指令即可。因此，就不需要每次都要發佈一連串的 SQL 指令。如此一來，將可以**降低**「客戶端」與「資料庫伺服器」之間的**負荷**，並且**提高執行效率**。

11-2 │ 預存程序的優點與缺點

　　由於預存程序 (Store Procedure) 是一種直接在資料庫伺服端上執行的 SQL 程序。因此，客戶端的「使用者」只要透過呼叫預存程序名稱，即可執行「資料庫伺服端」上的預存程序之 SQL 指令。基本上，我們會將「常用」且「固定」異動操作 (如：新增、修改、刪除) 或查詢動作撰寫成預存程序，以達到以下四項優點。

一、預存程序優點

1. 提高執行效率

　　由於預存程序 (Store Procedure) 的每一行 SQL 指令只要事先編譯過一次，就可以進行剖析和最佳化，而傳統的 T-SQL 指令則是每次執行時都要反覆地從用戶端傳到伺服器。因此，它比傳統的 T-SQL 指令的執行速度來得快。

2. 減少網路流量

利用 EXECUTE 指令來執行預存程序時，就不需要每次在網路上傳送數十行至數百行的 T-SQL 程式碼。只要在前端送出一條執行預存程序的指令即可。

3. 增加資料的安全性

預存程序與檢視表相同，都是將使用者常用且固定的查詢操作，利用 T-SQL 指令撰寫成一段類似副程式，讓使用者不會直接接觸到基底資料表，以達到資料的安全性。

4. 模組化以便重複使用

設計者只要建立一次預存程序，並且將它儲存在資料庫中，爾後就可以提供不同使用者重複使用。

二、預存程序缺點

可攜性較差是預存程序的主要缺點，因為每一家 RDBMS 廠商所提供的預存程序之程式語法不盡相同，MS SQL Server 是以 T-SQL 來撰寫預存程序，Oracle 則用 PL-SQL。

11-3 | 預存程序的種類

基本上，在 SQL Server 中，它提供三種不同的預存程序來讓使用者呼叫。

一、系統預存程序

定義 它是以 **sp_ 開頭名稱**，所建立的預存程序。

目的 用來管理或查詢系統相關的資訊。

執行步驟 進入 SQL Server Enterprise Manager、執行「資料庫 / ch11_DB / 可程式性／預存程序／系統預存程序」找到系統提供的預存程序。如下所示：

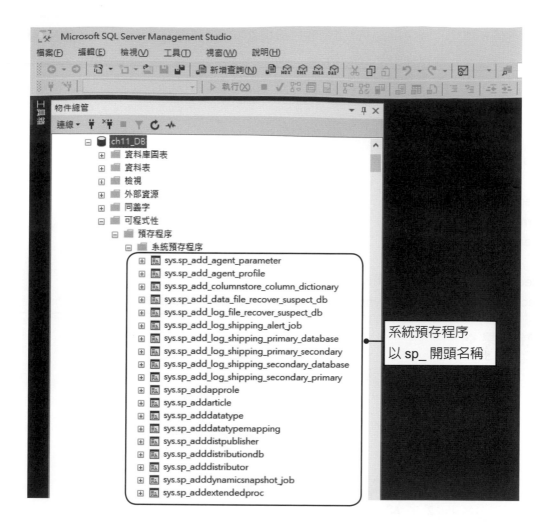

圖 11-3

範例 請先建立一個檢視表「高雄市客戶檢視表」，再透過 sp_helptext「系統預存程序」來查詢此檢視表的 T-SQL 指令

程式碼
use ch11_DB go Create View 高雄市客戶檢視表 AS Select * From dbo. 客戶資料表 Where 城市 =' 高雄市 ' go Select * From 高雄市客戶檢視表 Exec sp_helptext ' 高雄市客戶檢視表 ' -- 查詢此檢視表的 T-SQL 指令

❖ 執行結果 ❖

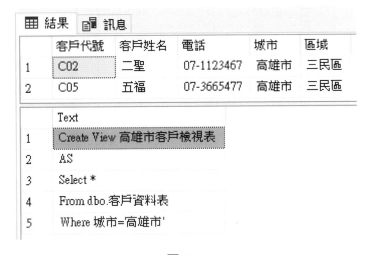

圖 11-4

範例 1 利用「系統預存程序」來查詢目前資料庫系統的使用者有哪些？

程式碼
Exec sp_who go

❖ 執行結果 ❖

	spid	ecid	status	loginame	hostname	blk	dbname	cmd
21	21	0	sleeping	sa		0	master	TASK MANAGER
22	22	0	sleeping	sa		0	master	TASK MANAGER
23	23	0	sleeping	sa		0	master	TASK MANAGER
24	24	0	sleeping	sa		0	master	TASK MANAGER
25	25	0	sleeping	sa		0	master	TASK MANAGER
26	51	0	sleeping	LEECHA3\Administrator	LEECHA3	0	ch14...	AWAITING COMMAND
27	52	0	sleeping	LEECHA3\Administrator	LEECHA3	0	master	AWAITING COMMAND
28	53	0	runnable	LEECHA3\Administrator	LEECHA3	0	ch14...	SELECT
29	55	0	sleeping	LEECHA3\Administrator	LEECHA3	0	ch14...	AWAITING COMMAND
30	56	0	sleeping	NT AUTHORITY\SYSTEM	LEECHA3	0	Repor...	AWAITING COMMAND

圖 11-5

您可以直接指定查詢「sa」的處理程序。

```
Exec sp_who 'sa'
```

您也可以直接查詢目前正在使用中的處理程序。

```
Exec sp_who 'active'
```

範例 2 利用 sp_detach_db「系統預存程序」來**卸離資料庫**。

程式碼
EXEC sp_detach_db 'ch11_DB'

注意 在進行卸離資料庫動作時，必須將游標移到其他資料庫，否則無法進行。

範例 3 利用 sp_attach_db「系統預存程序」來**附加資料庫**。

首先將範例檔案中的「ch11_DB.mdf」與「ch11_DB_log.ldf」這兩個檔案同時複製到「D:\dbms」目錄下。

程式碼
EXEC sp_attach_db 'ch11_DB', 　'D:\dbms\ch11_DB.mdf', 　'D:\dbms\ch11_DB_log.ldf'

範例 4　利用 sp_helpdb「系統預存程序」來查詢目前全部的資料庫。

程式碼
EXEC sp_helpdb

範例 5　利用 sp_renamedb「系統預存程序」來更改**指定資料庫的名稱**。

程式碼
EXEC sp_renamedb 'ch11_DB_OLD','ch11_DB_NEW'

二、擴充預存程序

定義　是指利用傳統程式語言來撰寫，以擴充 T-SQL 的功能。並且它是以 **xp_ 開頭名稱**，所建立的預存程序。

目的　用來處理傳統 T-SQL 程式無法達成功能。

三、使用者自定預存程序

定義　是指由使用者來自行設計預存程序，其方法與撰寫一般的副程式相同，都必須要命名一個名稱，但是在命名時**最好不要以 sp_ 或 xp_ 開頭**，否則容易與系統預存程序與擴充預存程序混淆。

目的　可以依使用者的需求來設計預存程序。

執行步驟　進入 SQL Server Enterprise Manager、執行「資料庫 / ch11_DB / 可程式性／預存程序」。如下所示：

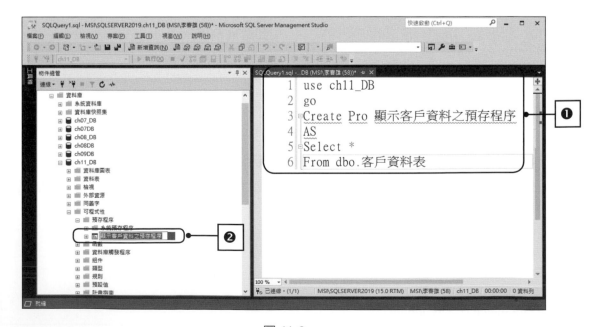

圖 11-6

11-4 │ 建立與維護預存程序

在本節中，我們將介紹如何建立預存程序，並且在建立之後，如何進行維護此預存
程序。

11-4-1　建立預存程序

定義　　資料庫管理師依使用者的需求來建立預存程序。

語法

```
CREATE PROC[EDURE] procedure_name[;number]
    [ {@parameter data_type} [VARYING] [= default] [OUTPUT] ]
    [WITH  {   RECOMPILE   |  ENCRYPTION   |  RECOMPILE, ENCRYPTION   }]
    [FOR REPLICATION]
AS
    T-SQL_Statement
```

符號說明　● ｛｜｝代表在大括號內的項目是必要項，但可以擇一。

　　　　　　● [ ]代表在中括號內的項目是非必要項，依實際情況來選擇。

關鍵字說明

1. PROC[EDURE]：建立預存程序的關鍵字有兩種寫法：

    (1)簡寫：PROC

    (2)全名：PROCEDURE

2. procedure_name：代表欲建立的預存程序的名稱。

3. number：用來管理相同預存程序之群組。

4. @parameter data_type：用來宣告參數的資料型態。以作爲預存程序傳入或傳
    出之用。

5. default：用來設定所宣告之參數的預設值。

6. OUTPUT：用來輸出參數傳回的結果。

7. RECOMPILE：代表每次執行此預存程序時，都會再重新編譯。其目的是
    當預存程序有異動時，能夠提供最佳的執行效能。但是，如果有指定 FOR
    REPLICATION 時，就不能指定此選項功能。

8. ENCRYPTION：用來將設計者撰寫的預存程序進行編碼，亦即所謂的「加密」。

9. FOR REPLICATION：是指用來設定此預存程序只能提供「複寫」功能。注意：此選項功能不能與 WITH RECOMPILE 同時使用。

實作 將目前的「客戶資料表」中，住在「高雄市」的客戶，建立成一個預存程序。

1. 建立預存程序

```
use ch11_DB
go
Create PROC 高雄市客戶之預存程序
AS
Select *
From dbo. 客戶資料表
Where 城市 =' 高雄市 '
```

2. 執行預存程序

```
EXEC 高雄市客戶之預存程序
```

❖ 執行結果 ❖

	客戶代號	客戶姓名	電話	城市	區域
1	C02	李四	07-7878788	高雄市	三民區
2	C05	陳明	07-3355777	高雄市	三民區

圖 11-7

注意：預存程序內的欄位名稱是來自於 SQL 敘述中的 Select 後的欄位串列。

隨堂練習 1

請利用 T-SQL 指令，在「產品資料表」中，將訂價超過 2000 元以上的產品，其「產品代號」、「產品名稱」及「訂價」建立成高價位產品之預存程序 (命名為：MyProc1)

❖ 解答 ❖

程式碼
USE ch11_DB go Create Proc MyProc1　/* 建立高價位產品之預存程序 */ As Select 產品代號 , 產品名稱 , 訂價 From dbo. 產品資料表 Where 訂價 >2000

❖ 執行預存程序 ❖

EXEC MyProc1　/* 執行預存程序 */

❖ 執行結果 ❖

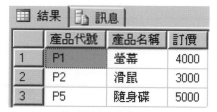

	產品代號	產品名稱	訂價
1	P1	螢幕	4000
2	P2	滑鼠	3000
3	P5	隨身碟	5000

 隨堂練習 2

建立預存程序群組

請利用 T-SQL 指令，在「產品資料表」中，將訂價低於 2000 元 (含) 的產品，建立預存程序 (命名為：MyProc;1)

∴ 解答 ⋔

程式碼
USE ch11_DB go Create Proc MyProc;1　/* 建立預存程序群組的第一個程序 */ As Select * From dbo. 產品資料表 Where 訂價 <=2000

❖ 執行預存程序 ❖

> EXEC MyProc;1　/* 執行預存程序 */

❖ 執行結果 ❖

	結果	訊息					
	產品代號	產品名稱	顏色	訂價	庫存量	已訂購數量	安全存量
1	P3	鍵盤	灰色	2000	10	15	4
2	P4	主機外殼	黑色	1000	10	20	4

 隨堂練習 3

建立預存程序群組

請利用 T-SQL 指令，在「產品資料表」中，將訂價高於 2000 元 (不含) 的產品，建立預存程序 (命名為：MyProc;2)

❖ 解答 ❖

程式碼
USE ch11_DB go Create Proc MyProc;2 /* 建立預存程序群組的第二個程序 */ As Select * From dbo. 產品資料表 Where 訂價 >2000 Go

❖ 執行預存程序 ❖

EXEC MyProc;2 /* 執行預存程序 */

❖ 執行結果 ❖

結果 | 訊息

	產品代號	產品名稱	顏色	訂價	庫存量	已訂購數量	安全存量
1	P1	螢幕	銀白色	4000	10	10	20
2	P2	滑鼠	白色	3000	10	5	20
3	P5	隨身碟	紅色	5000	50	30	30
4	P6	iPad	NULL	16500	NULL	NULL	NULL

11-4-2 修改預存程序

定義　用來修改已經存在的預存程序。

語法　與建立預存程序相同，只要將 Create 改為 Alter 即可。

實作　將已經建立完成「高雄市客戶之預存程序」，改為只列出「客戶姓名、電話及城市」等三個欄位的預存程序。

修改預存程序

```
use ch11_DB
go
Alter PROC 高雄市客戶之預存程序
AS
Select 客戶姓名 , 電話 , 城市
From dbo. 客戶資料表
Where 城市 =' 高雄市 '
```

執行預存程序

```
EXEC 高雄市客戶之預存程序
```

❖ 執行結果 ❖

圖 11-8

11-4-3 刪除預存程序

定義 用來刪除已經存在的預存程序。

語法

```
DROP PROC[EDURE] 預存程序名稱
```

實作 將已經建立完成「高雄市客戶之預存程序」刪除。

刪除預存程序

```
use ch11_DB
go
DROP PROC 高雄市客戶之預存程序
```

11-5 │ 建立具有傳入參數的預存程序

在前一節中，我們已經學會如何建立基本的預存程序之後，在本單元中，我們將進一步介紹，如何在預存程序中傳入參數，以讓預存程序能夠發揮更大的運用與彈性。

語法

```
CREATE  PROC[EDURE] procedure_name
    [ {@parameter data_type} [= default]] [,…n ]
AS
    T-SQL_Statement
```

說明　1. PROC[EDURE]：建立預存程序的關鍵字有兩種寫法：

(1) 簡寫：PROC

(2) 全名：PROCEDURE

2. procedure_name：代表欲建立的預存程序的名稱。

3. @parameter data_type：用來宣告參數的資料型態。以作為預存程序傳入或傳出之用。

4. default：用來設定所宣告之參數的預設值。

5. n：代表參數的個數

實作　在上一個例子中，我們執行預存程序時，只能建立住在「高雄市」的客戶的預存程序。但是，如果也想再建立住在各城市的客戶時，那就必須要利用傳入參數的方式來建立。

建立陌存程序

```
use ch11_DB
go
Create PROC CITY_CUS_PROC
@City CHAR(10)          傳遞參數宣告
AS
Select *
From dbo. 客戶資料表
Where 城市 =@City      傳入參數使用
```

執行預存程序

```
EXEC CITY_CUS_PROC '台北市'
EXEC CITY_CUS_PROC '台南市'
EXEC CITY_CUS_PROC '高雄市'
```

❖ 執行結果 ❖

	客戶代號	客戶姓名	電話	城市	區域
1	C04	李安	02-2710000	台北市	大安區

	客戶代號	客戶姓名	電話	城市	區域
1	C03	王六	06-6454555	台南市	永康市

	客戶代號	客戶姓名	電話	城市	區域
1	C02	李四	07-7878788	高雄市	三民區
2	C05	陳明	07-3355777	高雄市	三民區

圖 11-9

11-6 | 建立傳入參數具有「預設值」的預存程序

除了使用者指定傳入參數之外，我們也可以使用預設值。因此，其執行優先順序以使用者輸入為主要，但是如果使用者沒有給了傳入參數值，則以預設值來執行。

實作　請利用傳入參數具有「預設值」來比較「沒有指定傳入參數」與「有指定傳入參數」之不同。

建立預存程序

```
use ch11_DB
go
Create PROC CITY_CUS_PROC
@City CHAR(10)=' 高雄市 '          傳遞參數設定預設值
AS
Select *
From dbo. 客戶資料表
Where 城市 =@City                  傳入參數使用
```

執行預存程序　沒有指定傳入參數

```
EXEC CITY_CUS_PROC
```

❖ 執行結果 ❖

	客戶代號	客戶姓名	電話	城市	區域
1	C02	李四	07-7878788	高雄市	三民區
2	C05	陳明	07-3355777	高雄市	三民區

圖 11-10

執行預存程序　有指定傳入參數

```
EXEC CITY_CUS_PROC ' 台北市 '
```

❖ 執行結果 ❖

	客戶代號	客戶姓名	電話	城市	區域
1	C04	李安	02-2710000	台北市	大安區

圖 11-11

11-7 | 傳回值的預存程序

基本上，在撰寫預存程序時，會有三種不同傳回值的方法：

1. 在參數中，利用「OUTPUT」選項來指定參數。

2. 在程序中，利用「RETURN n」，其中 n 必須是整數。

3. 利用「EXEC」執行 T-SQL。

11-7-1 利用 OUTPUT 傳出參數來傳回值

在預存程序中，我們可以利用 OUTPUT「傳出參數」來回傳資料。

實作　請利用傳出參數來查詢「產品資料表」中的訂價之差價。

建立預存程序

```
use ch11_DB
go
Create PROC Product_Diff_Price_PROC
 @P_Diff_Price int OUTPUT  -- 產品差價
AS
Declare @High_Price int    -- 最高訂價
Declare @Low_Price int     -- 最低訂價
Select @High_Price=MAX( 訂價 ),@Low_Price=Min( 訂價 )
From dbo. 產品資料表


-- 計算產品差價
set @P_Diff_Price=@High_Price-@Low_Price
```

執行預存程序

```
Declare @P_Diff int
Exec Product_Diff_Price_PROC @P_Diff OUTPUT
print ' 產品最高與最低的差價 ='+ CONVERT(VARCHAR,@P_Diff)
go
```

❖ 執行結果 ❖

圖 11-12

11-7-2　利用 RETURN 指令來傳回值

在預存程序中，我們除了可以利用 OUTPUT「傳出參數」來回傳資料之外，也可以利用「RETURN」指令來進行。

基本上，如果利用「RETURN」指令來傳回值，大部份是用來判斷某一預存程序是否執行成功。如果執行成功，則傳回 0，否則傳回非 0。

實作　請利用「RETURN」指令來傳回產品資料表中指定的產品名稱。

建立預存程序

```
use ch11_DB
go
Create PROC Product_Name_PROC
@P_No char(3)
AS

Select 產品名稱
From dbo. 產品資料表
Where 產品代號 =@P_No

IF @@ROWCOUNT=0
  return 1    -- 如果執行不成功，則傳回 1
else
  return 0    -- 如果執行成功，則傳回 0
```

執行預存程序 第一種情況：成功找到

```
declare @ReValue int

EXEC @ReValue=Product_Name_PROC P2

IF @ReValue=1

  PRINT ' 找不到此產品的代號 '

ELSE

  PRINT ' 可以找到此產品代號 '
```

❖ 執行結果 ❖

結果視窗	訊息視窗
結果 訊息 　產品名稱 1　滑鼠	結果 訊息 (1 個資料列受到影響) 可以找到此產品代號

執行預存程序 第二種情況：未成功找到

```
declare @ReValue int

EXEC @ReValue=Product_Name_PROC P20

IF @ReValue=1

  PRINT ' 找不到此產品的代號 '

ELSE

  PRINT ' 可以找到此產品代號 '
```

❖ 執行結果 ❖

結果視窗	訊息視窗
結果 訊息 　產品名稱	結果 訊息 (0 個資料列受到影響) 找不到此產品的代號

11-7-3　利用 EXEC 執行 SQL 字串來傳回值

在預存程序中，我們除了可以利用 OUTPUT「傳出參數」與「RETURN」指令來回傳資料之外，也可以利用「EXEC」執行 SQL 字串來傳回值。

實作　請利用 EXEC 執行 SQL 字串來傳回產品資料表中指定的產品名稱。

建立預存程序

```
use ch11_DB
go
Create PROC Product_PROC
AS
Declare @sqlStr char(200)
Set @sqlStr='Select 產品名稱 From 產品資料表 '
EXEC(@sqlStr)
go
```

執行預存程序

```
EXEC Product_PROC
```

❖ 執行結果 ❖

圖 11-13

11-8 | 執行損存程序命令

在我們撰寫完成預存程序之後，我們要再透過「EXECUTE」命令來執行。但是，有些預存程序是帶有參數，因此，要特別注意輸入參數的數目及順序，否則會產生錯誤。

在執行預存程序命令時，基本上，有兩種參數傳入方法：

1. 未指定傳入參數名稱：它必須要按照預存程序中的參數位置順序。

2. 有指定傳入參數名稱：不需要按照預存程序中的參數位置順序。

實作　請利用帶有傳入參數預存程序來比較「未指定」與「有指定」傳入參數名稱。將「產品資料表」中，產品名稱為「隨身碟」降價 20%。

建立預存程序

```
use ch11_DB
go
Create PROC Down_HD_Price_PROC
 @Name CHAR(10),
 @Down_Price float
AS
Update 產品資料表
Set 訂價 = 訂價 *(1-@Down_Price)
Where 產品名稱 =@Name
go
```

執行預存程序

```
Select * from 產品資料表 Where 產品名稱 =' 隨身碟 '
```

❖ 執行結果 ❖

	產品代號	產品名稱	顏色	訂價	庫存量	已訂購數量	安全存量
1	P5	隨身碟	紅色	5000	50	30	30

圖 11-14

執行預存程序　未指定傳入參數名稱 → 必須要按照預存程序中的參數位置順序

-- 隨身碟第一次調降之後

Exec Down_HD_Price_PROC ' 隨身碟 ',0.2

Select * from 產品資料表 Where 產品名稱 =' 隨身碟 '

❖ 執行結果 ❖

	產品代號	產品名稱	顏色	訂價	庫存量	已訂購數量	安全存量
1	P5	隨身碟	紅色	4000	50	30	30

圖 11-15

執行預存程序　有指定傳入參數名稱 → 不需要按照預存程序中的參數位置順序

-- 隨身碟第二次調降之後

Exec Down_HD_Price_PROC @Down_Price=0.2,@Name=' 隨身碟 '

Select * from 產品資料表 Where 產品名稱 =' 隨身碟 '

❖ 執行結果 ❖

	產品代號	產品名稱	顏色	訂價	庫存量	已訂購數量	安全存量
1	P5	隨身碟	紅色	3200	50	30	30

圖 11-16

課後評量

📖 選擇題

(　　) 1. 有關「預存程序」的敘述，下列何者正確？

(A) 像是程式語言中的副程式

(B) 將常用的查詢指令之集合

(C) 適合於複雜的操作指令

(D) 以上皆是。

(　　) 2. 有關「未使用預存程序」的敘述，下列何者正確？

(A) 每次都要發佈一連串的 SQL 指令

(B) 不需要每次都要發佈一連串的 SQL 指令

(C) 導致「客戶端」與「資料庫伺服器」之間的負荷提高

(D) 降低執行效率。

(　　) 3. 有關「使用預存程序」的敘述，下列何者正確？

(A) 只需要發佈呼叫「預儲程序」指令即可

(B) 不需要每次都要發佈一連串的 SQL 指令

(C) 可以降低「客戶端」與「資料庫伺服器」之間的負荷

(D) 以上皆是。

(　　) 4. 下列何者不是預存程序 (Stored Procedure) 的優點？

(A) 可提高執行效率，並且可攜性高

(B) 減少網路流量

(C) 增加資料的安全性

(D) 模組化以便重複使用。

(　　) 5. 有關「預存程序」的優點，下列何者不正確？

(A) 比傳統的 T-SQL 指令的執行速度來的快

(B) 不需要每次在網路上傳送數十行至數百行的 T-SQL 程式碼

(C) 只能提供單一使用者來使用

(D) 可以提供不同使用者重複使用。

( ) 6. 為什麼「預存程序」的可攜性較差，下列何者正確？
   (A) 每一家 RDBMS 廠商所提供的預存程序之程式語法不盡相同
   (B) MS SQL Server 是以 T-SQL 來撰寫預存程序
   (C) Oracle 是以 PL-SQL 來撰寫預存程序
   (D) 以上皆是。

( ) 7. 有關「預存程序」的種類，下列何者正確？
   (A) 系統預存程序　　　(B) 擴充預存程序
   (C) 使用者自定預存程序　(D) 以上皆是。

( ) 8. 在「系統預存程序」中，下列哪一個指令是用來附加資料庫？
   (A) sp_helptext　(B) sp_detach_db　(C) sp_attach_db　(D) sp_who。

( ) 9. 關於「CREATE PROC」來建立預存程序的敘述，下列何者正確？
   (A) 建立預存程序的關鍵字 PROC 或 PROCEDURE
   (B) RECOMPILE 目的是當預存程序有異動時，能夠提供最佳的執行效能。
   (C) ENCRYPTION 用來將設計者撰寫的預存程序進行編碼，即所謂的「加密」
   (D) 以上皆是。

( ) 10. 關於「Alter PROC」來修改預存程序的敘述，下列何者正確？
   (A) 用來修改已經存在的預存程序。
   (B) 與建立預存程序相同，只要將 Create 改為 Alter 即可
   (C) 也可以寫成「Alter Procedure」
   (D) 以上皆是。

( ) 11. 關於「DROP PROC」來刪除預存程序的敘述，下列何者正確？
   (A) 用來刪除已經存在的預存程序。
   (B) 會真正從 DBMS 中刪除
   (C) 也可以寫成「Drop Procedure」
   (D) 以上皆是。

( ) 12. 關於「具有傳入參數的預存程序」之敘述，下列何者正確？
   (A) 傳入的參數必須事先宣告
   (B) 一次可以傳入多個參數
   (C) 使用參數更能夠發揮更大的運用與彈性
   (D) 以上皆是。

( ) 13. 關於傳入參數具有「預設值」的預存程序之敘述，下列何者不正確？

(A) 傳入的參數必須事先宣告

(B) 一次可以傳入多個參數

(C) 使用參數更能夠發揮更大的運用與彈性

(D) 執行優先順序以預設值為主要。

( ) 14. 關於「傳回值的預存程序」之方法，下列何者正確？

(A) 在參數中，利用「OUTPUT」選項來指定參數

(B) 在程序中，利用「RETURN n」，其中 n 必須是整數

(C) 利用「EXEC」執行 T-SQL

(D) 以上皆是。

( ) 15. 關於「傳回值的預存程序」，除了可以利用「OUTPUT」與「RETURN」指令來回傳資料之外，請問還可以使用下列何者？

(A)Go (B)Run (C)EXEC (D) 以上皆是。

📖 問答題

1. 請說明預存程序 (Stored Procedure) 的定義與作法。

2. 請詳細比較說明沒有使用與有使用預儲程序之差異。

3. 請說明預存程序的優點與缺點。

4. 請問在 SQL Server 中，提供哪三種不同的預存程序呢？

5. 請問在 SQL Server 中，在撰寫預存程序時，有哪三種不同傳回值的方法呢？

12 觸發程序

◆ 本章學習目標

1. 讓讀者瞭解預存程序的意義、使用時機、優
   缺點及種類。

2. 讓讀者瞭解建立與維護預存程序。

◆ 本章內容

12-1 何謂觸發程序 (TRIGGER)

12-2 觸發程序的類型

12-3 觸發程序建立與維護

12-1 | 何謂觸發程序 (TRIGGER)

定義　觸發程序是一種**特殊的預存程序**。**觸發程序**與**資料表**是緊密結合的，當資料表發生新增、修改與刪除動作 (UPDATE、INSERT 或 DELETE) 時，這些動作會使得事先設定的預存程序就會**自動被執行**。

特性　1. 它是用 T-SQL 寫的程式。

　　　　2. 當某種條件成立時自動地執行。

　　　　3. 它是被動地用 EXEC 指令來執行。

　　　　4. 可以確保多個資料表異動時，資料表之間的一致性。

　　　　5. 當某資料表異動時，連帶地啟動觸發程序來完成另一項任務。

優點　1. 觸發程序可以用來確保資料庫的完整性規則。

　　　　2. 在分散式的資料庫系統中，利用觸發程序可以確保每一個資料庫之間的一致性。

　　　　3. 可以系統管理者方便例行性的資料檢查，以便執行補償性措施。

適用時機

　　　　1. 當刪除一筆學生的學籍資料時，順便將該筆資料加入到「休退學資料表」中。

　　　　2. 當學生的曠缺課的節數高於某一規定的門檻值時，自動寄送 mail 給學生及家長。

　　　　3. 當某產品的庫存量低於安全存量時，自動通知管理者。

預存程序與觸發程序之差異

　　　　1. 觸發程序是一種特殊的預存程序。

　　　　2. 預存程序必須要由使用者呼叫時，才會被執行，所以屬於「被動程序」。

　　　　3. 觸發程序由於相依於「所屬的資料表」中，所以，當「所屬的資料表」有被異動操作時，就會被執行，所以屬於「主動程序」。

12-2 | 觸發程序的類型

　　觸發程序有五種類型：UPDATE、INSERT、DELETE、INSTEAD OF 和 AFTER。有了觸發程序，只要您對該表格執行「新增、修改或刪除」時，它就會觸動對應的 INSERT、UPDATE 或 DELETE 觸發程序。其中，INSTEAD OF 及 AFTER 兩種類型的說明如下：

1. INSTEAD OF(事前預防) 之保護性的觸發程序

   (1) 在異動資料「前」就會先被觸發，以取代 (Instead of) 原本要做的異動操作。

   (2) 原本要做的異動操作並不會被執行，而是被觸發程序替代掉了，除非在 INSTEAD OF 觸發程序裡再次去異動操作。

2. AFTER(事後處理) 之維護性的觸發程序

   (1) 在異動資料「後」才被觸發，以做進一步檢查一致性問題。

   (2) 若發現檢查不一致時，則將先前之異動全部撤回 (Rollback)

　　接下來，我們來複習本書第三章「關聯式資料庫」中的「3-4 節 關聯式資料完整性規則」提到三種完整性規則，分別為：

1. 實體完整性規則 (Entity Integrity Rule)

2. 參考完整性規則 (Referential Integrity Rule)

3. 值域完整性規則 (Domain Integrity Rule)

　　而以上這三種完整性規則，其實就是為了確保資料的完整性、一致性及正確性，基本上，使用者在異動 (即新增、修改及刪除) 資料時，都會先檢查使用者的「異動操作」是否符合資料庫管理師 (DBA) 所設定的限制條件，如果違反限制條件時，則無法進行異動 (亦即異動失敗)，否則，就可以對資料庫中的資料表進行各種異動處理。如圖 12-1 所示。

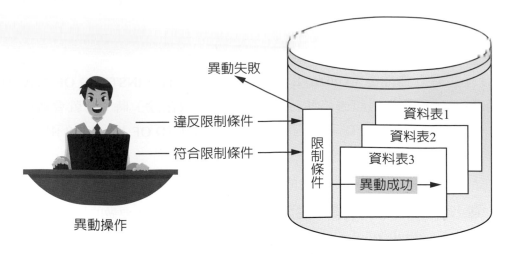

圖 12-1　異動操作示意圖

　　在圖 12-1 中，所謂的「限制條件」是指資料庫管理師 (DBA) 在定義資料庫的資料表結構時，可以設定主鍵 (Primary Key)、外鍵 (Foreign Key)、唯一鍵 (Unique Key)、條件約束檢查 (Check) 及不能空值 (Not Null) 等五種不同的限制條件。

　　接下來，我們再來進一步說明，INSTEAD OF(事前預防) 的觸發程序及 AFTER(事後處理) 的觸發程序與「限制條件」之間的關係。

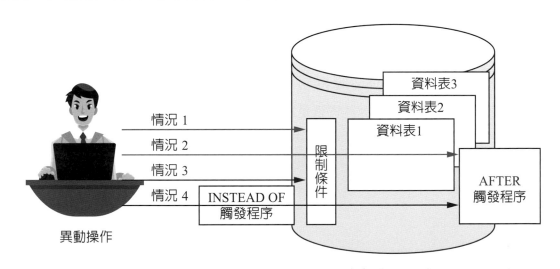

圖 12-2　INSTEAD OF 觸發程序及 AFTER 觸發程序與「限制條件」之間的關係

情況 1：使用者在執行異動操作時，只要符合限制條件，就可以異動資料表中的資料。

情況 2：使用者在執行異動操作時，只要符合限制條件，就可以異動資料表中的資料，並且還可以執行 AFTER(事後處理) 之維護性的觸發程序。

情況 3：使用者在執行異動操作之前，就必須先執行 INSTEAD OF(事前預防) 之保護性
　　　　的觸發程序，以取代 (Instead of) 原本要做的異動操作，原本要做的異動操作並
　　　　不會被執行，而是被觸發程序替代掉了，除非在 INSTEAD OF 觸發程序裡再次
　　　　去異動操作。

情況 4：使用者在執行異動操作時，可以同時使用 INSTEAD OF(事前預防) 之保護性的
　　　　觸發程序與 AFTER(事後處理) 之維護性的觸發程序。

12-3 | 觸發程序建立與維護

在本節中，將介紹如何建立觸發程序，並且在建立之後，爾後如何進行維護的操作。

12-3-1　建立觸發程序

定義　是指利用 T-SQL 指令來建立觸發程序。

語法　CREATE TRIGGER 陳述式

```
CREATE TRIGGER trigger_name
ON {BaseTable | ViewTable}
[WITH ENCRYPTION]
{FOR | AFTER | INSTEAD OF}
  { [INSERT] [,] [UPDATE] [,][DELETE] [,]}
    [WITH APPEND]
    [NOT FOR REPLICATION]
AS
    sql_statement[....n]
```

符號說明

◇ { | } 代表在大括號內的項目是必要項，但可以擇一。

◇ [ ] 代表在中括號內的項目是非必要項，依實際情況來選擇。

關鍵字說明

1. trigger_name：是指用來定義觸發程序名稱。

2. BaseTable：是指用來設定基底資料表名稱。

3. ViewTable：是指用來設定檢視表名稱。

4. WITH ENCRYPTION：用來將設計者撰寫的觸發程序進行編碼，亦即所謂的「加密」。

5. FOR AFTER：設定事後處理之維護性的觸發程序。

6. FOR INSTEAD OF：設定事前預防之保護性的觸發程序。

7. INSERT,UPDATE,DELETE：是指新增、修改及刪除事件。

範例 請先建立一個線上學生註冊的觸發程序，若新增一筆學籍資料 (學號為 S0006，姓名為六合) 時，則會通知網站的管理者。

建立觸發程序

```
USE ch12_DB
GO
CREATE TRIGGER Stu_Register_Insert
ON 學生資料表
FOR INSERT
AS
DECLARE @Stu_No char(5)
DECLARE @Stu_Name char(5)
Select @Stu_No= 學號 ,@Stu_Name= 姓名
From 學生資料表
Order by 學號
Print ' 目前正有一位新同學註冊《' + ' 學號：' + @Stu_No + ' 姓名：' + @Stu_Name +'》'
```

說明 在撰寫完成「觸發程序」之程式碼，再按執行之後，其實「觸發程序」是相依於「所屬的資料表」中，所以，當「所屬的資料表」有被異動操作時，就會被執行，所以屬於「主動程序」。

學生註冊 Insert

```
INSERT INTO 學生資料表 ( 學號 , 姓名 )
VALUES('S0006',' 六合 ')
```

執行結果

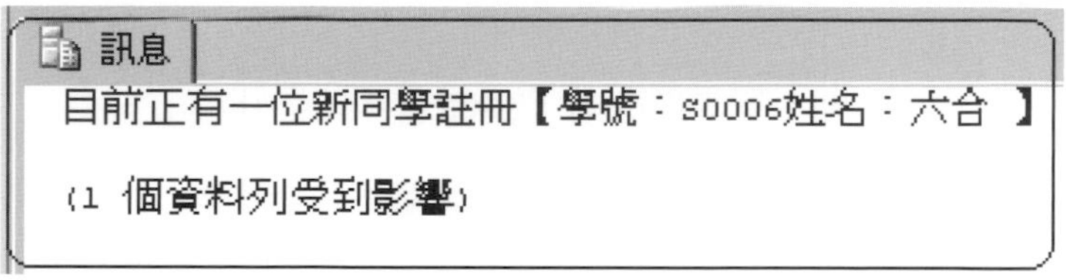

```
訊息
目前正有一位新同學註冊【學號：s0006姓名：六合 】

(1 個資料列受到影響)
```

圖 12-3　執行結果

一、AFTER 觸發程序

定義　是指在資料異動「後」才被觸發的程序，並且在觸發之後，它會進一步檢查一致性問題，如果發現檢核不一致時，則將先前之異動全部撤回 (Rollback)。

範例 1　請先建立一個加選課程的觸發程序，再模擬學號 S0005 來加選「C001」課程，如果加選成功，則出現「有同學加選本課程！」。

建立觸發程序

```
USE ch12_DB
GO


CREATE TRIGGER Class_Insert
ON 選課資料表
AFTER INSERT
AS
  PRINT ' 有同學加選本課程！'
GO
```

加選課程 Insert

```
INSERT INTO 選課資料表 ( 學號 , 課號 )
VALUES('S0006','C001')
```

❖ 執行結果 ❖

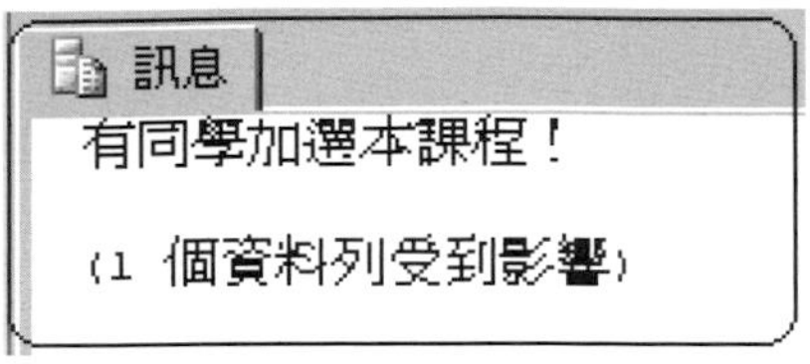

圖 12-4　執行結果

範例 2　承範例 1，再對剛才建立的觸發程序，進行「UPDATE」，亦即再模擬學號 S0005 所加選「C001」課程，填入一個「成績」資料，並出現「輸入課程成績！」

建立觸發程序

```
USE ch12_DB
GO
CREATE TRIGGER Class_Score_Update
ON 選課資料表
AFTER UPDATE
AS
  PRINT ' 輸入課程成績！'
GO
```

輸入課程成績 Update

```
UPDATE 選課資料表
SET 成績 =90
WHERE 學號 ='S0005' AND 課號 ='C001'
```

❖ 執行結果 ❖

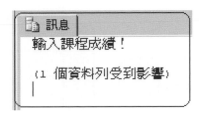

圖 12-5　執行結果

二、INSTEAD OF 觸發程序

定義　是指在異動資料「前」就會先被觸發，以取代 (Instead of) 原本要做的異動，原本要做的異動操作並不會被執行，而是被觸發程序替代掉了，除非在 INSTEAD OF 觸發程序裡再次去異動操作。

範例 1　請先建立一個加選課程的觸發程序，再模擬學號 S0003 來加選「C003」課程，如果加選成功，則出現「有同學想要加選課程，但已被取消了！」

建立觸發程序

```
USE ch12_DB
GO
CREATE TRIGGER Class_Insert_1
ON 選課資料表
INSTEAD OF INSERT
AS
   PRINT ' 有同學想要加選課程，但已被取消了！'
```

執行觸發程序

```
INSERT INTO 選課資料表 ( 學號 , 課號 )
VALUES('S0003','C003')
```

❖ 執行結果 ❖

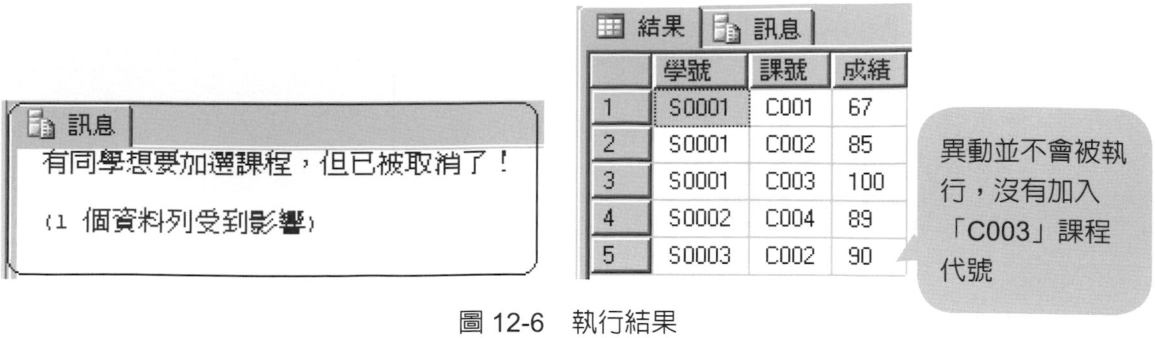

	學號	課號	成績
1	S0001	C001	67
2	S0001	C002	85
3	S0001	C003	100
4	S0002	C004	89
5	S0003	C002	90

結果　訊息

訊息

有同學想要加選課程，但已被取消了！

（1 個資料列受到影響）

異動並不會被執行，沒有加入「C003」課程代號

圖 12-6　執行結果

範例 2　請先建立一個加選課程的觸發程序，再實際學號 S0003 來真正加選「C003」課程，如果加選成功，則出現「有同學想要加選課程，並且加選成功了！」

建立觸發程序

```
USE ch12_DB
GO
CREATE TRIGGER Class_Insert_2
ON 選課資料表
INSTEAD OF INSERT
AS
    PRINT ' 有同學想要加選課程，並且加選成功了！ '
    INSERT INTO 選課資料表 ( 學號 , 課號 )
    VALUES('S0003','C003')
```

執行觸發程序

```
INSERT INTO 選課資料表 ( 學號 , 課號 )
VALUES('S0003','C003')
```

❖ 執行結果 ❖

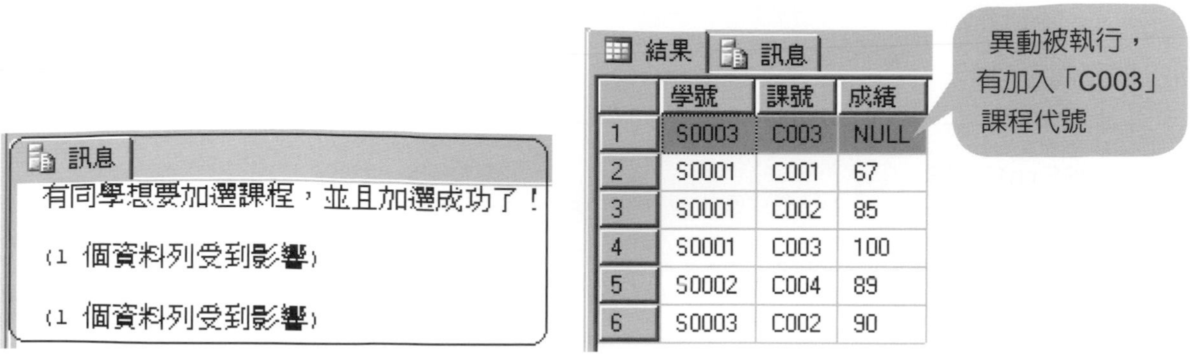

圖 12-7　執行結果

12-3-2　修改觸發程序

定義　是指對已經存在的觸發程序進行修改。

語法　與 CREATE TRIGGER 相同，只是將 CREATE 改為 ALTER

```
ALTER TRIGGER trigger_name
ON {BaseTable | ViewTable}
[WITH ENCRYPTION]
{FOR | AFTER | INSTEAD OF}
  { [INSERT] [,] [UPDATE] [,][DELETE] [,]}
    [WITH APPEND]
    [NOT FOR REPLICATION]
AS
    sql_statement[....n]
```

範例 1 請將「Class_Insert」觸發程序修改為「不能再加選本課程了！」，因為選課人數
已滿額了。

建立觸發程序

```
USE ch12_DB
GO

Alter TRIGGER Class_Insert
ON 選課資料表
AFTER INSERT
AS
  Rollback
  PRINT ' 不能再加選本課程了！'
GO
```

加選課程 Insert

```
INSERT INTO 選課資料表 ( 學號 , 課號 )
VALUES('S0006','C003')
```

❖ 執行結果 ❖

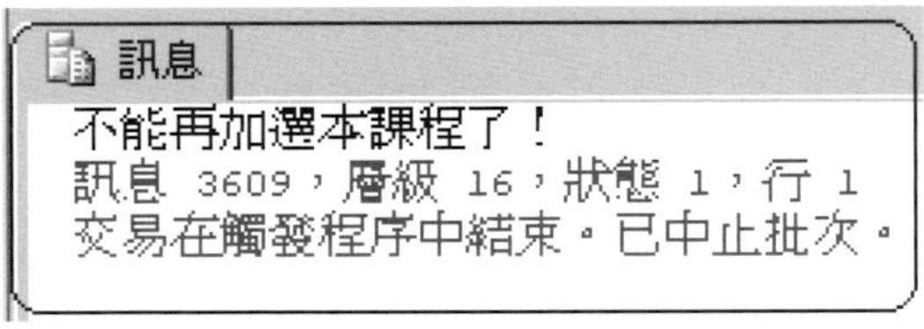

圖 12-8　執行結果

範例 2　請利用「觸發程序」來過濾，當某課程修課人數超過 5 門課程時，它自動會執行
　　　　 觸發程序。

建立觸發程序

```
USE ch12_DB
GO


Create TRIGGER Check_Insert_Number
ON 選課資料表
AFTER INSERT
AS
if (SELECT Count(*) AS 選修數目 FROM 選課資料表 Where 課號 ='C005')>5
  Begin
   Rollback
   PRINT 'C005 課號加選人數超過 5 位同學了，請不要再加選本課程了！'
  End
else
   PRINT ' 您加選成功了！'
```

加選課程 Insert

```
INSERT INTO 選課資料表 ( 學號 , 課號 )
VALUES('S0006','C005')
```

❖ **執行結果** ❖

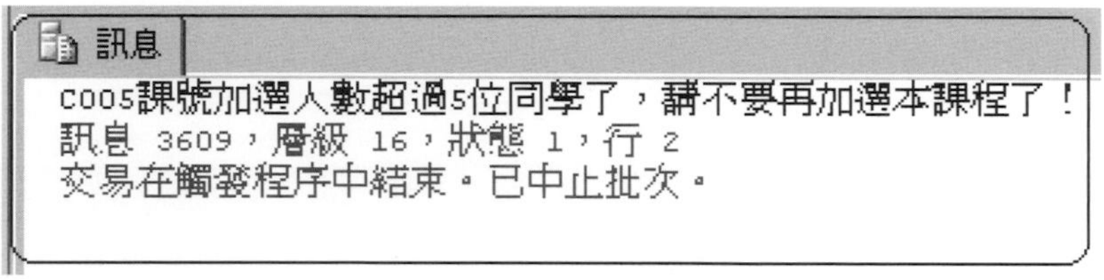

圖 12-9　執行結果

12-3-3 刪除觸發程序

定義 是指對已經存在的觸發程序進行刪除。

語法

```
DROP TRIGGER trigger_name[,…n]
```

範例 請將 12-3-1 節的「一、AFTER 觸發程序」所建立的觸發程序，加以刪除。

建立觸發程序

```
USE ch12_DB
GO
Drop TRIGGER Class_Insert
GO
```

課後評量

選擇題

(   ) 1. 下列關於觸發程序 (Trigger) 之敘述，何者錯誤？

      (A) 觸發程序是一種特殊的預存程序

      (B) 當某種條件成立時觸發程序會自動地執行

      (C) 觸發程序與資料表是緊密結合

      (D) 複雜的查詢動作也會自動執行觸發程序。

(   ) 2. 關於觸發程序 (Trigger) 之特性與優點之敘述，何者正確？

      (A) 觸發程序可以用來確保資料庫的完整性

      (B) 在分散式的資料庫系統中，可以確保每一個資料庫之間的一致性

      (C) 方便例行性的資料檢查，以便執行補償性措施

      (D) 以上皆是。

(   ) 3. 有關觸發程序 (Trigger) 的五種類型，下列何者不是？

      (A) UPDATE、INSERT、DELETE   (B) INSTEAD OF

      (C) Stored Procedure   (D) AFTER。

(   ) 4. 下列關於 INSTEAD OF 觸發程序之敘述，何者錯誤？

      (A) 在異動資料「前」就會先被觸發

      (B) 取代 (Instead of) 原本要做的異動操作

      (C) 原本要做的異動操作並不會被執行，而是被觸發程序替代掉

      (D)INSTEAD OF 一定無法對資料表進行任何的異動。

(   ) 5. 下列關於 AFTER 觸發程序之敘述，何者錯誤？

      (A) 在異動資料「後」才被觸發

      (B) 可以進一步檢查一致性問題

      (C) 若發現檢查不一致時，則將先前之異動全部撤回

      (D) 若發現檢查不一致時，則只能部份被撤回無法全部。

(　　　) 6. 下列關於建立觸發程序 (Trigger) 之敘述，何者錯誤？

　　(A)「觸發程序」是相依於「所屬的資料表」中

　　(B) 當「所屬的資料表」有被異動操作時，就會自動執行觸發程序

　　(C)「觸發程序」是屬於「主動程序」

　　(D)「觸發程序」是屬於「被動程序」。

📖 問答題

1. 請寫出觸發程序的特性。

2. 請寫出使用觸發程序的優點。

3. 請寫出使用觸發程序的適用時機。

4. 請寫出預存程序與觸發程序之差異。

13

Python 結合 SQL Server 資料庫的應用

◆ 本章學習目標

1. 讓讀者瞭解 Python 如何連接 SQL Server 資料庫來學習 SQL 指令。

2. 讓讀者瞭解如何利用 Python 整合 SQL Server 資料庫來開發員工銷售系統。

◆ 本章內容

13-1 Python 如何連接 SQL Server 資料庫

13-2 查詢資料表記錄

13-3 專題製作 (員工銷售系統)

13-1 | Python 如何連接 SQL Server 資料庫

　　在前面的章節，已經學會如何利用 SQL Server 資料庫管理系統來建立資料庫及資料表，接下來，筆者再介紹，如何利用 Python 程式來連接 SQL Server 資料庫，進而，可以直接在 Python 開發環境中撰寫 SQL 指令進行 DML 的四種不同的指令 (新增、修改、刪除及查詢) 操作。

前置作業 1　下載及安裝 Python。

　　　　　　　https://www.anaconda.com/distribution/

　　　　　　　本書使用：Anaconda 的 Spyder 編輯器

前置作業 2　安裝 pyodbc 模組。

　　　　　　　pip install pyodbc

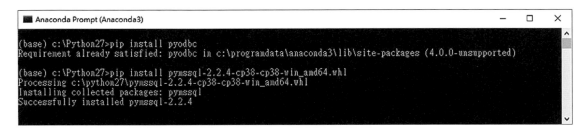

前置作業 3　利用 SQL Server 資料庫管理系統建立「MyDBMS」資料庫，並且建立三個資料表，分別為：員工表、產品表及銷售表三種資料記錄。

一、員工表

利用 DDL 建立「員工表」		利用 DML 新增「5 位員工記錄」		

撰寫 SQL 指令來實作

利用 DDL 建立「員工表」	利用 DML 新增「5 位員工記錄」
CREATE TABLE 員工表 (編號　CHAR(5) , 姓名　NVARCHAR(10) NOT NULL, 部門　NVARCHAR (10) NULL, PRIMARY　KEY(編號))	INSERT INTO 員工表 VALUES ('S0001',' 一心 ', ' 銷售部 '), 　　　　　('S0002',' 二聖 ', ' 生產部 '), 　　　　　('S0003',' 三多 ', ' 銷售部 '), 　　　　　('S0004',' 四維 ', ' 生產部 '), 　　　　　('S0005',' 五福 ', ' 銷售部 ')

二、產品表

利用 DDL 建立「產品表」	利用 DML 新增「產品記錄」

撰寫 SQL 指令來實作

利用 DDL 建立「產品表」	利用 DML 新增「產品記錄」
CREATE TABLE 產品表 (品號　CHAR(5), 品名　NVARCHAR (10) NOT NULL, 定價　INT, PRIMARY KEY(品號) 　)	INSERT INTO 產品表 VALUES ('P0001',' 筆電 ','30000'), 　　　　　('P0002',' 滑鼠 ','1000'), 　　　　　('P0003',' 手機 ','15000'), 　　　　　('P0004',' 硬碟 ','2500'), 　　　　　('P0005',' 手錶 ','3000'), 　　　　　('P0006',' 耳機 ','1200')

三、銷售表

利用 DDL 建立「銷售表」	利用 DML 新增「10 筆銷售記錄」
MSI\SQLSERVER2...8_DB - dbo.銷售表　⊣ ×　SQLQuery18.sql -...B (N 資料行名稱　　資料類型　　允許 Null 🔑 編號　　char(5)　　☐ 🔑 品號　　char(5)　　☐ 　 數量　　int　　☐	編號　品號　數量 1　S0001　P0001　56 2　S0001　P0005　73 3　S0002　P0002　92 4　S0002　P0005　63 5　S0003　P0004　92 6　S0003　P0005　70 7　S0004　P0003　75 8　S0004　P0004　88 9　S0004　P0005　68 10　S0005　P0005　95

撰寫 SQL 指令來實作

利用 DDL 建立「銷售表」	利用 DML 新增「10 筆銷售記錄」
CREATE TABLE 銷售表 (編號　CHAR(5), 品號　CHAR(5), 數量　INT NOT NULL, PRIMARY KEY(編號 , 品號), FOREIGN KEY(編號) REFERENCES 員工表 (編號) ON UPDATE CASCADE ON DELETE CASCADE, FOREIGN KEY(品號) REFERENCES 產品表 (品號))	INSERT INTO 銷售表 (編號 , 品號 , 數量) VALUES ('S0001','P0001','56'), 　　　　('S0001','P0005','73'), 　　　　('S0002','P0002','92'), 　　　　('S0002','P0005','63'), 　　　　('S0003','P0004','92'), 　　　　('S0003','P0005','70'), 　　　　('S0004','P0003','75'), 　　　　('S0004','P0004','88'), 　　　　('S0004','P0005','68'), 　　　　('S0005','P0005','95')

　　想要利用 Python 來撰寫 SQL 指令，那就必須要先學會如何利用 Python 程式來連接 SQL Server 資料庫。其基本的語法如下：

❖ 語法 ❖

```
import pyodbc
driver="{ODBC Driver 17 for SQL Server}"
server="MSI\\SQLSERVER2019"
database="MyDBMS"
username="sa"
password="yourpassword"
conn=pyodbc.connect("DRIVER=" + driver
                    + ";SERVER=" + server
                    + ";DATABASE=" + database
                    + ";UID=" + username
                    + ";PWD=" + password)
```

❖ 說明 ❖

1. 首先，必須要先匯入 pyodbc 套件。

2. 再利用 connect() 方法來連接資料庫，並回傳資料庫連接物件 Connection。

❖ 實作 ❖

程式檔案名稱	Ch13-1.py
01	#=============== 程式描述 =================
02	# 程式名稱：ch13-1.py
03	# 程式目的：Python 如何連接 SQL Server 資料庫
04	#=====================================
05	import pyodbc
06	driver="{ODBC Driver 17 for SQL Server}"
07	server="MSI\\SQLSERVER2019"
08	database="Myeschool"
09	username="sa"
10	password=" 您的密碼 "

程式檔案名稱	Ch13_1.py

```
11   conn=pyodbc.connect("DRIVER=" + driver
12                       + ";SERVER=" + server
13                       + ";DATABASE=" + database
14                       + ";UID=" + username
15                       + ";PWD=" + password)
16   #cursor = conn.cursor()
17   print(" 連接 Myeschool 資料庫 --- 成功 ")
18   conn.close()
19   print(" 關閉 Myeschool 資料庫 ")
```

❖ 執行結果 ❖

連接 Myeschool 資料庫 --- 成功

關閉 Myeschool 資料庫

13-2 | 查詢資料表記錄

　　由於，我們已經利用 SQL Server 資料庫管理系統建立 1 個資料庫及 3 個資料表了。接下來，我們先來撰寫 Python 程式來查詢每一個資料庫的記錄。

13-2-1　查詢「員工表」記錄

❖ 語法 ❖

SQLcmd=" select * from 資料表名稱"

指標物件名稱 =cn.execute(SQLcmd)

ListStaff=list(指標物件名稱 .fetchall())

❖ 說明 ❖

1. 首先，撰寫查詢的 SQL 指令。

2. 再利用 execute() 方法來執行 SQL 指令，並回傳資料給指標物件。

3. 最後，再利用指標物件的 fetchall() 方法來讀取符合條件的全部記錄。

❖ 實作 ❖

程式檔案名稱	Ch13-2-1.py

```
01  #============= 程式描述 =================
02  # 程式名稱：ch13-2-1.py
03  # 程式目的：查詢「員工表」記錄
04  #========================================
05  import pyodbc
06  driver="{ODBC Driver 17 for SQL Server}"
07  server="MSI\\SQLSERVER2019"
08  database="MyDBMS"
09  username="sa"
10  password="PWD"
11  conn=pyodbc.connect("DRIVER=" + driver
12                     + ";SERVER=" + server
13                     + ";DATABASE=" + database
14                     + ";UID=" + username
15                     + ";PWD=" + password)
16
17  SQLcmd="select * from 員工表 "
18  Record=conn.execute(SQLcmd)
19  ListStaff=list(Record.fetchall())
20  print(" 編號    姓名    部門 ")
21  print("----------------------")
22  for row in ListStaff:
```

程式檔案名稱	Oh13_2_1.py

```
23      for col in row:
24          print(col, end="    ")
25      print()
26  Record.close()
27  conn.close()
```

❖ 執行結果 ❖

```
編號    姓名  部門

-------------------------------

S0001  一心  銷售部

S0002  二聖  生產部

S0003  三多  銷售部

S0004  四維  生產部

S0005  五福  銷售部
```

13-2-2　新增「員工表」記錄

❖ 語法 ❖

```
SQLcmd=" INSERT INTO 資料表名稱 VALUES ( 欄位值 1, 欄位值 2, 欄位值 3...)"
cn.execute(SQLcmd)
cn.commit()
```

❖ 說明 ❖

1. 首先，撰寫新增的 SQL 指令。

2. 再利用 execute() 方法來執行 SQL 指令。

3. 最後，再利用 commit() 方法真正反映到資料庫中。

❖ **實作** ❖

程式檔案名稱	Ch13-2-2.py

```
01  #============== 程式描述 =================
02  # 程式名稱：ch13-2-2.py
03  # 程式目的：新增「員工表」記錄
04  #======================================
05  import pyodbc
06  driver="{ODBC Driver 17 for SQL Server}"
07  server="MSI\\SQLSERVER2019"
08  database="MyDBMS"
09  username="sa"
10  password="PWD"
11  conn=pyodbc.connect("DRIVER=" + driver
12                      + ";SERVER=" + server
13                      + ";DATABASE=" + database
14                      + ";UID=" + username
15                      + ";PWD=" + password)
16  SQLcmd="INSERT INTO 員工表 VALUES ('S0006',' 六合 ',' 銷售部 ')"
17  conn.execute(SQLcmd)
18  conn.commit()
19  print(" 新增員工記錄！")
20  conn.close()
```

❖ **執行結果** ❖

新增員工記錄！

請再執行 13.2.1 節查詢「員工表」記錄的程式，其結果如下：

```
編號     姓名  部門
-----------------------------------
S0001   一心   銷售部
S0002   二聖   生產部
S0003   三多   銷售部
S0004   四維   生產部
S0005   五福   銷售部
S0006   六合   銷售部 ●──── 剛才新增的記錄
```

13-2-3　修改「員工表」記錄

❖ 語法 ❖

```
SQLcmd=" Update 資料表名稱 Set [< 欄位 _1>=< 數值 _1>, …] Where < 條件式 >"
cn.execute(SQLcmd)
cn.commit()
```

❖ 說明 ❖

1. 首先，撰寫修改的 SQL 指令。

2. 再利用 execute() 方法來執行 SQL 指令。

3. 最後，再利用 commit() 方法真正反映到資料庫中。

❖ 實作 ❖

程式檔案名稱	Ch13-2-3.py

```
01  #=============== 程式描述 ================
02  # 程式名稱：ch13-2-3.py
03  # 程式目的：修改「員工表」記錄
04  #=====================================
05  import pyodbc
06  driver="{ODBC Driver 17 for SQL Server}"
07  server="MSI\\SQLSERVER2019"
08  database="MyDBMS"
09  username="sa"
10  password="PWD"
11  conn=pyodbc.connect("DRIVER=" + driver
12                      + ";SERVER=" + server
13                      + ";DATABASE=" + database
14                      + ";UID=" + username
15                      + ";PWD=" + password)
16
17  SQLcmd ="UPDATE 員工表 SET 部門 = ' 生產部 ' WHERE 編號 ='S0006'"
18  conn.execute(SQLcmd)
19  conn.commit()
20  print(" 更新員工記錄！")
21  conn.close()
```

❖ 執行結果 ❖

```
更新員工記錄！
```

請再執行 13-2-1 節查詢「員工表」記錄的程式。其結果如下：

```
編號    姓名  部門
----------------------------
S0001  一心  銷售部
S0002  二聖  生產部
S0003  三多  銷售部
S0004  四維  生產部
S0005  五福  銷售部
S0006  六合  生產部 ●——[ 更新為「生產部」]
```

13-2-4　刪除「員工表」記錄

❖ 語法 ❖

```
SQLcmd=" DELETE FROM 資料表名稱 WHERE 條件式"
cn.execute(SQLcmd)
cn.commit()
```

❖ 說明 ❖

1. 首先，撰寫修改的 SQL 指令。

2. 再利用 execute() 方法來執行 SQL 指令。

3. 最後，再利用 commit() 方法真正反映到資料庫中。

❖ 實作 ❖

程式檔案名稱	Ch13-2-4.py

```
01  #============== 程式描述 ==================
02  # 程式名稱：ch13-2-4.py
03  # 程式目的：刪除「員工表」記錄
04  #=======================================
05  import pyodbc
06  driver="{ODBC Driver 17 for SQL Server}"
07  server="MSI\\SQLSERVER2019"
08  database="MyDBMS"
09  username="sa"
10  password="PWD"
11  conn=pyodbc.connect("DRIVER=" + driver
12                      + ";SERVER=" + server
13                      + ";DATABASE=" + database
14                      + ";UID=" + username
15                      + ";PWD=" + password)
16
17  SQLcmd="Delete From 員工表 WHERE 編號 ='S0006'"
18  conn.execute(SQLcmd)
19  conn.commit()
20  print(" 刪除記錄成功！ ")
21  conn.close()
```

❖ 執行結果 ❖

刪除記錄成功！

請再執行 13-2-1 節查詢「員工表」記錄的程式。其結果如下：

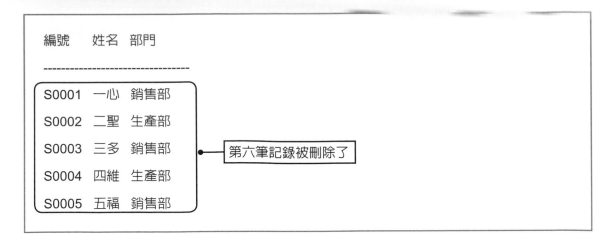

13-3 | 專題製作 (員工銷售系統)

13-3-1 摘要

我們都知道，資料庫是資訊系統的核心，也是企業最重要的資產。因此，如何讓讀者在學習 Python 程式與資料庫的同時，能夠自行開發一套簡易的「員工銷售查詢系統」，以便能讓每一個員工都可以隨時查詢銷售量，因此，筆者在本章節中介紹如何開發一套簡易版的員工銷售系統，並結合本書所介紹的資料庫設計過程及運作原理。

13-3-2 研究動機與目的

隨著資訊科技的進步，資料庫系統帶給我們極大的便利。例如：員工想要查詢「產品項目及定價」以及「每月的銷售量」。此時，我們只要透過網路就可以立即查詢到這相關訊息。而這種便利性最主要的幕後工程就是「員工銷售系統」中有一部功能強大的資料庫系統。

既然，「資料庫系統」對人們那麼重要，那身為「資訊人」的讀者們，如何透過本書中所介紹的 Python 程式撰寫技巧及「資料庫設計」方法，來實際開發一套符合使用者的資訊系統，這是我們本專題製作的目的。

因此，本專題製作歸納以下兩項重要的研究目的：

1. 讓讀者了解如何利用 PYTHON 程式來連結 SQL Server 資料庫，以實作一個簡易「員工銷售系統」，以便讓讀者深入了解員工銷售記錄的過程。

2. 讓讀者了解如何在「員工銷售系統」操作環境中，撰寫各種 SQL 指令來查詢，以了解每一位員工的銷售情況。

13-3-3　系統分析

　　本專題製作的開發模式採用「瀑布模式 (Waterfall Modcl)」，又稱全功能模式 (Fully Functional Approach)，它是由 Royce 於 1970 年所提出。而瀑布模式就是一般所說的「系統發展生命週期 (System Development Life Cycle, SDLC)」。由於此模式從圖形的外觀來看，各階段依序就像是個梯型瀑布順勢而下，所以才稱為瀑布模型 (Waterfall Model)。其各階段的說明及產出如圖 13-1 所示：

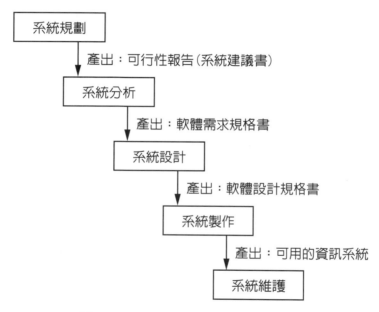

圖 13-1　瀑布模式 (Waterfall Model)

　　在上圖中，「系統分析與設計」在整個資訊系統開發過程中，扮演著非常重要的關鍵。

系統分析的資料流程圖 DFD

1. 外界單元體：員工、設計者。

2. 處理：銷售處理子系統及銷售查詢子系統。

3. 資料儲存體：員工檔、產品檔及銷售檔。

(一) 系統環境圖

(二) 主要功能圖

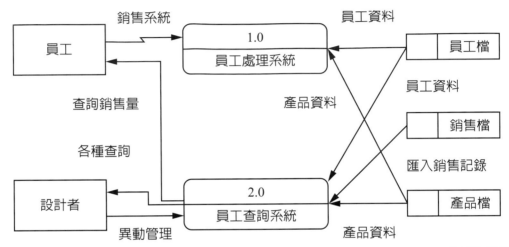

註：由於本書強調「資料庫設計」，所以，系統分析只提供簡易的「資料流程圖 (DFD)」，詳細介紹，請參考系統分析與設計的相關書籍。

13-3-4 資料庫設計

一個功能完整及有效率的資訊系統，它的幕後最大工程，就是資料庫系統的協助。因此，在設計資料庫時必須經過一連串有系統的規劃及設計。但是，如果設計不良或設計過程沒有與使用者充分的溝通，最後設計出來的資料庫系統，必定是一個失敗的專案。此時，將無法提供策略者正確的資訊，進而導致無法提昇企業競爭力。

因此，在開發資料庫系統時，首要的工作是先做資料庫的分析，在做資料庫分析工作時，需要先與使用者進行需求訪談的作業，藉著訪談的過程來了解使用者對資料庫的需求，以便讓系統設計者來設計企業所需要的資料庫。其資料庫設計程序如圖 13-2 所示。

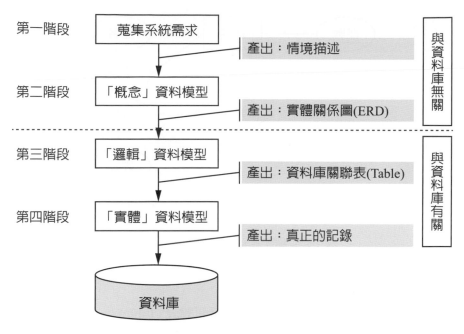

圖 13-2　資料庫設計程序圖

❖ 說明 ❖

第一階段：蒐集系統需求

在本階段的產出為：情境描述

1. 情境 1：每一位「員工」可以銷售多項「產品」。

2. 情境 2：每一項「產品」可以被多位「員工」來銷售。

3. 情境 3：每一個「部門」可以招收多位「員工」。

第二階段：「概念」資料模型

在本階段的產出為：將「情境描述」轉換成「實體關係圖 (ERD)」

在「員工銷售系統」中，其實體有二個分別為「產品」及「員工」，因此，在進行資料庫設計時，必須要建立「實體」與「實體」之間的關聯性，亦即所謂的「實體關係圖 (Entity Relationship Diagram, ERD)」。如圖 13-3 所示。

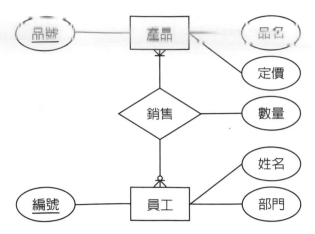

圖 13-3　員工銷售系統之實體關係圖

第三階段：「邏輯」資料模型

在本階段的產出為：將「ERD」轉換成「資料庫關聯表 (Table)」

在繪製「員工銷售系統之 ER 圖」之後，我們必須要再轉換成可以儲存資料的「資料表」。

規則

1. 兩個實體的關係為「一對多」時，則多的那一方要增加一個「外鍵」。

2. 兩個實體的關係為「多對多」時，則必須要額外增加一個「聯合表格」。

轉換後的資料表

員工資料表 (編號 , 姓名 , 部門)
銷售記錄表 (編號 , 品號 , 數量)
產品資料表 (品號 , 品名 , 定價)

建立資料庫關聯圖

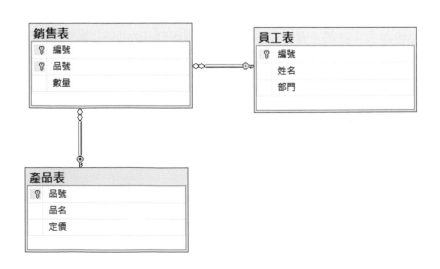

第四階段：「實體」資料模型 (在本階段的產出為：真正的記錄)

　　在本專題使用「SQL Server 資料庫 +SQL Server 管理工具」來建立資料庫。建立「MyDBMS」員工銷售系統資料庫。

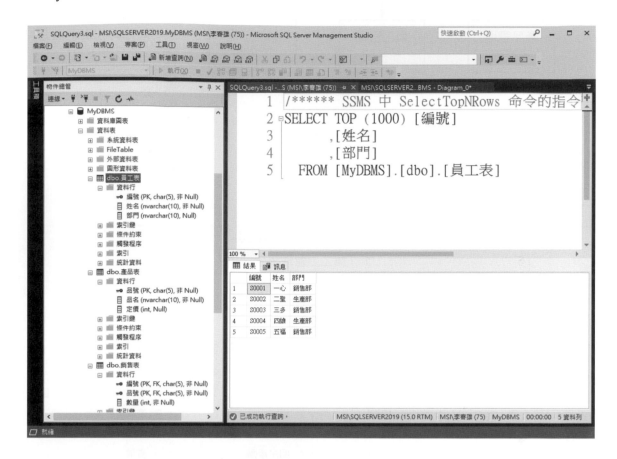

13-3-5　員工銷售系統之架構圖

　　基本上，員工銷售系統之架構圖是由四個子系統組合而成，分別是由：

1. 員工管理子系統：提供新增、修改、刪除及查詢功能。

2. 產品管理子系統：提供新增、修改、刪除及查詢功能。

3. 銷售作業子系統：提供銷售、退銷及基本查詢作業。

4. 各項查詢作業子系統：提供各項進階查詢功能。

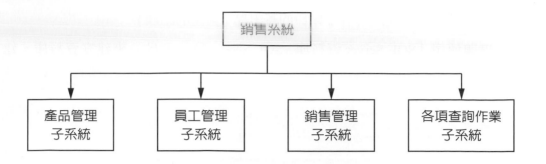

13-3-6 程式設計

一、員工銷售系統主畫面

===== 員工銷售系統 =====
1.「員工」管理系統
2.「產品」管理系統
3.「銷售」管理系統
4.「查詢」銷售記錄

請選擇功能清單：1	請選擇功能清單：2	請選擇功能清單：3	請選擇功能清單：4
===「員工」管理系統 ===	===「產品」管理系統 ===	===「銷售」管理系統 ===	===「查詢」銷售記錄 ===
1. 新增員工記錄	1. 新增產品記錄	1. 銷售記錄	1. 查詢各位員工銷售數量
2. 修改員工記錄	2. 修改產品記錄	2. 退銷記錄	2. 查詢每種產品銷售數
3. 刪除員工記錄	3. 刪除產品記錄	3. 查詢銷售記錄	3. 查詢每位員工銷售平均 數量
4. 查詢員工記錄	4. 查詢產品記錄	4. 回主畫面	4. 查詢每種產品平均銷售 數
5. 回主畫面	5. 回主畫面		5. 查詢員工銷售記錄資料
			6. 查詢必推銷品
			7. 回主畫面

(一) 主程式開始執行點

```
import pyodbc
driver="{ODBC Driver 17 for SQL Server}"
server="MSI\\SQLSERVER2019"
database="MyDBMS"
username="sa"
password=""
conn=pyodbc.connect("DRIVER=" + driver
          + ";SERVER=" + server
          + ";DATABASE=" + database
          + ";UID=" + username
          + ";PWD=" + password)
while True:
  Main_Menu()  # 呼叫主選單畫面
cn.close()
```

(二) 定義「主選單畫面」之程式

```
def Main_Menu():
  print("===== 員工銷售系統 =====")
  print("1.「員工」管理系統 ")
  print("2.「產品」管理系統 ")
  print("3.「銷售」管理系統 ")
  print("4.「查詢」銷售記錄 ")
  n=eval(input(" 請選擇功能清單："))
  if n==1:
    Staff_Manager()      # 呼叫「員工」管理系統
  elif n==2:
    Product_Manager()      # 呼叫「產品」管理系統
  elif n==3:
    Sales_Selection()      # 呼叫「銷售」管理系統
  elif n==4:
    Query_Product_Record()  # 呼叫「查詢」銷售記錄
```

二、「員工」管理系統

員工表記錄
編號　　姓名　　部門 S0001　一心　　銷售部 S0002　二聖　　生產部 S0003　三多　　銷售部 S0004　四維　　生產部 S0005　五福　　銷售部

操作介面

===「員工」管理系統 ===
1. 新增員工記錄 2. 修改員工記錄 3. 刪除員工記錄 4. 查詢員工記錄 5. 回主畫面

請選擇「員工」功能清單：1	請選擇「員工」功能清單：2	請選擇「員工」功能清單：3	請選擇「員工」功能清單：4
編號：S0006 姓名：六合 部門：生產部 新增員工記錄！	編號：S0006 姓名：六合 部門：銷售部 更新員工記錄！	編號：S0006 刪除記錄成功！	
執行後結果	執行後結果	執行後結果	執行後結果
編號　姓名　部門 S0001　一心　銷售部 S0002　二聖　生產部 S0003　三多　銷售部 S0004　四維　生產部 S0005　五福　銷售部 S0006　六合　生產部	編號　姓名　部門 S0001　一心　銷售部 S0002　二聖　生產部 S0003　三多　銷售部 S0004　四維　生產部 S0005　五福　銷售部 S0006　六合　銷售部	編號　姓名　部門 S0001　一心　銷售部 S0002　二聖　生產部 S0003　三多　銷售部 S0004　四維　生產部 S0005　五福　銷售部	編號　姓名　部門 S0001　一心　銷售部 S0002　二聖　生產部 S0003　三多　銷售部 S0004　四維　生產部 S0005　五福　銷售部

(一) 定義「員工管理系統之主畫面」之副程式

```python
def Staff_Manager(): #「員工」管理系統之主畫面
  print("===「員工」管理系統 ===")
  print("1. 新增員工記錄 ")
  print("2. 修改員工記錄 ")
  print("3. 刪除員工記錄 ")
  print("4. 查詢員工記錄 ")
  print("5. 回主畫面 ")
  n=eval(input(" 請選擇「員工」功能清單："))
  if n==1:
    Insert_Staff()
  elif n==2:
    Update_Staff()
  elif n==3:
    Delete_Staff()
  elif n==4:
    Query_Staff()
  elif n==5:
    Main_Menu()
  else:
    print(" 請選擇 1~5 項功能 ")
```

(二) 定義「檢查編號是否存在於員工表中」之副程式

```python
def Check_Sid(Sid): # 檢查編號是否存在於員工表中之副程式
  SQLcmd="select * from 員工表 where 編號 ='{}'".format(Sid)
  cursor=cn.execute(SQLcmd)
  return cursor.fetchone()  # 若無記錄則傳回 None
```

(三) 定義「新增員工記錄」之副程式

```python
def Insert_Staff(): # 新增員工記錄
 Sid=input(" 編號：")
 if Check_Sid(Sid)!=None:
   print(" 編號 :{} 重複了 ".format(Sid))
   return
 Sname=input(" 姓名：")
 Sex=input(" 性別：")
 Tel=input(" 電話：")
 Address=input(" 地址：")
 SQLcmd="INSERT INTO 員工表 VALUES ('{}','{}','{}','{}','{}')".format(Sid,Sname,Sex,Tel,Address)
 cn.execute(SQLcmd)
 cn.commit()
 print(" 新增員工記錄！ ")
 Staff_Manager() # 返回到「員工」管理系統之主畫面
```

(四) 定義「修改員工記錄」之副程式

```python
def Update_Staff():  # 修改員工記錄
 Sid=input(" 編號：")
 if Check_Sid(Sid)==None:
   print(" 查無此編號 :{}".format(Sid))
   return
 Sname=input(" 姓名：")
 Sex=input(" 性別：")
 Tel=input(" 電話：")
 Address=input(" 地址：")
 SQLcmd="UPDATE 員工表 SET 姓名 ='{}', 性別 ='{}', 電話 ='{}', 地址 ='{}' Where 編號 ='{}'".format(Sname,Sex,Tel,Address,Sid)
 cn.execute(SQLcmd)
 cn.commit()
 print(" 更新員工記錄！ ")
 Staff_Manager()  # 返回到「員工」管理系統之主畫面
```

(五) 定義「刪除員工記錄」之副程式

```python
def Delete_Staff(): # 刪除員工記錄
  Sid=input(" 編號：")
  if Check_Sid(Sid)==None:
    print(" 查無此編號 :{}".format(Sid))
    return
  SQLcmd="Delete From 員工表 WHERE 編號 ='{}'".format(Sid)
  cn.execute(SQLcmd)
  cn.commit()
  print(" 刪除記錄成功！")
  Staff_Manager() # 返回到「員工」管理系統之主畫面
```

(六) 定義「查詢員工記錄」之副程式

```python
def Query_Staff(): # 查詢員工記錄
  SQLcmd="select * from 員工表 "
  Record=cn.execute(SQLcmd)
  listStaff=list(Record.fetchall())
  print(" 編號　姓名　性別　電話　　地址 ")
  for row in listStaff:
    for col in row:
      print(col, end="  ")
    print()
  Record.close()
  Staff_Manager() # 返回到「員工」管理系統之主畫面
```

二、「產品」管理系統

產品表記錄

品號	品名	定價
P0001	筆電	30000
P0002	滑鼠	1000
P0003	手機	15000
P0004	硬碟	2500
P0005	手錶	3000
P0006	耳機	1200

操作介面

```
===「產品」管理系統 ===
1. 新增產品記錄
2. 修改產品記錄
3. 刪除產品記錄
4. 查詢產品記錄
5. 回主畫面
```

請選擇「產品」功能清單：1	請選擇「產品」功能清單：2	請選擇「產品」功能清單：3	請選擇「產品」功能清單：4
品號：P0007 品名：電池 定價：100 新增產品記錄！	品號：P0007 品名：電池 定價：200 更新產品記錄！	品號：P0007 刪除記錄成功！	
執行後結果	執行後結果	執行後結果	執行後結果

品號	品名	定價
P0001	筆電	30000
P0002	滑鼠	1000
P0003	手機	15000
P0004	硬碟	2500
P0005	手錶	3000
P0006	耳機	1200
P0007	電池	100

品號	品名	定價
P0001	筆電	30000
P0002	滑鼠	1000
P0003	手機	15000
P0004	硬碟	2500
P0005	手錶	3000
P0006	耳機	1200
P0007	電池	200

品號	品名	定價
P0001	筆電	30000
P0002	滑鼠	1000
P0003	手機	15000
P0004	硬碟	2500
P0005	手錶	3000
P0006	耳機	1200

品號	品名	定價
P0001	筆電	30000
P0002	滑鼠	1000
P0003	手機	15000
P0004	硬碟	2500
P0005	手錶	3000
P0006	耳機	1200

(一) 定義「產品管理系統之主畫面」之副程式

```python
def Product_Manager():  #「產品」管理系統之主畫面
  print("===「產品」管理系統 ===")
  print("1. 新增產品記錄 ")
  print("2. 修改產品記錄 ")
  print("3. 刪除產品記錄 ")
  print("4. 查詢產品記錄 ")
  print("5. 回主畫面 ")
  n=eval(input(" 請選擇「產品」功能清單："))
  if n==1:
    Insert_Product()  # 新增產品記錄
  elif n==2:
    Update_Product()  # 修改產品記錄
  elif n==3:
    Delete_Product()  # 刪除產品記錄
  elif n==4:
    Query_Product()   # 查詢產品記錄
  elif n==5:
    Main_Menu()      # 回主畫面
  else:
    print(" 請選擇 1~5 項功能 ")
```

(二) 定義「檢查品號是否存在於產品表中」之副程式

```python
def CheckProduct_NO(No):
  SQLcmd="select * from 產品表 where 品號 ='{}'".format(No)
  cursor=cn.execute(SQLcmd)
  return cursor.fetchone() # 若無記錄則傳回 None
```

(三) 定義「新增產品記錄」之副程式

```
def Insert_Product():  # 新增產品記錄
 No=input(" 品號：")
 if CheckProduct_NO(No)!=None:
    print(" 編號 :{} 重複了 ".format(No))
    return
 Cname=input(" 品名：")
 Credits=input(" 定價：")
 SQLcmd="INSERT INTO 產品表 VALUES ('{}','{}','{}')".format(No,Cname,Credits)
 cn.execute(SQLcmd)
 cn.commit()
 print(" 新增產品記錄！")
 Product_Manager()  # 返回到「產品」管理系統之主畫面
```

(四) 定義「修改產品記錄」之副程式

```
def Update_Product():  # 修改產品記錄
 No=input(" 品號：")
 if CheckProduct_NO(No)==None:
    print(" 查無此品號 :{}".format(No))
    return
 Cname=input(" 品名：")
 Credits=input(" 定價：")
 SQLcmd="UPDATE 產品表 SET 品名 ='{}', 定價 ='{}' Where 品號 ='{}'".format(Cname,Credits,No)
 cn.execute(SQLcmd)
 cn.commit()
 print(" 更新產品記錄！")
 Product_Manager()  # 返回到「產品」管理系統之主畫面
```

(五) 定義「刪除產品記錄」之副程式

```python
def Delete_Product():  # 刪除產品記錄
  No=input(" 品號：")
  if CheckProduct_NO(No)==None:
    print(" 查無此品號 :{}".format(No))
    return
  SQLcmd="Delete From 產品表 WHERE 品號 ='{}'".format(No)
  cn.execute(SQLcmd)
  cn.commit()
  print(" 刪除記錄成功！ ")
  Product_Manager()  # 返回到「產品」管理系統之主畫面
```

(六) 定義「查詢產品記錄」之副程式

```python
def Query_Product():  # 查詢產品記錄
  SQLcmd="select * from 產品表 "
  Record=cn.execute(SQLcmd)
  listProduct=list(Record.fetchall())
  print(" 品號　品名　定價 ")
  for row in listProduct:
    for col in row:
      print(col, end="  ")
    print()
  Record.close()
  Product_Manager() # 返回到「產品」管理系統之主畫面
```

四、「銷售」管理系統

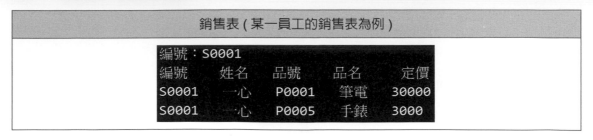

銷售表 (某一員工的銷售表為例)
編號：S0001
編號　　姓名　　品號　　品名　　　定價
S0001　　一心　　P0001　　筆電　　30000
S0001　　一心　　P0005　　手錶　　3000

操作介面

=== 「銷售」管理系統 ===		
1. 加銷售程記錄		
2. 退銷售程記錄		
3. 查詢銷售記錄		
4. 回主畫面		
請選擇「銷售」管理清單：1	請選擇「銷售」管理清單：2	請選擇「銷售」管理清單：3
編號：S0001 品號：P0002 記錄銷售成功！	編號：S0001 品號：P0002 退銷成功！	
執行後結果	執行後結果	執行後結果
編號：S0001 編號　姓名　品號　品名　定價 S0001　一心　P0001　筆電　30000 S0001　一心　P0002　滑鼠　1000 S0001　一心　P0005　手錶　3000	編號：S0001 編號　姓名　品號　品名　定價 S0001　一心　P0001　筆電　30000 S0001　一心　P0005　手錶　3000	編號：S0001 編號　姓名　品號　品名　定價 S0001　一心　P0001　筆電　30000 S0001　一心　P0005　手錶　3000

(一) 定義「銷售管理系統之主畫面」之副程式

```python
def Sales_Selection(): # 「銷售」管理系統之主畫面
  print("===「銷售」管理系統 ===")
  print("1. 加銷售程記錄 ")
  print("2. 退銷售程記錄 ")
  print("3. 查詢銷售記錄 ")
  print("4. 回主畫面 ")
  n=eval(input(" 請選擇「銷售」管理清單："))
  if n==1:
    Insert_Sales()  # 加銷售程記錄
  elif n==2:
    Delete_Sales()  # 退銷售程記錄
  elif n==3:
    Query_Sales()   # 查詢銷售記錄
  elif n==4:
    Main_Menu()     # 回主畫面
  else:
    print(" 請選擇 1~5 項功能 ")
```

(二) 定義「檢查員工是否重複銷售情況」之副程式

```python
def CheckSales_NO(Sid,No):
  SQLcmd="select * from 銷售表 where 編號 ='{}' and 品號 ='{}'".format(Sid,No)
  cursor=cn.execute(SQLcmd)
  return cursor.fetchone()  # 若無記錄則傳回 None
```

(三) 定義「加銷售程記錄」之副程式

```
def Insert_Sales(): # 加銷售程記錄

Query_Product_2() # 查詢目前的開產品

print("===== 請加選 =====")

Sid=input(" 編號：")

No=input(" 品號：")

if CheckSales_NO(Sid,No)!=None:

    print(" 品號 :{} 重複選了 ".format(No))

    return

SQLcmd="INSERT INTO 銷售表 VALUES ('{}','{}','{}')".format(Sid,No,0)

cn.execute(SQLcmd)

cn.commit()

print(" 加選成功！ ")

Sales_Selection() # 返回到「銷售」管理系統之主畫面
```

(四) 定義「退銷售程記錄」之副程式

```
def Delete_Sales(): # 退銷售程記錄

Query_Product_2() # 查詢目前的開產品

print("===== 請退選 =====")

Sid=input(" 編號：")

No=input(" 品號：")

if CheckSales_NO(Sid,No)==None:

    print(" 查無此品號 :{}".format(No))

    return

SQLcmd="Delete From 銷售表 WHERE 編號 ='{}' and 品號 ='{}'".format(Sid,No)

cn.execute(SQLcmd)

cn.commit()

print(" 退選成功！ ")

Sales_Selection() # 返回到「銷售」管理系統之主畫面
```

(五) 定義「查詢個人的銷售記錄」之副程式

```
def Query_Sales():  # 查詢銷售記錄

 Sid=input(" 編號：")

 SQLcmd="select A. 編號 ,A. 姓名 ,C. 品號 , 品名 , 定價 "

 SQLcmd=SQLcmd + "from 員工表 AS A, 銷售表 AS B, 產品表 AS C "

 SQLcmd=SQLcmd + "Where A. 編號 =B. 編號 and B. 品號 =C. 品號 "

 SQLcmd=SQLcmd + "And A. 編號 ='{}'".format(Sid)

 Record=cn.execute(SQLcmd)

 listProduct=list(Record.fetchall())

 print(" 編號　姓名　品號　　品名　　定價 ")

 for row in listProduct:

   for col in row:

     print(col, end="   ")

   print()

 Record.close()

 Sales_Selection() # 返回到「銷售」管理系統之主畫面
```

五、「查詢」銷售記錄

操作介面

```
===「查詢」銷售記錄===
1.查詢各位員工銷售種類數
2.查詢每種產品銷售數
3.查詢每位員工銷售平均數量
4.查詢每種產品平均銷售數
5.查詢員工銷售記錄資料
6.查詢必推銷品(全部選)
7.回主畫面
```

（一）定義「查詢銷售記錄主畫面」之副程式

```python
def Query_Product_Record():
    print("===「查詢」銷售記錄 ===")
    print("1. 查詢各位員工銷售種類數 ")
    print("2. 查詢每種產品銷售數 ")
    print("3. 查詢每位員工銷售平均數量 ")
    print("4. 查詢每種產品平均銷售數 ")
    print("5. 查詢員工銷售記錄資料 ")
    print("6. 查詢必推銷品（全部選 )")
    print("7. 回主畫面 ")
    n=eval(input(" 請選擇「查詢」銷售清單："))
    if n==1:
        Query1()    # 呼叫「查詢各位員工銷售種類數」
    elif n==2:
        Query2()    # 呼叫「查詢每種產品銷售數」
    elif n==3:
        Query3()    # 呼叫「查詢每位員工銷售平均數量」
    elif n==4:
        Query4()    # 呼叫「查詢每種產品平均銷售數」
    elif n==5:
        Query5()    # 呼叫「查詢員工銷售記錄資料」
    elif n==6:
        Query6()    # 呼叫「查詢必推銷品（全部選 )」
    elif n==7:
        Main_Menu() # 呼叫「回主畫面」
    else:
        print(" 請選擇 1~7 項功能 ")
```

執行結果

```
===「查詢」銷售記錄 ===

1. 查詢各位員工銷售種類數

2. 查詢每種產品銷售數

3. 查詢每位員工銷售平均數量

4. 查詢每種產品平均銷售數

5. 查詢員工銷售記錄資料

6. 查詢必推銷品（全部選）

7. 回主畫面
```

(二) 定義「查詢各位員工銷售種類數」之副程式

```python
def Query1():  # 定義「查詢各位員工銷售種類數」之副程式
  SQLcmd="SELECT A. 編號 , 姓名 ,Count(*) AS 銷售種類數 "
  SQLcmd=SQLcmd + "FROM 員工表 AS A, 銷售表 AS B "
  SQLcmd=SQLcmd + "Where A. 編號 =B. 編號 "
  SQLcmd=SQLcmd + "GROUP BY A. 編號 , 姓名 "
  Record=conn.execute(SQLcmd)
  listProduct=list(Record.fetchall())
  print(" 編號　姓名　銷售種類數 ")
  print("------------------------")
  for row in listProduct:
    for col in row:
      print(col, end="   ")
    print()
  Record.close()
  Query_Product_Record()  # 返回到查詢銷售記錄主畫面
```

執行結果

```
請選擇「查詢」銷售清單：1
編號      姓名      銷售種類數
-----------------------
S0001    一心        2
S0002    二聖        2
S0003    三多        2
S0004    四維        3
S0005    五福        1
```

(三) 定義「查詢每種產品銷售數」之副程式

```
def Query2(): # 定義「查詢每種產品銷售數」之副程式

SQLcmd="SELECT A. 品號 , 品名 ,Count(*) AS 銷售數 "

SQLcmd=SQLcmd + "FROM 產品表 AS A, 銷售表 AS B "

SQLcmd=SQLcmd + "Where A. 品號 =B. 品號 "

SQLcmd=SQLcmd + "GROUP BY A. 品號 , 品名 "

Record=conn.execute(SQLcmd)

listProduct=list(Record.fetchall())

print(" 品號   品名   銷售數 ")

print("------------------------")

for row in listProduct:

  for col in row:

    print(col, end="   ")

  print()

Record.close()

Query_Product_Record()   # 返回到查詢銷售記錄主畫面
```

執行結果

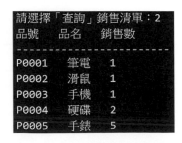

```
請選擇「查詢」銷售清單：2
品號      品名      銷售數
-----------------------
P0001    筆電        1
P0002    滑鼠        1
P0003    手機        1
P0004    硬碟        2
P0005    手錶        5
```

(四) 定義「查詢各位同學平均成績」之副程式

```
def Query3(): # 定義「查詢每位員工銷售平均數量」之副程式

SQLcmd="SELECT A. 編號 , 姓名 ,Count(*) AS 選科目數 ,AVG( 數量 ) AS 銷售平均數量 "

SQLcmd=SQLcmd + "FROM 員工表 AS A, 銷售表 AS B "

SQLcmd=SQLcmd + "Where A. 編號 =B. 編號 "

SQLcmd=SQLcmd + "GROUP BY A. 編號 , 姓名 "

Record=conn.execute(SQLcmd)

listProduct=list(Record.fetchall())

print(" 編號　姓名　種類　平均數量 ")

print("------------------------")

for row in listProduct:

  for col in row:

    print(col, end="  ")

  print()

Record.close()

Query_Product_Record()　# 返回到查詢銷售記錄主畫面
```

執行結果

（五）定義「查詢每門產品平均分數」之副程式

```
def Query4(): # 定義「查詢每種產品平均銷售數」之副程式

SQLcmd="SELECT A. 品號 , 品名 ,Count(*) AS 選修人數 ,AVG( 數量 ) AS 平均銷售數 "

SQLcmd=SQLcmd + "FROM 產品表 AS A, 銷售表 AS B "

SQLcmd=SQLcmd + "Where A. 品號 =B. 品號 "

SQLcmd=SQLcmd + "GROUP BY A. 品號 , 品名 "

Record=conn.execute(SQLcmd)

listProduct=list(Record.fetchall())

print(" 品號　 品名　 員工數　平均銷售數 ")

print("------------------------")

for row in listProduct:

    for col in row:

        print(col, end="   ")

    print()

Record.close()

Query_Product_Record()　# 返回到查詢銷售記錄主畫面
```

執行結果

(六) 定義「查詢員工銷售記錄資料」之副程式

```
def Query5():  # 定義「查詢員工銷售記錄資料」之副程式
SQLcmd="SELECT A. 編號 , 姓名 , 品名 , 數量 "
SQLcmd=SQLcmd + "FROM 員工表 AS A, 銷售表 AS B, 產品表 AS C "
SQLcmd=SQLcmd + "Where A. 編號 =B. 編號 And C. 品號 =B. 品號 "
Record=conn.execute(SQLcmd)
listProduct=list(Record.fetchall())
print(" 編號　姓名　　品名　數量 ")
print("----------------------------")
for row in listProduct:
    for col in row:
        print(col, end="  ")
    print()
Record.close()
Query_Product_Record()  # 返回到查詢銷售記錄主畫面
```

執行結果

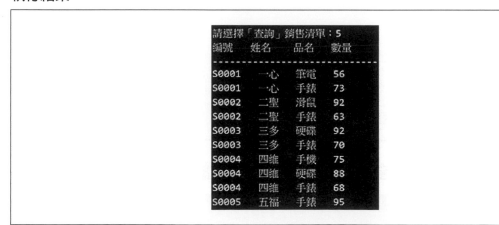

（七）定義「查詢必推銷售桿（全部選）」之副程式

```
def Query6(): # 定義「查詢必推銷品」之副程式

SQLcmd="SELECT 品名 "

SQLcmd=SQLcmd + "FROM 產品表 As C "

SQLcmd=SQLcmd + "WHERE NOT EXISTS(  "

SQLcmd=SQLcmd + "SELECT * "

SQLcmd=SQLcmd + "FROM 員工表 As A "

SQLcmd=SQLcmd + "WHERE NOT EXISTS( "

SQLcmd=SQLcmd + "SELECT * "

SQLcmd=SQLcmd + "FROM 銷售表 As B "

SQLcmd=SQLcmd + "WHERE C. 品號 =B. 品號 AND A. 編號 =B. 編號 ))"

Record=conn.execute(SQLcmd)

listProduct=list(Record.fetchall())

print(" 品名 ")

print("---------")

for row in listProduct:

    for col in row:

        print(col, end="   ")

    print()

Record.close()

Query_Product_Record() # 返回到查詢銷售記錄主畫面
```

執行結果

13-3-7　結論與建議

我們都知道，實務專題呈現代表著團隊成員的「技術層面」、「管理層面」及「團隊合作層面」三大層面的表現，相輔相承，缺一不可。

一、結論

在本專題製作中，已經讓我們了解整個系統開發流程，並且也學會如何利用 Python 程式來連結 SQL Server 資料庫，進而開發出一套可以模擬多位員工銷售的「員工銷售系統」，以便讓讀者深入了解，在銷售時，員工銷售系統是如何記錄每一位員工的銷售，此外，本系統也提供員工自行撰寫各種 SQL 指令來查詢，以了解每一位員工的銷售情況。

因此，讀者在開發資訊系統的過程中，不僅可以深入體會本書理論之重要性，更能將所學的理論加以實務化。

二、建議

在本資料庫專題中，如果是由多位成員共同開發完成時，則事先的工作分配就非常重要。並且要特別注意成員的背景專長最好是可以互補的。例如：

1. 領導能力　　→ 統籌整個專題的進度
2. 溝通能力　　→ 了解使用者的需求，並設計系統分析藍圖
3. 資料庫能力　→ 依照藍圖設計資料庫及正規化為最佳化
4. 程式能力　　→ 依照藍圖與正規化表格來撰寫程式碼
5. 文件能力　　→ 編輯文件製作及相關系統手冊及操作手冊

此外，各位讀者如果想要利用 Python 來開發一套「實務專題」，除了多參考「經典範例」之外，它還必須要兼具以下的特色：

1. 創新的應用
2. 實用的價值
3. 符合產業的需求

以上三點，是讀者未來找資訊類工作時，非常重要的指標。

Chapter

A

Python 程式的開發環境

◆ **本章內容**

A-1　何謂 Python 程式

A-2　Python 程式的開發環境

A-3　撰寫第一支 Python 程式

A-4　基本 input ╱ print 函數介紹

A-5　format 函數介紹

A-6　整數、浮點數及字串輸出

A-7　載入模組

A-8　如何建立副程式

A-9　副程式如何呼叫

A-1 | 何謂 Python 程式

　　Python 是一種高階程式語言，它是由吉多 · 范羅蘇姆創造，生於荷蘭的電腦程式設計師，為 Python 程式設計語言的最初設計者及主要架構師，第一版釋出於 1991 年，可以視為一種直譯語言。

　　Python 的設計哲學強調程式碼的可讀性和簡潔的語法 (尤其是使用空格縮排劃分程式碼塊，而非使用大括號或者關鍵詞)。相比於 VB、C 語言、C++ 或 Java，Python 語言可以讓開發者能夠用更少的代碼表達想法。不管是小型還是大型程式，該語言都試圖讓程式的結構清晰明瞭。【維基百科】

特色

1. 可跨平台：可以在 Windows、Mac OS 和 Linux 等所有平台上執行。
2. 多元套件：擁有將近十萬個各式各樣的套件。
3. 領域廣泛：功能完整且強大，它應用包括資料分析、影像處理、機器學習、自然語言處理、網頁爬蟲與遊戲…。
4. 語法簡潔：比其他主流程式語言 (JAVA、C++、C…) 更加容易學習、優雅、明確、簡單、易讀、易維護。
5. 物件導向：有益於減少程式碼的重複性，對於開發大型軟體有很大的幫助。
6. 直譯式程式語言：不需要編譯就可以執行，類似腳本式語言。
7. 高階程式語言：語法像人類可以直接溝通的語言，學習者容易閱讀及學習。
8. 免費且開源：學習者不需要付費就可以免費取得。

註：Python 超越 Java、C 語言 成為目前最受歡迎的程式語言。

資料來源：https://www.cool3c.com/article/166843

Nov 2022	Nov 2021	Change		Programming Language	Ratings	Change
1	1			Python	17.18%	+5.41%
2	2			C	15.08%	+4.35%
3	3			Java	11.98%	+1.26%
4	4			C++	10.75%	+2.46%
5	5			C#	4.25%	-1.81%
6	6			Visual Basic	4.11%	-1.61%
7	7			JavaScript	2.74%	+0.08%
8	8			Assembly language	2.18%	-0.34%
9	9			SQL	1.82%	-0.30%
10	10			PHP	1.69%	-0.12%

　　從 TIOBE 在 2022 年 11 月統計數據顯示，Python 關注比例達 17.18%，C 語言則佔 15.08%，而 Java 則以 11.98% 排名第三，其他排名前 10 位的程式語言包含 C++、C#、Visual Basic、JavaScript、Assemble language、SQL、PHP。

A-2 | Python 程式的開發環境

　　想要開發 Python 程式，就必須要有開發程式的編輯器。本書以「Anaconda」開發套件為主要的工具，因為它內含的套件比較多元，並且還內建兩種不同版本的編輯器：

1. Spyder 編輯器 (本書以此為主)

2. Visual Studio Code 編輯器

　　網址：https://code.visualstudio.com/

一、Anaconda 軟體下載及安裝

1. Anaconda 官方網站

網站：https://www.anaconda.com/distribution/

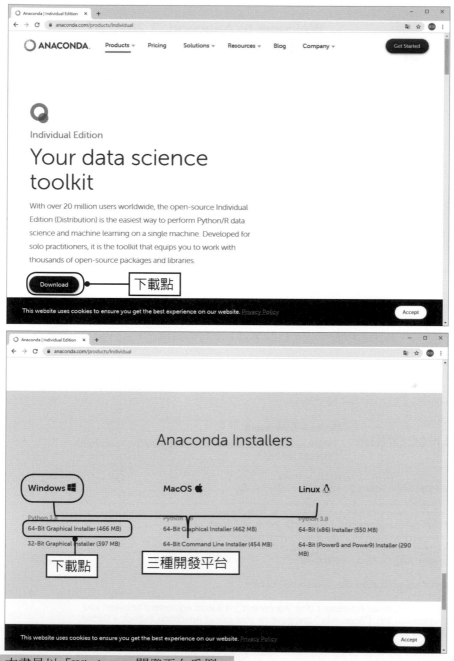

註：本書是以「Windows」開發平台為例。

2. 安裝 Python

(1) 歡迎安裝對話方塊

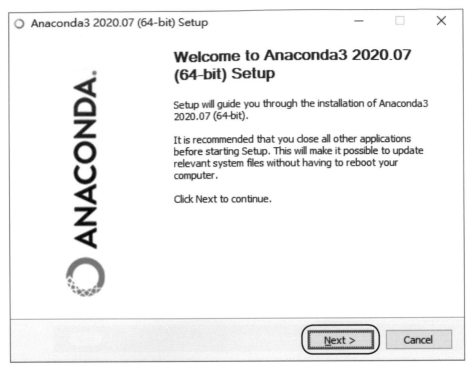

(2) 同意版本的安裝

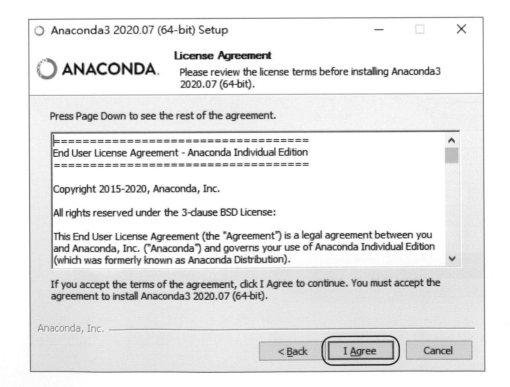

(3) 選擇安裝類型

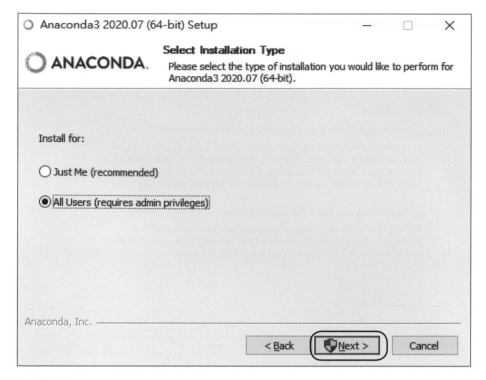

(4) 選擇安裝位置

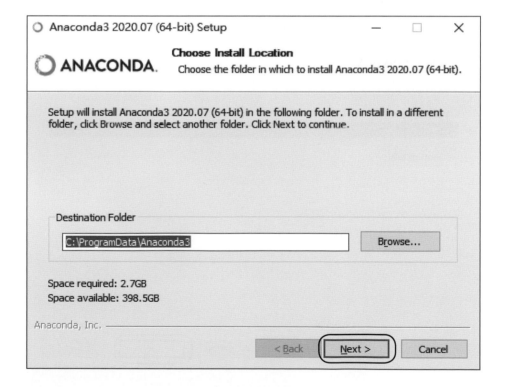

(5) 進階安裝選項

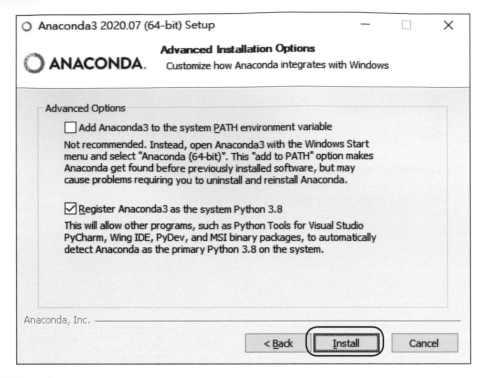

(6) 安裝完成

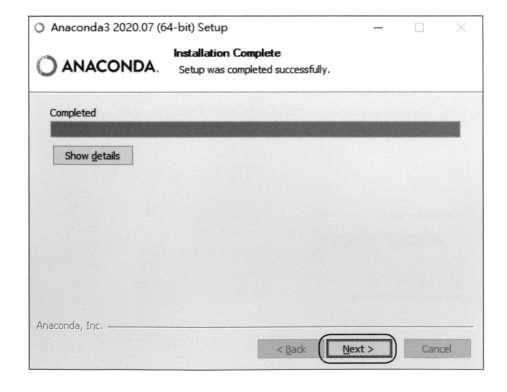

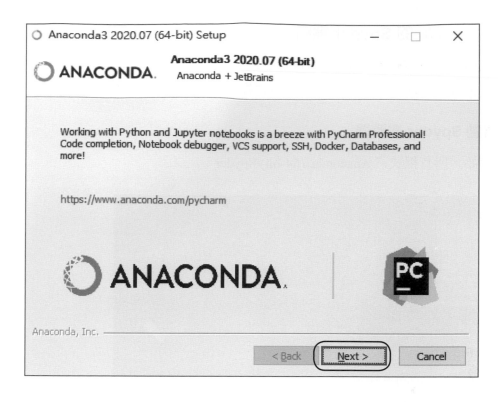

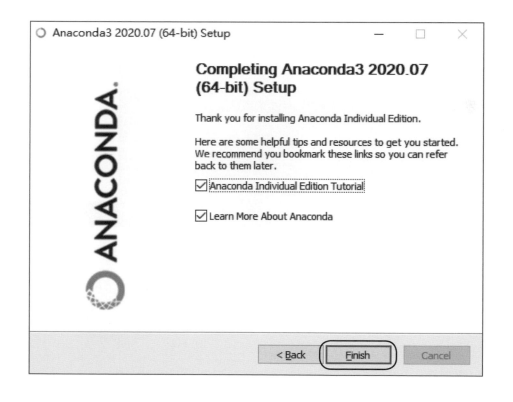

二、Anaconda 的 Spyder 編輯器

　　在 Anaconda 工具中，Spyder 是屬於它內建的編輯器，因此，在 Spyder 編輯器中，它可以用來撰寫、執行 Python 程式，並且也提供智慧輸入及除錯的功能。

(一) 啟動 Spyder 編輯器

步驟：開始／所有程式／ Anaconda3(64-bit)/Spyder

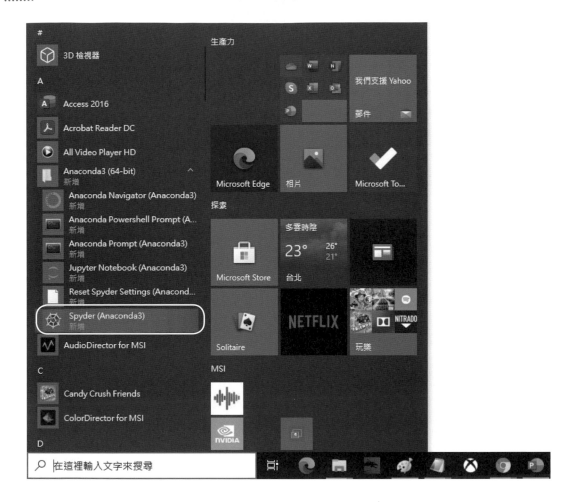

(二)Spyder 編輯器之整合開發環境

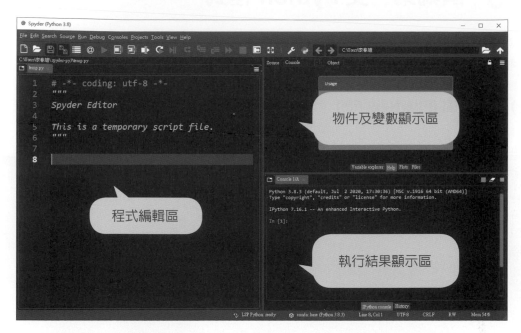

說明：Spyder 的開發環境是由三大區域所組成。

1. 程式編輯區

2. 物件及變數顯示區

3. 執行結果顯示區

　　此外，它還具有簡易智慧輸入的功能，亦即輸入某部份文字之後，再按下「Tab 鍵」就能顯示功能清單，包括函式、類別名稱、關鍵字…。如下圖所示：

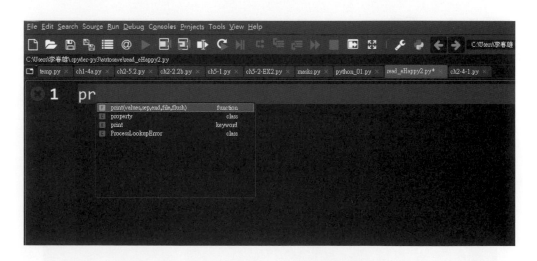

A-3 | 撰寫第一支 Python 程式

當我們成功啓動 Spyder 編輯器之後，接下來，就可以開始撰寫第一支 Python 程式，其完整的步驟如下：

(一) 建立新檔 (File/New file)

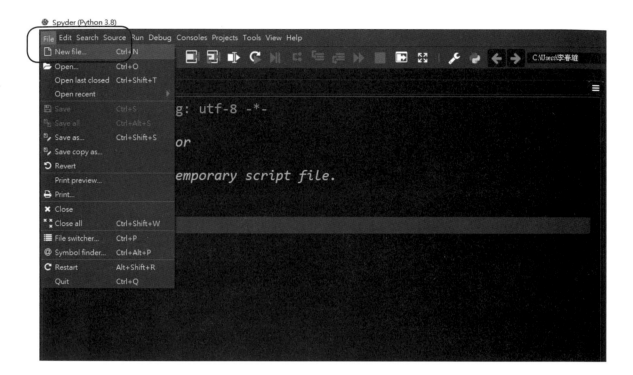

(二) 撰寫 Python 程式

在行號 7：print(" 第一支 Python 程式 ")

```
1   # -*- coding: utf-8 -*-
2   """
3   Created on Sat Nov 26 10:05:57 2022
4
5   @author: 李春雄
6   """
7   print("第一支Python程式")
```

(三) 儲存檔案

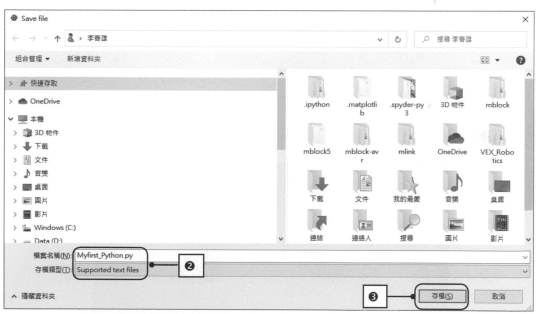

檔名：Myfirst_Python.py

(四) 執行程式

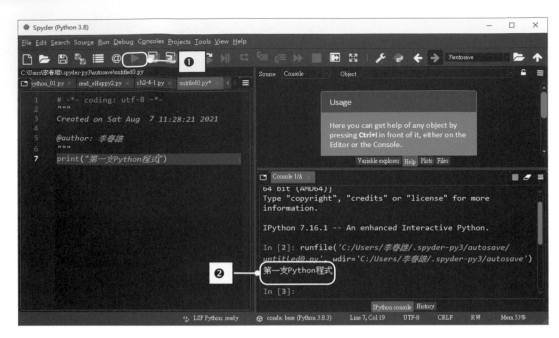

說明：執行程式，除了可以按「u」執行鈕之後，也可以直接按「F5」。

第一種設定字體大小的方法

在執行之後，發現執行結果字體太小，並且我們撰寫程式區字體也不大，此時，我們可以透過偏好設定來更改。其步驟如下：

步驟一：Tools/Preferences

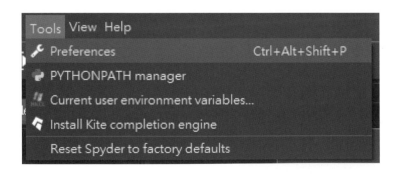

步驟二：Appearance/Fonts

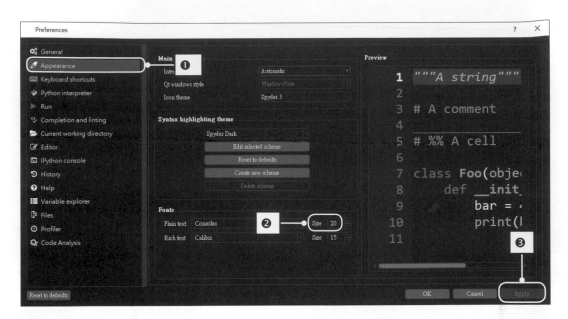

步驟三：Spyder 開發環境

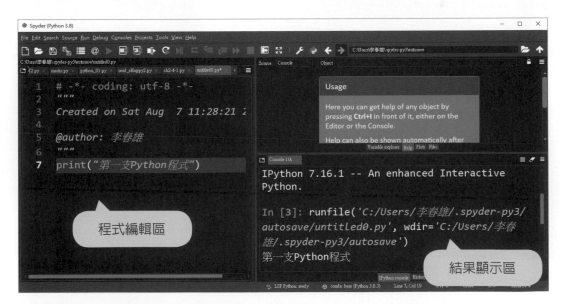

說明：我們也可以先按「Ctrl」再按「+」或「-」號來調整「程式區」視窗及「顯示區」
　　　視窗內的字體大小。

　　如果您覺得「程式區」視窗不夠大時，我們可以透過「　」最大化工具來實現。

再按一下「　」還原鈕，即可還原。

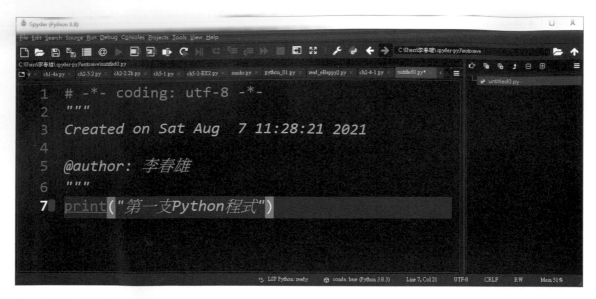

第二種設定字體大小的方法

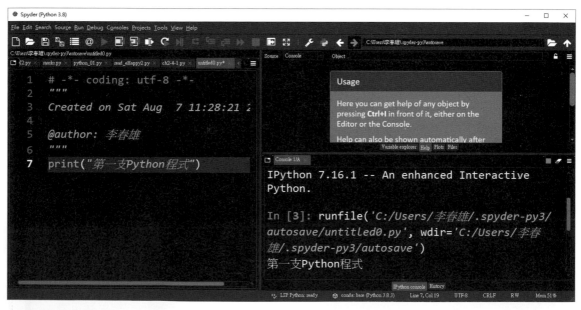

設定方法：

　　滑鼠移到「程式編輯區」或「結果顯示區」中，先按「Ctrl」鍵，再按「+」號，即可將區域內的文字「放大」。反之，先按「Ctrl」鍵，再按「-」號，即可「縮小」。

A-4 │ 基本 input ／ print 函數介紹

基本上，程式的處理程序：輸入 (input)→ 處理 (process)→ 輸出 (print)，其中，輸入 (input) 與輸出 (print) 的格式在 Python 有許多不同的格式。因此，在本單元中，會詳細介紹。

A-4-1　輸入 (input)

是指透過 input() 函式，讓使用者從鍵盤輸入字串資料。

■ 格式一：沒有提示字來輸入資料

```
變數 =input()
```

範例 1

```
a=input()
print(" 您剛才輸入 :",a)
```

❖ 執行結果 ❖

```
10
您剛才輸入 : 10
```

缺點：使用者不知道要輸入什麼資料。

■ 格式二：加入提示字來輸入資料

```
變數 =input('提示字')
```

範例 2

```
a=input("a=")
sum=a+10
print('sum=%d'%sum)
```

❖ 執行結果 ❖

```
a=10
TypeError: can only concatenate str (not "int") to str
```

說明：由於讓使用者從鍵盤輸入字串資料，無法進行數值運算，產生錯誤。

範例 3

```
a=eval(input("a=")) # 第一種方法透過 eval 函式
sum=a+10
print('sum=%d'%sum)
```

❖ 執行結果 ❖

```
a=  10
sum=20
```

優點　使用者可以清楚知道要輸入什麼資料。

⊞ 格式三：eval 函式或 int 函式皆可用來將字串轉成整數

第一種方法	第二種方法
變數 =eval(input('提示字'))	變數 =int(input('提示字'))

範例 4

```
a=eval(input("a="))  # 第一種方法透過 eval 函式
b=int(input("b="))   # 第二種方法透過 int 函式
sum=a+b
print('sum=%d'%sum)
```

❖ 執行結果 ❖

```
a=10
b=20
sum=30
```

■ 格式四：一次同時輸入多項資料，使用「,」逗點隔開

```
變數 1, 變數 2= eval(input（'提示字'）)
```

範例 5

```
a,b=eval(input(' 請輸入兩科成績 ='))
sum=a+b
print(" 第一科成績 =",a)
print(" 第二科成績 =",b)
print(" 總分 ",sum)
print(" 平均 ",sum/2)
```

❖ 執行結果 ❖

```
請輸入兩科成績 =60,70
第一科成績 = 60
第二科成績 = 70
總分 130
平均 65.0
```

注意：同時輸入多項資料時，不可使用 int 函數來進行轉換。

A-4-2　輸出 (print)

是指透過 print() 函式，將處理之後的結果顯示於螢幕上。

▣ 格式一：只有變數

```
print( 變數 )
```

範例 1　直接輸出

```
a=123
b=12.3
c="abc"
print(a)
print(b)
print(c)
```

❖ 執行結果 ❖

```
123
12.3
abc
```

缺點　　使用者無法得知輸出是什麼資料。

■ 格式二：提示字串及變數

```
print( ‘提示字’, 變數 )
```

範例 2　加入提示訊息輸出（增加可讀性）

```
a=123
b=12.3
c="abc"
print('a=',a)
print('b=',b)
print('c=',c)
```

❖ 執行結果 ❖

```
a= 123
b= 12.3
c= abc
```

■ 格式三：提示字串、變數及「end=' '」不換行字元

```
print( ‘提示字’, 變數 , 不換行字元 )
```

範例 3 不換行輸出

```
a=123
b=12.3
c="abc"
print('a=',a,end=" ")
print('b=',b,end=" ")
print('c=',c,end=" ")
```

❖ 執行結果 ❖

```
a= 123 b= 12.3 c= abc
```

A-5 | format 函數介紹

我們已經學會 print 輸出指令的基本使用方法，但是，有時候在輸出數值資料時，小數點位數太多，導致呈現方式不佳。因此，我們就必須要再透過「format 函數」來進行格式化。

尚未格式化之前的情況

IPython console

Console 1/A

請輸入半徑R=10
圓面積Area= 314.0 圓周長Len= 62.8000000000004

小數點位數太多

對齊方式

對齊方式	符號	說明
指定寬度	'{: 欄位寬 }'.format(' 字串 ')	預設為「靠左對齊」
靠右對齊	'{:> 欄位寬 }'.format(' 字串 ')	> 代表靠右
靠左對齊	'{:< 欄位寬 }'.format(' 字串 ')	< 代表靠左
置中對齊	'{:^ 欄位寬 }'.format(' 字串 ')	^ 代表置中

■ 格式一：設定欄位寬度

對齊方式	符號	說明
指定寬度	'{: 欄位寬 }'.format(' 字串 ')	預設為「靠左對齊」

範例 1

```
a=123
b=12.3
c="abc"
print("a={:10d}".format(a))   # 整數預設靠右對齊
print("b={:10.2f}".format(b)) # 浮點數預設靠右對齊
print("c={:10s}".format(c))   # 字串預設靠左對齊
```

❖ 執行結果 ❖

```
a=       123
b=     12.30
c=abc
```

■ 格式二：更改對齊方式

對齊方式	符號	說明
靠右對齊	'{:> 欄位寬 }'.format(' 字串 ')	＞ 代表靠右
靠左對齊	'{:< 欄位寬 }'.format(' 字串 ')	＜ 代表靠左
置中對齊	'{:^ 欄位寬 }'.format(' 字串 ')	＾ 代表置中

範例 2

```
a=123

b=12.3

c="abc"

print("a={:<10d}".format(a))  # 整數靠左對齊

print("b={:^10.2f}".format(b))  # 浮點數靠左對齊

print("c={:>10s}".format(c))  # 字串靠右對齊
```

❖ 執行結果 ❖

```
a=123

b=  12.30

c=       abc
```

■ 格式三：加入左右邊界線

範例 3

```
a=123

b=12.3

c="abc"

print("|{:<10d}|".format(a))

print("|{:^10.1f}|".format(b))

print("|{:>10s}|".format(c))
```

❖ 執行結果 ❖

```
|123       |

|   12.3   |

|       abc|
```

格式四：同時輸出多項

範例 4

```
a=123
b=12.3
c="abc"
print("|{:<10d}|{:^10.1f}|{:>10s}|".format(a,b,c))
```

❖ 執行結果 ❖

```
|123       |   12.3   |       abc|
```

A-6 | 整數、浮點數及字串輸出

輸出格式除了可以使用 format 函式之外，我們可以使用「%」來格式化資料。

資料型態	範例	說明
d(整數)	10d	10 代表 10 個欄位寬， o 代表八進位整數 d 代表十進位整數 x 代表十六進位整數
f(浮點數)	f 10.2f	%f —— 保留小數點後面六位有效數字 10 代表 10 個欄位寬 (含小數點) 2f 代表 2 位小數點
s(字串)	10s	10 代表 10 個欄位寬，s 代表字串 10s——右對齊 ·-10s——左對齊 ·.2s——擷取 2 位字串 ·10.2s——10 個欄位寬，擷取前兩位字串

(一) 整數資料

格式

```
print( '% 資料型態代號' %( 變數或字串 ))
```

範例 1 輸出十進位整數資料

```
a,b=10,20
print('a=%d'%a)
print('b=%d'%b)
```

❖ 執行結果 ❖

```
a=10
b=20
```

範例 2 同時輸出多個資料項

```
a,b=10,20
print('a=%d,b=%d'%(a,b))
```

❖ 執行結果 ❖

```
a=10,b=20
```

範例 3 輸出八進位整數資料

```
a,b=10,20
print('a=%o'%a)
print('b=%o'%b)
```

❖ 執行結果 ❖

```
a=12
b=24
```

範例 4 輸出十六進位整數資料

```
a,b=10,20
print('a=%x'%a)
print('b=%x'%b)
```

❖ 執行結果 ❖

```
a=a
b=14
```

(二) 浮點數資料

範例 5 輸出浮點數資料

```
a,b=10.54321,20.50001
print('a=%f'%a)
print('b=%3.2f'%b)
```

❖ 執行結果 ❖

```
a=10.543210
b=20.50
```

範例 6 輸出浮點數資料 --- 限制小數點位數

```
a,b=10.54321,20.50001
print('a=%3.2f'%a)
print('b=%3.2f'%b)
```

❖ 執行結果 ❖

```
a=10.54
b=20.50
```

範例 7 指定浮點數位數

```
R=eval(input(' 請輸入半徑 R='))
Area=3.14*R**2
Len=2*3.14*R
print(" 圓面積 Area=%5.1f"%Area)
print(" 圓周長 Len=%5.2f"%Len)
```

❖ 執行結果 ❖

```
請輸入半徑 R=10
圓面積 Area=314.0
圓周長 Len=62.80
```

(三) 字串資料

範例 8　輸出字串資料

```
a,b='My','Robot'
print('a=%s'%a)
print('b=%s'%b)
```

❖ 執行結果 ❖

```
a=My
b=Robot
```

範例 9　輸出字串資料（左對齊及右對齊）

```
a,b='My','Robot'
print('a=%-5s'%a)
print('b=%10s'%b)
```

❖ 執行結果 ❖

```
a=My
b=    Robot
```

範例 10 輸出字串資料（5 個欄位寬，擷取前兩位字串）

```
a,b='My','Robot'
print('a=%5.2s'%a)
print('b=%5.2s'%b)
```

❖ 執行結果 ❖

```
a=   My
b=   Ro
```

範例 11 同時輸出多項不同資料型態

```
a=123
b=12.3
c="abc"
print("|%10d|%10.2f|%10s|"%(a,b,c))
```

❖ 執行結果 ❖

```
|       123|     12.30|       abc|
```

(四) 其他

範例 12 輸出字串，加入串接文字（sep）

```
a,b='My','Robot'
print(a,b,sep=" love is ")
```

❖ 執行結果 ❖

```
My love is Robot
```

範例 13 輸出字串，加入結束文字 (end)

```
a,b='My','Robot'
print(a,b,sep=" love is ",end=".")
```

❖ 執行結果 ❖

```
My love is Robot.
```

A-7 | 載入模組

　　Python 它具有非常多元的模組，安裝 Python 程式的時候，會自動安裝許多內建的模組，當我們要使用時，只需載入指定的模組即可。例如：想要撰寫一支骰子程式，因此，就必須要載入「random」模組。

語法

```
import 模組名稱
```

例如

```
import random
```

範例 1　隨機產生骰子點數。

```
import random
print(" 骰子點數：%d" % random.randint(1,6))
```

❖ 執行結果 ❖

第一次執行	第二次執行
IPython console Console 1/A ❌ 骰子點數：6	IPython console Console 1/A ❌ 骰子點數：2

範例 2 隨機產生骰子投擲 10 次的點數。

```
import random as rand

for i in range(1,11,1):
    print(" 骰子點數：",rand.randint(1,6))
```

註：在指令中，用雙引號「"」括起來的部分稱為「字串」。字串是一種資料型態。Python 程式的字串可以用一對單引號或是一對雙引號「"」括起來。

第一次執行	第二次執行
IPython console Console 1/A ❌ 骰子點數：2 骰子點數：3 骰子點數：6 骰子點數：4 骰子點數：2 骰子點數：2 骰子點數：6 骰子點數：2 骰子點數：4 骰子點數：6	IPython console Console 1/A ❌ 骰子點數：4 骰子點數：5 骰子點數：6 骰子點數：5 骰子點數：4 骰子點數：1 骰子點數：5 骰子點數：4 骰子點數：1 骰子點數：6

範例 3　隨機產生骰子投擲 10 次的點數，並顯示每一次出現的編號順序。

第一種寫法
| ```
import random as rand
for i in range(1,11,1):
    print("%d 骰子點數："%i,rand.randint(1,6))
``` |
| 第二種寫法 |
| ```
import random as rand
for i in range(1,11,1):
    print("{} 骰子點數：{}".format(i,rand.randint(1,6)))
``` |

❖ 執行結果 ❖

第一次執行	第二次執行
1骰子點數：4 2骰子點數：1 3骰子點數：1 4骰子點數：1 5骰子點數：1 6骰子點數：1 7骰子點數：4 8骰子點數：3 9骰子點數：6 10骰子點數：3	1骰子點數：6 2骰子點數：1 3骰子點數：2 4骰子點數：1 5骰子點數：5 6骰子點數：2 7骰子點數：2 8骰子點數：3 9骰子點數：5 10骰子點數：6

A-8 | 如何建立副程式

　　當我們在撰寫程式時，都不希望重複撰寫類似的程式。因此，最簡單的作法，就是把某些會「重複的程式」獨立出來，這個獨立出來的程式就稱做副程式 (Subroutine)。

定義　是指具有獨立功能的程式區塊。

作法　把一些常用且重複撰寫的程式碼，集中在一個獨立程式中。

示意圖

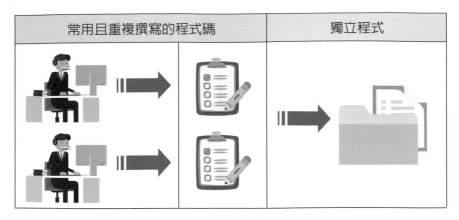

常用且重複撰寫的程式碼	獨立程式

副程式的運作原理

　　一般而言，「原呼叫的程式」稱之為「主程式」，而「被呼叫的程式」稱之為「副程式」。當主程式在呼叫副程式的時候，會把「實際參數」傳遞給副程式的「形式參數」，而當副程式執行完成之後，又會回到主程式呼叫副程式的「下一行程式」開始執行下去。

圖解說明

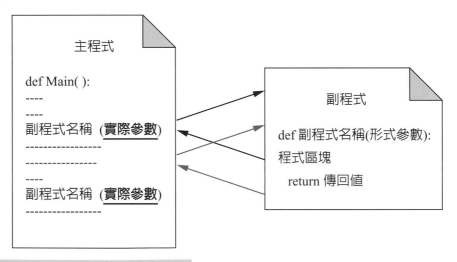

註：副程式名稱又可稱為「函式名稱」。

語法

```
def 函式名稱 ( 形式參數 ):
程式區塊
    return 傳回值
```

說明

1. 定義「函式」時，是以「def」開頭，接著爲「函式名稱」及「小括號」加上形式參數。最後爲「：」冒號。

2. 主程式中的呼叫函式中的參數稱爲「實際參數」。

   而「實際參數」可以爲實際參數 1, 實際參數 2,……, 實際參數 N

3. 副程式中的定義函式中的參數稱爲「形式參數」。

   而「形式參數」可以爲形式參數 1, 形式參數 2,……, 形式參數 N

4. 如果不需要傳回值，就直接使用 return 指令即可

優點

1. 可以使程式更簡化，因爲把重複的程式模組化。

2. 增加程式可讀性。

3. 提高程式維護性。

4. 節省程式所佔用的記憶體空間。

5. 節省重複撰寫程式的時間。

缺點　　降低執行效率，因爲程式會 Call 來 Call 去。

範例 1　請設計一個主程式呼叫一支副程式，如果成功的話，顯示「呼叫副程式成功！」

```
01  # 被呼叫的副程式
02  def MySub():
03      print('呼叫副程式成功！')
04
05  # 定義主程式
06  def Main():
07    MySub() # 呼叫副程式
08
09  # 主程式
10  Main()
```

❖ 執行結果 ❖

```
呼叫副程式成功！
```

注意　主程式呼叫副程式時，不一定要傳遞參數，如上面的例子中，主程式中的 MySub( ) 中並沒有參數的傳遞。

範例 2　呼叫副程式顯示三個骰子點數

```
01  # 被呼叫的副程式
02  import random
03  def MySub():
04    for i in range(1,4):
05      print(" 第 {} 個骰子點數：{}".format(i,random.randint(1,6)))
06
07  # 定義主程式
08  def Main():
09    MySub() # 呼叫副程式
10
11  # 主程式
12  Main()
```

❖ 執行結果 ❖

```
第 1 個骰子點數：2
第 2 個骰子點數：4
第 3 個骰子點數：3
```

A-9 │ 副程式如何呼叫

目的　提高副程式的實用性與彈性。

作法　在呼叫「副程式」的同時，「主程式」會傳遞參數給「副程式」。

語法

```
def 副程式名稱 ( 參數 1, 參數 2,…):
    程式區塊
```

範例 1　傳遞一個參數呼叫

```
01  # 被呼叫的副程式
02  import random
03  def MyDiceSub(N):
04    for i in range(1,N+1,1):
05        print(" 第 {} 個骰子點數：{}".format(i,random.randint(1,6)))
06
07  # 定義主程式
08  def Main():
09    MyDiceSub(3) # 呼叫副程式
10
11  # 主程式
12  Main()
```

❖ 執行結果 ❖

```
第 1 個骰子點數：5
第 2 個骰子點數：1
第 3 個骰子點數：4
```

範例 2　傳遞多個參數呼叫

```
01   # 被呼叫的副程式
02   def MyAddSub(a,b):
03       total=a+b
04       print('{}+{}={}'.format(a,b,total))
05
06   # 定義主程式
07   def Main():
08     MyAddSub(10,20) # 呼叫副程式
09
10   # 主程式
11   Main()
```

❖ **執行結果** ❖

```
10+20=30
```

範例 3　單次輸入 --- 傳遞多個參數呼叫

```
01   # 被呼叫的副程式
02   def MyAddSub(a,b):
03       total=a+b
04       print('{}+{}={}'.format(a,b,total))
05
06   # 定義主程式
07   def Main():
08     x=eval(input(' 請輸入第一數值 :'))
09     y=eval(input(' 請輸入第二數值 :'))
10     MyAddSub(x,y) # 呼叫副程式
11
12   # 主程式
13   Main()
```

❖ 執行結果 ❖

請輸入第一數值 :100

請輸入第二數值 :150

100+150=250

範例 4　重複輸入 --- 傳遞多個參數呼叫

```
01   # 被呼叫的副程式
02   def MyAddSub(a,b):
03       total=a+b
04       print('{}+{}={}'.format(a,b,total))
05
06   # 定義主程式
07   def Main():
08     x=eval(input(' 請輸入第一數值 :'))
09     y=eval(input(' 請輸入第二數值 :'))
10     MyAddSub(x,y) # 呼叫副程式
11
12   # 主程式
13   print("=== 重複輸入呼叫副程式（兩數相加）===")
14   while True:
15     isQuit = input(" 您確定要結束？[q to quit]: ")
16     if isQuit == 'q':
17         break
18     Main()
```

❖ 執行結果 ❖

=== 重複輸入呼叫副程式（兩數相加）===

您確定要結束？ [q to quit]:

請輸入第一數值 :10

請輸入第二數值 :20

10+20=30

您確定要結束？ [q to quit]:

請輸入第一數值 :30

請輸入第二數值 :50

30+50=80

您確定要結束？ [q to quit]: q

國家圖書館出版品預行編目資料

圖解資料庫系統理論：使用 SQL Server 實作/李春雄著.
-- 五版. -- 新北市：全華圖書股份有限公司, 2022.12
　　面；　　公分
ISBN 978-626-328-370-1(平裝)

1.CST: 資料庫管理系統　2.CST: SQL(電腦程式語言)
312.7565　　　　　　　　　　　　　　111019444

圖解資料庫系統理論－使用 SQL Server 實作
(第五版)

作者／李春雄

發行人／陳本源

執行編輯／王詩蕙

封面設計／戴巧耘

出版者／全華圖書股份有限公司

郵政帳號／0100836-1 號

印刷者／宏懋打字印刷股份有限公司

圖書編號／0618804

五版二刷／2023 年 10 月

定價／新台幣 560 元

ISBN／978-626-328-370-1 (平裝)

ISBN／978-626-328-374-9 (PDF)

全華圖書／www.chwa.com.tw

全華網路書店 Open Tech／www.opentech.com.tw

若您對本書有任何問題，歡迎來信指導 book@chwa.com.tw

臺北總公司(北區營業處)
地址：23671 新北市土城區忠義路 21 號
電話：(02) 2262-5666
傳真：(02) 6637-3695、6637-3696

南區營業處
地址：80769 高雄市三民區應安街 12 號
電話：(07) 381-1377
傳真：(07) 862-5562

中區營業處
地址：40256 臺中市南區樹義一巷 26 號
電話：(04) 2261-8485
傳真：(04) 3600-9806(高中職)
　　　(04) 3601-8600(大專)

歡迎加入 全華會員

● 會員獨享

會員享購書折扣、紅利積點、生日禮金、不定期優惠活動…等。

● 如何加入會員

掃 QRcode 或填妥讀者回函卡直接傳真 (02) 2262-0900 或寄回，將由專人協助登入會員資料，待收到 E-MAIL 通知後即可成為會員。

如何購買 全華書籍

1. 網路購書

全華網路書店「http://www.opentech.com.tw」，加入會員購書更便利，並享有紅利積點回饋等各式優惠。

2. 實體門市

歡迎至全華門市（新北市土城區忠義路 21 號）或各大書局選購。

3. 來電訂購

(1) 訂購專線：(02) 2262-5666 轉 321-324
(2) 傳真專線：(02) 6637-3696
(3) 郵局劃撥（帳號：0100836-1　戶名：全華圖書股份有限公司）
※ 購書未滿 990 元者，酌收運費 80 元。

OpenTech 全華網路書店.com.tw

全華網路書店 www.opentech.com.tw
E-mail: service@chwa.com.tw

讀者回函卡

掃 QRcode 線上填寫 ▶▶▶

姓名：　　　　　　　　　　　　生日：西元　　　　年　　　月　　　日　　性別：□男 □女

電話：（　　　）　　　　　　　　　　手機：

e-mail：（必填）

註：數字零，請用 Ø 表示，數字 1 與英文 L 請另註明並書寫端正，謝謝。

通訊處：□□□□□

學歷：□高中・職　□專科　□大學　□碩士　□博士

職業：□工程師　□教師　□學生　□軍・公　□其他

學校／公司：　　　　　　　　　　　　　科系／部門：

· 需求書類：

□ A. 電子　□ B. 電機　□ C. 資訊　□ D. 機械　□ E. 汽車　□ F. 工管　□ G. 土木　□ H. 化工　□ I. 設計

□ J. 商管　□ K. 日文　□ L. 美容　□ M. 休閒　□ N. 餐飲　□ O. 其他

· 本次購買圖書為：　　　　　　　　　　　　　　　　　　書號：

· 您對本書的評價：

封面設計：□非常滿意　□滿意　□尚可　□需改善，請說明

內容表達：□非常滿意　□滿意　□尚可　□需改善，請說明

版面編排：□非常滿意　□滿意　□尚可　□需改善，請說明

印刷品質：□非常滿意　□滿意　□尚可　□需改善，請說明

書籍定價：□非常滿意　□滿意　□尚可　□需改善，請說明

整體評價：請說明

· 您在何處購買本書？

□書局　□網路書店　□書展　□團購　□其他

· 您購買本書的原因？（可複選）

□個人需要　□公司採購　□親友推薦　□老師指定用書　□其他

· 您希望全華以何種方式提供出版訊息及特惠活動？

□電子報　□ DM　□廣告（媒體名稱　　　　　　　　　　　　　）

· 您是否上過全華網路書店？（www.opentech.com.tw）

□是　□否　您的建議

· 您希望全華出版哪方面書籍？

· 您希望全華加強哪些服務？

感謝您提供寶貴意見，全華將秉持服務的熱忱，出版更多好書，以饗讀者。

填寫日期：　　　／　　　／

2020.09 修訂

親愛的讀者：

感謝您對全華圖書的支持與愛護，雖然我們很慎重的處理每一本書，但恐仍有疏漏之處，若您發現本書有任何錯誤，請填寫於勘誤表內寄回，我們將於再版時修正，您的批評與指教是我們進步的原動力，謝謝！

全華圖書　敬上

勘　誤　表

書　號			書　名	作　者
頁　數	行　數	錯誤或不當之詞句		建議修改之詞句

我有話要說：（其它之批評與建議，如封面、編排、內容、印刷品質等・・・）